普通高等教育 **软件工程** "十二五" 规划教材

12th Five-Year Plan Textbooks
of Software Engineering

JavaScript 前端开发 实用技术教程

岳学军 ◎ 主编

吴文红 闫俊伢 ◎ 副主编

The JavaScript Front-end Development Practical Technology Tutorial

人民邮电出版社

北 京

图书在版编目（CIP）数据

JavaScript前端开发实用技术教程 / 岳学军主编
. -- 北京 : 人民邮电出版社，2014.9
普通高等教育软件工程"十二五"规划教材
ISBN 978-7-115-36300-8

Ⅰ. ①J… Ⅱ. ①岳… Ⅲ. ①JAVA语言－程序设计－
高等学校－教材 Ⅳ. ①TP312

中国版本图书馆CIP数据核字(2014)第153832号

内 容 提 要

本书从实际开发的角度，全面介绍了 JavaScript 编程的基础知识和实用技术。

全书内容分基础篇、进阶篇和高级篇，包括 Web 前端开发技术概述、JavaScript 语言基础、函数应用、面向对象程序设计、事件处理、表单编程、CSS 编程、Ajax 编程、HTML5 编程、jQuery，最后还介绍了特效应用实例，包括提示条和工具栏、页面显示特效、图片展示和菜单设计等。

本书既可作为大学本、专科"Web 应用程序设计"课程的教材，也可作为高职高专院校相关专业的教材，还可作为 Web 应用程序开发人员的参考用书。

♦ 主　　编　岳学军
　　副 主 编　吴文红　闫俊伢
　　责任编辑　邹文波
　　责任印制　彭志环　焦志炜

♦ 人民邮电出版社出版发行　　北京市丰台区成寿寺路 11 号
　　邮编　100164　电子邮件　315@ptpress.com.cn
　　网址　http://www.ptpress.com.cn
　　北京虎彩文化传播有限公司印刷

♦ 开本：787×1092　1/16
　　印张：19　　　　　　　　　　2014 年 9 月第 1 版
　　字数：496 千字　　　　　　　2024 年 8 月北京第 12 次印刷

定价：42.00 元

读者服务热线：(010)81055256　印装质量热线：(010)81055316
反盗版热线：(010)81055315

前　言

　　如何开发 Web 应用程序，设计精美、独特的网页已经成为当前的热门技术之一。高校的许多专业都开设了相关的课程。

　　Web 前端开发是近几年才真正开始受到重视的一个新兴领域。所谓 Web 前端开发，从字面理解，就是设计前端用户浏览的界面。在 Web 应用程序中，大多数网页是使用 HTML 语言设计的。在 HTML 语言中可以嵌入 JavaScript 语言，为 HTML 网页添加动态功能，比如响应用户的各种操作等。

　　编者在多年开发 Web 应用程序和研究相关课程教学的基础上编写了本书。全书内容分为 3 篇。第 1 篇介绍基础知识，由第 1 章、第 2 章、第 3 章组成，介绍了 Web 前端开发技术概述、JavaScript 语言基础和 JavaScript 函数；第 2 篇介绍 JavaScript 编程的具体细节，由第 4 章~第 6 章组成，详尽地讲解了 JavaScript 面向对象程序设计、JavaScript 事件处理和 JavaScript 表单编程；第 3 篇介绍 JavaScript 编程的高级技术和应用实例，由第 7 章~第 11 章组成，包括 JavaScript CSS 编程、Ajax 编程、JavaScript HTML5 编程、最流行的 JavaScript 脚本库 jQuery 和 JavaScript 特效应用实例等。另外，本书每章都配有相应的习题，帮助读者理解所学习的内容，使读者加深印象、学以致用。

　　本书提供了教学 PPT 课件和源程序文件等，需要者可以登录人民邮电出版社教学服务与资源网（http://www.ptpedu.com.cn）免费下载。

　　本教材在内容的选择、深度把握上充分考虑了初学者的特点，在内容安排上力求做到循序渐进，不仅适合教学，也适合开发 Web 应用程序的各类人员自学使用。为了拓展读者的知识面，本书还介绍了相关的热点 Web 前端开发技术，例如 Ajax、CSS3、HTML5 和 jQuery。HTML5、CSS3、jQuery 被称为未来 Web 应用的三驾马车，是设计网页特效的最新技术，也是读者最感兴趣的技术组合。

　　本书在编写过程中，得到了齐韧的大力支持和帮助。在此表示衷心的感谢。

　　由于编者水平有限，书中难免存在不足之处，敬请广大读者批评指正。

编　者

2014 年 6 月

目　录

第 2 篇　进阶篇

第 3 篇　高级应用篇

第 1 篇
基础篇

第1章
Web 前端开发技术概述

Web 前端开发技术是从网页制作技术演变而来的。在 Web 1.0 时代，网站的主要内容都是静态的，那时并没有 Web 前端开发技术的说法，Web 前端开发的所有工作就是网页制作。随着 Web 2.0 和 Web 3.0 时代的先后到来，静态网页设计已经不是 Web 前端开发工程师的主要工作了。使用 JavaScript 语言开发动态网页已经成为 Web 前端开发的重要组成部分。为了使读者了解本书的背景和意义，本章首先介绍 Web 前端开发技术的基本情况。

1.1　Web 应用程序的架构与工作原理

本节概要地介绍 Web 应用程序产生和发展过程中一些主要技术的推出和应用情况，读者可以从技术的演变过程中进一步理解 Web 应用程序的工作原理。

1.1.1　Web 应用程序设计语言的产生与发展

1. C/S 架构应用程序

在 Web 应用程序出现之前，客户机/服务器（C/S）是应用程序的主流架构。C/S 架构应用程序的工作原理如图 1-1 所示。

C/S 架构应用程序的特点是客户机通过发送一条消息或一个操作来启动与服务器之间的

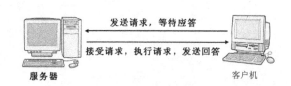

图 1-1　C/S 架构应用程序的工作原理

交互，而服务器通过返回消息进行响应。客户端程序为用户提供了管理和操作界面，而数据通常保存在服务器端。在部署 C/S 架构的应用程序时，需要为每个用户安装客户端程序，升级应用程序时也同样需要升级客户端程序。这无疑增加了维护成本。典型的 C/S 架构应用程序就是支持多用户的数据库管理系统。

客户机/服务器架构把整个任务划分为客户机上的任务和服务器上的任务。下面以数据库管理系统为例进行说明。

客户机必须安装操作系统和必要的客户端应用软件。客户机上的任务主要如下。

（1）建立和断开与服务器的连接。

（2）提交数据访问请求。

（3）等待服务通告，接收请求结果或错误。

（4）处理数据库访问结果或错误，包括重发请求和终止请求。

（5）提供友好的应用程序用户界面。

（6）数据输入/输出及验证。

同样，服务器也必须安装操作系统和必要的服务器端应用软件。服务器上的任务主要如下。

（1）为多用户管理一个独立的数据库。

（2）管理和处理接收到的数据访问请求，包括管理请求队列、管理缓存、响应服务、管理结果和通知服务完成等。

（3）管理用户账号、控制数据库访问权限和其他安全性。

（4）维护数据库，包括数据库备份和恢复等。

（5）保证数据库数据的完整或为用户提供完整性控制手段。

在 C/S 架构中，客户端和服务器都需要安装相应的应用程序，而且不同的应用程序需要安装不同的客户端程序，系统部署的工作量很大。

2. Web 应用程序的产生

1990 年，欧洲原子物理研究所的英国科学家 Tim Berners-Lee（如图 1-2 所示）发明了 WWW（World Wide Web）。通过 Web，用户可以在一个网页里比较直观地表示出互联网上的资源。因此，Tim Berners-Lee 被称为"互联网之父"。

图 1-2　"互联网之父" Tim Berners-Lee

3. B/S 架构应用程序——Web 应用程序

随着互联网的应用和推广，浏览器/服务器（B/S）网络模型诞生了，其工作原理如图 1-3 所示。采用 B/S 网络模型开发的应用程序被称为 Web 应用程序。

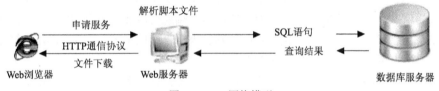

图 1-3　B/S 网络模型

B/S 架构的应用程序只需要部署在 Web 服务器上即可，应用程序可以是 HTML（HTM）文件或 ASP、PHP 等脚本文件。用户只需要安装 Web 浏览器就可以浏览所有网站的内容，这无疑比 C/S 架构应用程序要方便得多。

Web 浏览器的主要功能如下。

（1）由用户向指定的 Web 服务器（网站）申请服务。申请服务时需要指定 Web 服务器的域名或 IP 地址以及要浏览的 HTML（HTM）文件或 ASP、PHP 等脚本文件。

（2）从 Web 服务器中下载申请的 HTML（HTM）文件。

（3）解析并显示 HTML（HTM）文件，用户可以通过 Web 浏览器浏览这些文件。

（4）Web 浏览器和 Web 服务器之间使用 HTTP 协议进行通信。

Web 服务器通常需要有固定的 IP 地址和永久域名，其主要功能如下。

（1）存放 Web 应用程序。

（2）接收用户申请的服务。如果用户申请浏览 ASP、PHP 等脚本文件，则 Web 服务器会对脚本进行解析，生成对应的临时 HTML（HTM）文件。

（3）如果脚本需要访问数据库，Web 服务器则将 SQL 语句传送到数据库服务器，并接收查询结果。

（4）将 HTML（HTM）文件传送到 Web 浏览器。

Web 应用程序使用 Web 文档（网页）来表现用户界面，而 Web 文档都遵循标准 HTML 格式（包括 2000 年推出的 XHTML 标准格式）。因为所有 Web 文档都遵循标准化的格式，所以在客户端可以使用不同类型的 Web 浏览器来查看网页内容。只要用户选择安装一种 Web 浏览器，就可以查看所有 Web 文档，从而解决了为不同应用程序安装不同客户端程序的问题。

Web 应用程序只部署在服务器端。用户在客户端使用浏览器浏览服务器上的页面。客户端与服务器之间使用超文本传送协议（HTTP）进行通信。早期的 Web 服务器只能简单地响应浏览器发送过来的 HTTP 请求，并将存储在服务器上的 HTML 文件返回给浏览器。客户端只接收到经过服务器端处理过的静态网页。

4．Web 应用程序开发技术的发展

前面所说的静态页面和动态页面并不是指页面的内容是静止的还是动态的视频或画面。静态页面指页面的内容在设计时就固定在页面的编码中，而动态页面则可以从数据库或文件中动态地读取数据，并显示在页面中。以网上商场系统为例，如果使用静态页面显示商品的信息，则只能在设计时为每个商品设计一个页面，新增商品，就需要新增对应的页面；如果使用动态页面显示商品的信息，则可以使用一个页面显示各种商品的详细信息，页面中的程序根据商品编号从数据库中读取商品信息，然后显示在页面中。

Web 应用程序产生之初，Web 页面都是静态的，用户可以通过单击超链接等方式与服务器进行交互，访问不同的网页。

最早能够动态生成 HTML 页面的技术是 CGI（Common Gateway Interface）。1993 年，NCSA（National Center for Supercomputing Applications）提出了 CGI 1.0 的标准草案；1995 年，NCSA 开始制定 CGI 1.1 标准；1997 年，CGI 1.2 也被纳入了议事日程。CGI 技术允许服务器端的应用程序根据客户端的请求，动态生成 HTML 页面，这样客户端就可以和服务器端实现动态信息交换了。早期的 CGI 程序大多是编译后的可执行程序，其编程语言可以是 C、C++、Pascal 等任何通用的程序设计语言，也可以是 Perl 和 Python 等脚本语言。

1994 年，Rasmus Lerdorf 发明了专门用于 Web 服务器端编程的 PHP（Personal Home Page）语言。与之前的 CGI 程序不同，PHP 语言将 HTML 代码和 PHP 指令结合成为完整的服务器端动态页面，程序员可以用一种更加简便、快捷的方式实现动态 Web 功能。

1995 年，Netscape 公司推出了一种在客户端（也称为前端）运行的脚本语言——JavaScript。可以在 HTML 语言中嵌入 JavaScript 程序，给 HTML 网页添加动态功能，比如响应用户的各种操作等。这也正是本书要介绍的主要内容。

1996 年，Macromedia 公司推出了 Flash，这是一种矢量动画播放器。它可以作为插件添加到浏览器中，从而在网页中显示动画。

同样在 1996 年，Microsoft 公司推出了 ASP 1.0。这是 Microsoft 公司推出的第 1 个服务器端脚本语言，使用 ASP 可以生成动态的、交互式的网页。从 Windows NT 4.0 开始，所有的 Windows 服务器产品都提供了 IIS（Internet Information Services）组件，它可以提供对 ASP 语言的支持。使用 ASP 可以开发服务器端 Web 应用程序。

1997~1998 年，Servlet 技术和 JSP 技术相继问世，这两者的组合（还可以加上 JavaBean 技术）让 Java 开发者同时拥有了类似 CGI 程序的集中处理功能和类似 PHP 的 HTML 嵌入功能。此外，Java 的运行时编译技术也大大提高了 Servlet 和 JSP 的执行效率。

2002 年，Microsoft 公司正式发布了.NET Framework 和 Visual Studio .NET 开发环境。它引入了 ASP.NET 这样一种全新的 Web 开发技术。ASP.NET 可以使用 VB.NET、C#等编译型语言，并

支持 Web Form、.NET Server Control、ADO.NET 等高级特性。

2004 年，超文本应用技术工作组（Web Hypertext Application Technology Working Group，WHATWG）开始研发 HTML5。2007 年，万维网联盟（World Wide Web Consortium，W3C）接受了 HTML5 草案，并成立了专门的工作团队，并于 2008 年 1 月发布了第 1 个 HTML5 的正式草案。

尽管 HTML5 到目前为止还只是草案，离真正的规范还有相当长的一段路要走，但 HTML5 还是引起了业内的广泛兴趣。Google Chrome 、Firefox、Opera、Safari 和 Internet Explorer 9 等主流浏览器都已经支持 HTML5 技术。目前 HTML5 的标准草案已进入了 W3C 制定标准的 5 大步骤的第 1 步，预期要到 2022 年才会成为 W3C 推荐标准。HTML5 无疑会成为未来 10 年最热门的互联网技术。HTML5 提供了大量的新特性 API，程序员可以在 JavaScript 程序中调用这些 API 实现浏览器端的编程，例如获取地理位置信息、强大的绘图和多媒体功能、打造桌面应用等。

随着 HTML5 规范的日臻完善和普及，Web 前端开发技术越来越引人注意，已经成为当前的热门技术。近来，在 Web 前端开发技术中，jQuery 非常流行，深受前端开发人员的欢迎，大有愈演愈烈之势。jQuery 是 JavaScript 的一个脚本库，它的语法很简单，它的核心理念是"write less,do more"，相比而言，实现同样的功能时需要编写的代码更少（据估算，5 行 jQuery 代码就可以实现 30 行标准 JavaScript 代码的功能）。这无疑减少了程序员的工作量。

在互联网的发展历史中，还出现了很多实用的技术，由于本书篇幅和侧重点等原因，这里就不做展开了，点到为止，仅供读者参考。

1.1.2　Web 应用程序的组成及各部分的主要功能

Web 应用程序通常由 HTML 文件、脚本文件和一些资源文件组成。

（1）HTML 文件可以提供静态的网页内容，这也是早期最常用的网页文件。在 HTML 语言文件中，可以嵌入 JavaScript 程序，从而动态地控制网页的显示效果。

（2）脚本文件可以提供动态网页。ASP 脚本文件的扩展名为.asp，PHP 脚本文件的扩展名为.php，JSP 脚本文件的扩展名为.jsp。脚本文件中，可以包含 HTML 语言和 JavaScript 程序，用于设计网页的显示效果（也称为前端开发），而 ASP 和 PHP 等语言则用于设计服务器端程序。

（3）资源文件可以是图片文件、多媒体文件和配置文件等。

要运行 Web 应用程序，还需要考虑 Web 服务器、客户端的 Web 浏览器和 HTTP 通信协议等因素。

1. Web 服务器

运行 Web 应用程序需要一个载体，即 Web 服务器。一个 Web 服务器可以放置多个 Web 应用程序，也可以把 Web 服务器称为 Web 站点。

通常服务器有两层含义：一方面代表计算机硬件设备，用来安装操作系统和其他应用软件；另一方面又代表安装在硬件服务器上的相关软件。Web 服务器上需要安装 Web 服务器应用程序，用来响应用户通过浏览器提交的请求。如果用户请求执行的是 ASP 或 PHP 脚本，则 Web 服务器应用程序将解析并执行脚本，最后将结果转换成 HTML 格式，并返回到客户端，显示在浏览器中。

2. Web 浏览器

Web 浏览器是用于显示 HTML 文件的应用程序，它可以从 WWW 接收、解析和显示信息资源（可以是网页或图像等）。信息资源可以使用统一资源定位符（URL）来标识。

Web 浏览器只能解析和显示 HTML 文件，而无法直接处理 ASP 等服务器端脚本文件。这就是为什么可以使用 Web 浏览器查看本地的 HTML 文件，而服务器端脚本文件则只有被放置在 Web 服务器上才能被正常浏览。

3. HTTP 通信协议

HTTP（Hypertext Transfer Protocol，超文本传送协议）是 Web 浏览器和 Web 服务器之间交流的语言。Web 浏览器向服务器发送 HTTP 请求消息，服务器返回相应消息，其中包含完整的请求状态信息，并在消息体中包含请求的内容。

1.1.3 Web 应用程序的基本开发流程

在完成了需求分析和总体设计的情况下，开发 Web 应用程序的基本流程如图 1-4 所示。

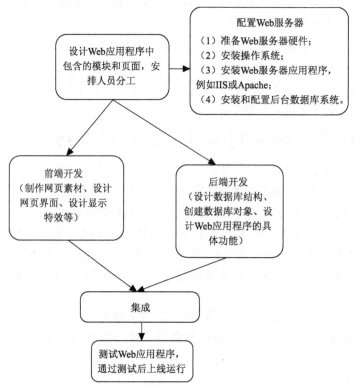

图 1-4　开发 Web 应用程序的基本流程

1. 设计 Web 应用程序中包含的模块和页面

在开始开发 Web 应用程序之前，应由项目组长或系统分析员将 Web 应用程序划分成若干模块，并定义每个模块包含的页面以及模块间的接口。这是项目组成员分工合作的前提。

2. 配置 Web 服务器

要配置 Web 应用程序，首先需要准备一台硬件服务器，如果没有特殊需要，选择普通的 PC 服务器即可。PC 服务器的组件与普通计算机相似，只是 PC 服务器比普通计算机拥有更高的性能和更好的稳定性。在开发和测试阶段，或者小型网络环境下，也可以使用普通计算机作为 Web 服务器。

Web 服务器应用程序可以响应用户通过浏览器提交的请求。常用的 Web 服务器应用程序包括 IIS 和 Apache 等。

数据库服务器用来存储网站中的数据，例如注册用户的信息、用户发贴的信息等。常用的数据库产品包括 SQL Server、Access、Oracle 和 MySQL 等。

3. 前端开发

通常需要根据总体设计文档将 Web 应用程序的每个功能模块划分成若干个网页文件。前端开发的主要任务是设计网页的架构、显示风格、特效和一些客户端功能。通常由美工设计网页中需要使用的图片和 flash 等资源，再使用 Dreamweaver 设计网页的界面，包括网页的基本框架和网页中的静态元素，例如表格、静态图像和静态文本等，然后使用 JavaScript 程序实现网页特效和客户端功能。关于 Web 前端开发实用技术的具体情况将在 1.2 节中进行介绍。

4. 后端开发

在完成需求分析和总体设计后，程序员（通常项目组中有专门负责数据库管理和编程的人员）需要根据总体设计的要求设计具体的数据库结构，包括创建数据库、决定数据库中包含哪些表和视图、设计表和视图结构等。

在设计完成数据库结构后，可以通过编写数据库脚本来创建数据库对象。在安装应用程序时就可以执行这些数据库脚本了。

后端开发的重点还在于程序员可以在网页中添加 ASP、PHP 或 ASP.NET 代码，来访问数据库、完成网页的具体功能。

5. 集成

在很多情况下，前端开发和后端开发是由一个人完成的，此时就不存在前端和后端的集成问题了。如果有专门的前端开发人员，则需要在开发前期约定好网页的框架和数据接口，然后分别开发，最后将前端开发和后端开发的成果集成在一起。完成集成工作的程序员需要同时熟悉前端开发技术和后端开发技术。通常可以由前端开发人员在实现了后端开发功能的网页中添加前端开发的代码，实现网页特效。后端开发的主要职责是准备数据，前端开发的主要职责是丰富行为。

6. 测试 Web 应用程序，通过测试后上线运行

在 Web 应用程序开发完成后，需要测试其具体功能的实现情况。在通过测试达到实际应用的需求后，就可以将 Web 应用程序部署到 Web 服务器上。通常需要准备一个备份服务器，以便实现数据备份，并且可以在增加新功能时提供测试环境。

1.2　Web 前端开发实用技术概述

本书所介绍的 JavaScript 程序设计属于 Web 前端开发技术。在使用 JavaScript 编写程序时，往往需要与其他 Web 前端开发技术结合使用。为了便于读者理解和学习，本节首先介绍 Web 前端开发实用技术的基本情况。

1.2.1　什么是 Web 前端开发

Web 前端开发是近几年才真正开始受到重视的一个新兴领域，所谓 Web 前端开发，从字面理解，就是设计用户浏览的前端界面。说到这儿，可能有的读者会联想到美工。事实上，Web 前端

开发工程师的前身就是美工。在 Web 1.0 时代，网站多由 HTML 文件组成，Web 前端开发工程师的主要工作就是设计静态网页，他们使用的工具多为 Dreamweaver 和 Photoshop。随着 Web 2.0 和 Web 3.0 时代的相继到来，静态网页设计已经不是 Web 前端开发工程师的主要工作了。Web 应用程序越来越向桌面软件靠拢，使用 JavaScript 语言开发动态网页已经成为 Web 前端开发的重要组成部分。

1.2.2　Web 前端开发的要素

Web 前端开发技术包括下面 3 个要素。

（1）HTML：HTML 是 Hypertext Markup Language 的缩写，即超文本标记语言，是用于描述网页文档的一种标记语言。因此，了解 HTML 是 Web 前端开发工程师的基本技能。本章稍后将介绍 HTML 的基础知识。

HTML 的最新版本是 HTML5。尽管 HTML5 到目前为止还只是草案，离真正的规范还有相当长的一段路要走，但 HTML5 还是引起了业内的广泛兴趣。

本书将在第 9 章介绍 JavaScript HTML5 编程的方法。

（2）CSS：CSS 是 Cascading Style Sheet（层叠样式表）的缩写，是一种能使网页格式化的标准，它可以扩展 HTML 的功能，重新定义 HTML 元素的显示方式。CSS 所能改变的属性包括字体、文字间的空间、列表、颜色、背景、页边距和位置等。使用 CSS 的好处在于用户只需要一次性定义文字的显示样式，就可以在各个网页中统一使用了，这样既避免了用户的重复劳动，也可以使系统的界面风格统一。

CSS 的最新版本是 CSS3，使用 CSS3 可以定义活泼、新颖的网页界面。本书将在第 7 章介绍 CSS 的基本知识和 JavaScript CSS 编程的方法。

（3）JavaScript：这正是本书的主题。除了 JavaScript 的基本语法外，Web 前端开发工程师还应该了解 Ajax 和 jQuery 等相关热门技术。

1.3　HTML 基础

HTML 是 Web 前端开发的基础。为了方便读者阅读和学习本书内容，本节首先简要地介绍 HTML 的基础知识。

1.3.1　HTML 网页的基本结构

HTML 语言中包含很多 HTML 标记（也称为标签），它们可以被 Web 浏览器解释，从而决定网页的结构和显示的内容。这些标记通常成对出现，例如<html>和</html>就是常用的标记对，语法格式如下：

<标记名> 数据 </标记名>

本节将介绍一些基本结构标记。HTML 文档可以分为两部分，即文件头与文件体。文件头中提供了文档标题，并建立 HTML 文档与文件目录间的关系；文件体部分是网页的实质内容，它是 HTML 文档中最主要的部分，其中定义了网页的显示内容和效果。

HTML 常用的结构标记如表 1-1 所示。

表 1-1　　　　　　　　　　　　　　　　HTML 常用的结构标记

结 构 标 记	具 体 描 述
<html>…</html>	标记 HTML 文档的开始和结束
<head>…</head>	标记文件头的开始和结束
<title>…</title>	标记文件头中的文档标题
<body>…</body>	标记文件体部分的开始和结束
<!--…-->	标记文档中的注释部分

这些基本结构标记的使用示例如下所示：

```
<html>
  <head>
   <title> HTML 文件标题</title>
  </head>
  <body>
   <!-- HTML 文件内容 -->
  </body>
</html>
```

这些标记只用于定义网页的基本结构，并没有定义网页要显示的内容。因此，在浏览器中查看此网页时，除了网页的标题外，其他部分与空白网页没有什么区别。

1.3.2　设置网页背景和颜色

在设计网页时，通常首先需要设置网页的属性。常见的网页属性就是网页的颜色和背景图片。可以在<body>标签中通过 background 属性设置网页的背景图片，例如：

`<body background="Greenstone.bmp">`

可以在<body>标签中通过 bgcolor 属性设置网页的背景颜色，例如：

`<body bgcolor="#00FFFF">`

<body>标签中的常用属性如表 1-2 所示。

表 1-2　　　　　　　　　　　　　　　　<body>标签的常用属性

属　　性	说　　明
background	文档的背景图像
bgcolor	文档的背景色
text	文档中文本的颜色
link	文档中链接的颜色
vlink	文档中已被访问过的链接的颜色
alink	文档中正被选中的链接的颜色

Windows 系统中使用红、绿、蓝 3 原色组合表示一个颜色，每个原色使用 16 位数字表示，如图 1-5 所示。

32～47位表示红色部分R	16～31位表示绿色部分G	0～15位表示红色部分R

图 1-5　Windows 系统中颜色的数字表示方法

HTML 支持下面 3 种颜色表示方法。

1. 颜色关键字

可以使用一组颜色关键字字符串表示颜色，具体如表 1-3 所示。

表 1-3　　　　　　　　　　　　　　颜色关键字

颜色关键字	具 体 描 述
maroon	酱紫色
red	红色
orange	橙色
yellow	黄色
olive	橄榄色
purple	紫色
gray	灰色
fuchsia	紫红色
lime	绿黄色
green	绿色
navy	藏青色
blue	蓝色
silver	银色
aqua	浅绿色
white	白色
teal	蓝绿色
black	黑色

2. 16 进制字符串

可以使用一个 16 进制字符串表示颜色，格式为#RRGGBB。其中，RR 表示红色集合，GG 表示绿色集合，BB 表示蓝色集合。例如#FF0000 表示红色，#00FF00 表示绿色，#0000FF 表示蓝色，#FFFFFF 表示白色，#000000 表示黑色。

3. RGB 颜色值

可以使用 RGB(R,G,B)的格式表示颜色。其中 R 表示红色集合，G 表示绿色集合，B 表示蓝色集合。R、G、B 都是 10 进制数，取值范围为 0～255。常用颜色的 RGB 表示方法如表 1-4 所示。

表 1-4　　　　　　　　　　　常用颜色的 RGB 表示方法

颜　色	红　色　值	绿　色　值	蓝　色　值	RGB()表示方法
黑色	0	0	0	RGB(0,0,0)
蓝色	0	0	255	RGB(0,0,255)
绿色	0	255	0	RGB(0,255,0)
青色	0	255	255	RGB(0,255,255)
红色	255	0	0	RGB(255,0,0)
洋红色	255	0	255	RGB(255,0,255)
黄色	255	255	0	RGB(255,255,0)
白色	255	255	255	RGB(255,255,255)

1.3.3　设置字体属性

可以使用<font>...</font>标签对网页中的文字设置字体属性，包括设置字体类型和设置字体大小等，例如：

```
<font face="黑体" size="4">设置字体</font>
```

face 属性用于设置字体类型，size 属性用于设置字体大小。也可以使用 color 属性设置字体的颜色。

还可以设置文本的样式，包括加粗、倾斜和下划线等。使用...定义加粗字体，使用<i>...</i>定义倾斜字体，使用<u>...</u>定义下划线字体。这些标签可以混合使用，来定义同时具有多种属性的字体。

【例 1-1】　定义加粗、倾斜和下划线字体，代码如下：

```
<html>
  <head>
    <title>【例1-1】</title>
  </head>
  <body>
    <p><b>加粗</b> <i>倾斜</i> <u>下划线</u></p>
  </body>
</html>
```

上面代码定义的网页如图 1-6 所示。

在【例 1-1】的代码中，可以看到一对<p>...</p>标签，它们用于定义字体的分段。可以单独定义<p>和</p>之间元素的属性。比较常用的属性是 aligh = #，#可以是 left、center 或 right。left 表示文字居左，center表示文字居中，right 表示文字居右。

图 1-6　浏览【例 1-1】的结果

【例 1-2】　将【例 1-1】定义的文字居中显示，代码如下：

```
<html>
  <head>
    <title>【例1-2】</title>
  </head>
  <body>
<p align="center"><b>加粗</b> <i>倾斜</i> <u>下划线</u></p>
  </body>
</html>
```

也可以通过选择样式来设置字体。HTML 语言中有一些默认样式，标题是常用的样式之一。标题元素有 6 种，分别为 h1、h2……h6，用于表示文章中的各种标题。标题号越小，字体越大。

【例 1-3】　下面的代码可以定义 h1、h2……h6 标题的文字。

```
<html>
  <head>
    <title>【例1-3】</title>
  </head>
  <body>
<h1>这是标题 1</h1>
<h1>这是标题 2</h1>
<h2>这是标题 3</h2>
```

```
<h4>这是标题 4</h4>
<h5>这是标题 5</h5>
<h6>这是标题 6</h6>
  </body>
</html>
```

浏览【例 1-3】的结果如图 1-7 所示。

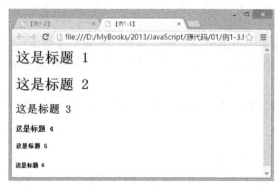

图 1-7　浏览【例 1-3】的结果

1.3.4　超级链接

超级链接是网页中一种特殊的文本，也称为超链接，通过单击超级链接可以方便地转向本地或远程的其他文档。超级链接可分为两种，即本地链接和远程链接。本地链接用于连接本地计算机中的文档，而远程链接则用于连接远程计算机中的文档。

在超级链接中，必须明确指定转向文档的位置和文件名。可以使用 URL（统一资源定位器，Uniform Resource Locator）指定文档的具体位置，它的构成如下：

```
protocol:// machine.name[:port] / directory / filename
```

其中 protocol 是访问该资源所采用的协议，即访问该资源的方法，主要的协议如下。

- HTTP：超文本传输协议，通过互联网传送 HTML 文档的数据传送协议。
- File：用于访问本地计算机上的文件资源。
- FTP：文件传输协议。
- News：表明该资源是网络新闻。

machine.name 是存放该资源的主机的 IP 地址或域名，如 www.microsoft.com。port 端口号是服务器在该主机所使用的端口号。一般情况下端口号不需要指定，HTTP 的默认端口号为 80，FTP 的默认端口号为 21。只有当服务器所使用的端口号不是默认的端口号时才指定。

directory 和 filename 是该资源的路径和文件名。

下面是一个典型的 URL：

```
http://www.php.net/downlaod.php
```

通常网站都会指定默认的文档，所以直接输入 http://www.php.net 就可以访问到 PHP 网站的首页文档。

下面是一个定义超级链接的例子：

```
<a href="http://www.php.net">PHP 网站</a>
```

在<a>和</a>标签之间定义超级链接的显示文本，href 属性定义要转向的网址或文档。

在超级链接的定义代码中，除了指定转向文档外，还可以使用 target 属性来设置单击超级链接时打开网页的目标框架。可以选择_blank（新建窗口）、_parent（父框架）、_self（相同框架）和_top（整页）等目标框架。比较常用的目标框架为_blank（新建窗口）。

【例 1-4】　定义一个新的超级链接，显示文本为"在新窗口中打开 PHP 网站"，代码如下：

```
<a target="_blank" href="http://www.php.net">在新窗口中打开 PHP 网站</a>
```

如果没有使用 target 属性，单击超级链接后，将在原来的浏览器窗口中打开新的 HTML 文档。

在 HTML 语言中，电子邮件超级链接的定义代码如下：

```
<a href="mailto:johney2008@sina.com">我的邮箱</a>
```

超级链接还可以定义在本网页内跳转，从而实现类似目录的功能。比较常见的应用是在网页底部定义一个超级链接，用于返回网页顶端。首先需要在跳转到的位置定义一个标识（锚），在 DreamWeaver 中，这种定义位置的标识被称为命名锚记（在 FrontPage 中被称为书签）。

例如，可以在网页的顶部定义锚 top，代码如下：

```
<a name="top" id="top"></a>
```

在<a>标签中增加了一个 name 属性，表示这是一个名字为 top 的锚。

创建锚是为了在 HTML 文档中的其他位置创建一些链接，通过这些链接可以方便地转向同一文档中有锚的地方，代码如下：

```
<a href="url#name">转到锚 name</a>
```

如果 href 属性的值是指定一个锚，则必须在锚名前面加一个"#"符号。例如，在网页的尾部添加如下代码：

```
<a href="#top">返回顶部</a>
```

单击"返回顶部"超级链接将跳转到网页顶部（因为已经在网页的顶部定义了锚 top）。

1.3.5　图像和动画

HTML 语言中使用<img>标签来处理图像，例如：

```
<img src="1.jpg">
```

src 属性用于指定图像文件的文件名，包括文件所在的路径。这个路径既可以是相对路径，也可以是绝对路径。除此之外，<img>标签还有如下的属性。

（1）alt：当鼠标光标移动到图像上时显示的文本。

（2）align：图像的对齐方式，包括 top（顶端对齐）、bottom（底部对齐）、middle（居中对齐）、left（左侧对齐）和 right（右侧对齐）。

（3）border：图像的边框宽度。

（4）width：图像的宽度。

（5）height：图像的高度。

（6）hspace：定义图像左侧和右侧的空白。

（7）vspace：定义图像顶部和底部的空白。

还可以使用<img>标签来处理动画。例如，在网页中插入一个多媒体文件 clock.avi，代码如下：

```
<img border="0" dynsrc="clock.avi" start="fileopen" width="321" height="321">
```

dynsrc 属性用于指定动画文件的文件名，包括文件所在的路径。start 属性用于指定动画开始播放的时间，fileopen 表示网页打开时即播放动画。

1.3.6 表格

在 HTML 语言中，表格由<table>...</table>标签对来定义，表格内容由<tr>...</tr>和<td>...</td>标签对来定义。<tr>...</tr>定义表格中的一行，<td>...</td>通常出现在<tr>...</tr>之间，用于定义一个单元格。

【例 1-5】 定义一个 3 行 3 列的表格，代码如下：

```
<table width="200" border="1">
  <tr>
    <td> </td>
    <td> </td>
    <td> </td>
  </tr>
  <tr>
    <td> </td>
    <td> </td>
    <td> </td>
  </tr>
  <tr>
    <td> </td>
    <td> </td>
    <td> </td>
  </tr>
</table>
```

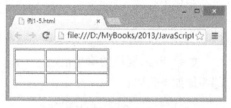

图 1-8　浏览【例 1-5】的结果

 是 HTML 语言中的空格。border 属性用于定义表格边框的宽度。浏览【例 1-5】的结果如图 1-8 所示。

下面介绍表格的常用属性。

1. 通栏

被合并的单元格会跨越多个单元格，这种合并的单元格被称为通栏。通栏可以分为横向通栏和纵向通栏两种，<td colspan=#>用于定义横向通栏，<tr rowspan=#>用于定义纵向通栏。#表示通栏占据的单元格的数量。

2. 表格大小和边框宽度

在<table>标签中，表格的大小用 width=#和 height=#属性来定义。前者为表宽，后者为表高，#是以像素为单位的整数，也可以是百分比。在【例 1-5】中，可以看到 width 属性的使用。

边框宽度由 border=#属性定义，#为宽度值，单位是像素。例如，下面的 HTML 代码定义了一个边框宽度为 4 的表格。

```
<table border="4" width="100%" id="table1">
    ......
</table>
```

3. 背景颜色

在 HTML 语言中，可以使用 bgcolor 属性设置单元格的背景颜色，格式为 bgcolor=背景颜色。

【例 1-6】 下面的 HTML 代码定义表格的背景颜色为 c0c0c0（灰色）。

```
<table border="1" width="100%" id="table1">
    <tr>
        <td colspan="2" bgcolor="#C0C0C0">
        <p align="center">表格</td>
    </tr>
    <tr>
```

```
<td bgcolor="#C0C0C0">
<p align="center">域名</td>
<td bgcolor="#C0C0C0">
<p align="center">说明</td>
</tr>
……
</table>
```

浏览【例 1-6】的结果如图 1-9 所示。

图 1-9　浏览【例 1-6】的结果

1.3.7　使用框架

框架（Frame）可以将浏览器的窗口分成多个区域，每个区域可以单独显示一个 HTML 文件，各个区域也可以相关联地显示某一个内容。框架通常的使用方法是在其中一个框架中放置可供选择的链接目录，而将目录对应的 HTML 文件显示在另一个框架中。

定义框架的基本代码如下：

```
<html>
<head>
<title>...</title>
</head>
<noframes>...</noframes>
<frameset>
<frame src="url">
<frame src="url">
<frame src="url">
……
</frameset>
</html>
```

1.　<noframe>标签

<noframe>标签中包含了框架不能被显示时的替换内容。

2.　<frameset>标签

<frameset>标签是一个框架容器，它将窗口分成长方形的子区域，即框架。在一个框架内的文档中，<frameset>标签取代了<body>标签位置，紧接在<head>标签之后。

<frameset>标签的基本属性包括 rows 和 cols，它们定义了框架设置元素中的每个框架的尺寸大小。rows 值从上到下定义了每行的高；cols 值从左到右定义了每列的宽。

框架是可以嵌套的，也就是说可以在<frameset>标签中包含一个或多个<frameset>标签。

3.　<frame>标签

<frameset>标签中可以包含多个<frame>标签。每个 frame 元素定义一个子窗口。<frame>标签的属性说明如下。

（1）name：框架名称。

（2）src：框架内容 URL。

（3）longdesc：框架的长篇描述。

（4）frameborder：框架边框。

（5）marginwidth：边距宽度。

（6）marginheight：边距高度。

（7）noresize：禁止用户调整框架尺寸。

（8）scrolling：规定框架中是否需要滚动条。

【例 1-7】 定义框架的例子。

首先创建 3 个 HTML 文件 a.html、b.html 和 c.html。a.html 的代码如下：

```
<a href="b.html" target="main">b.html</a>
 <br>
<a href="c.html" target="main">c.html</a>
```

单击超链接，将在 main 框架中打开对应的网页。b.html 的代码如下：

```
<h1> b.html</h1>
```

c.html 的代码如下：

```
<h1> c.html</h1>
```

定义框架的网页代码如下：

```
<html>
<head>
<meta HTTP-EQUIV="Content-Type" CONTENT="text/html; charset=gb2312">
<title>定义框架的例子</title>
</head>
<frameset framespacing="1" border="1" bordercolor= #333399  frameborder="yes">
    <frameset cols="150,*">
        <frame name="left" target="main" src="a.html" scrolling="auto" frameborder=1>
        <frame name="main" src="b.html" scrolling="auto" noresize frameborder=1>
    </frameset>
    <noframes>
    <body>
    <p>此网页使用了框架，但您的浏览器不支持框架。</p>
    </body>
    </noframes>
</frameset>
</html>
```

框架集（frameset）中定义了 2 个框架（frame），左侧框架中显示 a.html，宽度为 150。右侧框架名为 main，初始时显示 b.html。定义框架的网页界面如图 1-10 所示。单击 c.html 超链接后的网页界面如图 1-11 所示。

图 1-10　浏览【例 1-7】的结果　　　　图 1-11　单击 c.html 超链接后的网页界面

1.3.8　其他常用标签

本小节介绍 HTML 中其他常用的标签。

1. <div>标签

<div>标签可以定义文档中的分区或节（division/section），可以把文档分割为独立的、不同的部分。在 HTML 中，<div>标签对设计网页布局很重要。

【例 1-8】　使用<div>标签定义 3 个分区，背景色分别为红、绿、蓝，代码如下：

```
<div style="background-color:#FF0000">
  <h3>标题 1</h3>
  <p>正文 1</p>
</div>
<div style="background-color:#00FF00">
  <h3>标题 2</h3>
  <p>正文 2</p>
</div>
<div style="background-color:#0000FF">
  <h3>标题 3</h3>
  <p>正文 3</p>
```

style 属性用于指定 div 元素的 CSS 样式，background-color 用于定义元素的背景颜色。关于 CSS 样式将在第 7 章中介绍。

浏览【例 1-8】的结果如图 1-12 所示。

可以很直观地看到<div>标签定义的分区的范围。

2.
标签

标签是 HTML 中的换行符。在 XHTML 中，则把结束标签放在开始标签中，即
。

【例 1-9】　使用
标签的例子。

第一段
第二段
第三段

浏览【例 1-9】的结果如图 1-13 所示。

图 1-12　浏览【例 1-8】的结果

图 1-13　浏览【例 1-9】的结果

3. <pre>标签

<pre>标签用于定义预格式化的文本。其中的文本会以等宽字体显示，并保留空格和换行符。<pre>标签通常可以用来显示源代码。

【例 1-10】　使用<pre>标签显示【例 1-8】中的代码。

```
<pre>
&lt;html&gt;
&lt;body&gt;

 &lt;div style="background-color:#FF0000"&gt;
  &lt;h3&gt;标题 1&lt;/h3&gt;

  &lt;p&gt;正文 1&lt;/p&gt;
&lt;/div&gt;
&lt;div style="background-color:#00FF00"&gt;
```

```
&lt;h3&gt;标题 2&lt;/h3&gt;

&lt;p&gt;正文 2&lt;/p&gt;
&lt;/div&gt;
&lt;div style="background-color:#0000FF"&gt;

&lt;h3&gt;标题 3&lt;/h3&gt;

&lt;p&gt;正文 3&lt;/p&gt;

&lt;/body&gt;
&lt;/html&gt;
```

在<pre>...</pre>中，"<" 代表 "<"，">" 代表 ">"。浏览【例 1-10】的结果如图 1-14 所示。

4．<li>标签

<li>标签用于定义列表项目，可以用在有序列表（使用 ol 元素定义）和无序列表（使用 ul 元素定义）中。

【例 1-11】 演示<li>标签的使用方法。

```
<ol>
    <li>苹果</li>
    <li>梨</li>
    <li>桃子</li>
</ol>

<ul>
    <li>苹果</li>
    <li>梨</li>
    <li>桃子</li>
</ul>
```

浏览【例 1-11】的结果如图 1-15 所示。

图 1-14　浏览【例 1-10】的结果

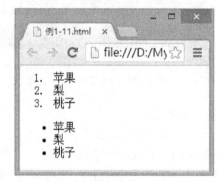

图 1-15　浏览【例 1-11】的结果

5．<span>标签

<span>标签可以用来组合文档中的行内元素。它可以在行内定义一个区域，也就是一行内可以被<span>标签划分成好几个区域，从而实现某种特定效果。

<span>标签本身没有任何属性，如果不对 span 应用样式，那么 span 元素中的文本与其他文本不会有任何视觉上的差异。可以使用 CSS 定义<span>标签的显示样式以区别于其他文本。这里不介绍<span>标签的使用实例，本书后面的很多例子都会使用到<span>标签。

练 习 题

一、单项选择题

1. 在 Web 应用程序出现之前，（　　）是应用程序的主流架构。
   A. A/S
   B. B/S
   C. C/S
   D. D/S

2. 随着互联网的应用和推广，浏览器/服务器（　　）网络模型诞生了。
   A. A/S
   B. B/S
   C. C/S
   D. D/S

3. 标记 HTML 文档开始和结束的 HTML 标签是（　　）。
   A. <html>…</html>
   B. <head>…</head>
   C. <title>…</title>
   D. <body>…</body>

4. 标记 HTML 文档中的注释部分的 HTML 标签是（　　）。
   A. //
   B. /*…*/
   C. <!--…-->
   D. </*>…<*/>

5. 使用（　　）可以定义倾斜字体。
   A. …
   B. <font>…</font>
   C. <i>…</i>
   D. <u>…</u>

6. （　　）标签用于定义表格中的一个单元格。
   A. <table>…</table>
   B. <tr>…</tr>
   C. <th>…</th>
   D. <td>…</td>

二、填空题

1. Web 文档都遵循标准_____格式。
2. _____是 Web 浏览器和 Web 服务器之间交流的协议。
3. Web 前端开发技术包括_____、_____和_____3 个要素。
4. 可以在<body>标签中通过_____属性设置网页的背景图片。
5. 在 HTML 语言中使用_____标签来定义图像。

三、问答题

1. 试述 C/S 架构应用程序的工作原理。
2. 试述浏览器/服务器（B/S）网络模型的工作原理。
3. 试述在 Web 应用程序的基本架构中，Web 服务器的主要功能。
4. 试述 Web 浏览器的主要功能。
5. 试述开发 Web 应用程序的基本流程。

第2章
JavaScript 语言基础

本章介绍 JavaScript 语言的基本语法，包括数据类型、值、变量、注释、运算符、表达式和常用语句等，了解这些基本语法是使用 JavaScript 进行编程的基础。

2.1 JavaScript 简介

JavaScript 简称 JS，是一种可以嵌入到 HTML 页面中的脚本语言，由浏览器一边解释一边执行。

2.1.1 在 HTML 中插入 JavaScript 代码

在 HTML 文件中使用 JavaScript 脚本时，JavaScript 代码需要出现在<Script Language ="JavaScript">和</Script>之间。

【例 2-1】 一个在 HTML 文件中使用 JavaScript 脚本的简单实例。

```
<HTML>
<HEAD><TITLE>简单的 JavaScript 代码</TITLE></HEAD>
<BODY>
<Script Language ="JavaScript">
 // 下面是 JavaScript 代码
  document.write("Hello World! I'm JavaScript.");
  document.close();
</Script>
</BODY>
</HTML>
```

运行结果如图 2-1 所示。

图 2-1 简单的 JavaScript 脚本

document 是文档对象，document.write()语句用于在文档中输出字符串，document.close()语句用于关闭输出操作。

在 JavaScript 中，使用//作为注释符。浏览器在解释程序时，将不考虑一行程序中//后面的代码。

2.1.2　使用 js 文件

另外一种插入 JavaScript 程序的方法是把 JavaScript 代码写到一个.js 文件当中，然后在 HTML 文件中引用该 js 文件，方法如下：

```
<script src="js 文件"></script>
```

【例 2-2】　使用引用 js 文件的方法实现【例 2-1】的功能。创建 output.js，内容如下：

```
document.write("这是一个简单的 JavaScript 程序!");
document.close();
```

HTML 文件的代码如下：

```
<HTML>
<HEAD><TITLE>简单的 JavaScript 代码</TITLE></HEAD>
<BODY>
<Script src="output.js"></Script>
</BODY>
</HTML>
```

2.2　JavaScript 与 Java 的比较

JavaScript 名称中虽然包含 Java，但它们是完全不同的两样东西，就像雷锋塔和雷峰一样。Java 是可用于编写跨平台应用程序的面向对象的程序设计语言，是由 Sun Microsystems 公司于 1995 年 5 月推出的 Java 程序设计语言和 Java 平台的总称。

而 JavaScript 是一种脚本语言，由 Netscape 的 LiveScript 发展而来。一个完整的 JavaScript 实现是由以下 3 个不同部分组成的：核心（ECMAScript）、文档对象模型（Document Object Model，简称 DOM，本书将在 4.3 节介绍）、浏览器对象模型（Browser Object Model，简称 BOM，本书将在 4.4 节介绍）。

JavaScript 与 Java 的主要区别如下。

1．对象的处理和应用方式不同

Java 是一种真正的面向对象的语言，即使是开发非常简单的程序，也必须设计对象。

JavaScript 是一种脚本语言，是基于对象和事件驱动的编程语言，它本身提供了非常丰富的内部对象供程序设计人员使用。

2．运行方式不同

Java 语言的一个非常重要的特点就是与平台的无关性，而使用 Java 虚拟机是实现这一特点的关键。一般的高级语言如果要在不同的平台上运行，至少需要编译成不同的目标代码。而引入 Java 语言虚拟机后，Java 语言在不同平台上运行时不需要重新编译。Java 语言使用 Java 虚拟机屏蔽了与具体平台相关的信息，使得 Java 语言编译程序只需生成在 Java 虚拟机上运行的目标代码（字节码），就可以在多种平台上不加修改地运行。Java 虚拟机在执行字节码时，会把字节码解释成具体平台上的机器指令并执行。

而 JavaScript 通常需要嵌入到 HTML 页面中运行，也可以把 JavaScript 代码写到一个.js 文件当中，然后在 HTML 文件中引用该 js 文件。

3. 定义变量的形式不同

Java 与 C 语言一样，采用强类型变量检查。所有变量在编译之前必须声明，而且不能使用没有赋值的变量。

JavaScript 采用弱类型变量检查，变量在使用前无需声明，而是解释器在运行时检查其数据类型。

4. 解释和编译

两种语言在浏览器中所执行的方式不一样。Java 的源代码在传递到客户端执行之前，必须经过编译，因而客户端上必须具有相应平台上的仿真器或解释器，它可以通过编译器或解释器实现独立于某个特定的平台编译代码的束缚。

JavaScript 是一种解释型编程语言，其源代码在发往客户端执行之前不需要经过编译，而是将文本格式的字符代码发送给客户编，由浏览器解释执行。

2.3 JavaScript 编辑和调试工具

与 Visual Basic 和 Visual C++等高级编程语言不同，JavaScript 没有提供一个集成的开发环境，也没有专用的编辑工具。可以使用任何文本编辑工具编辑 JavaScript 程序，包括 Windows 记事本。

首先 JavaScript 代码是嵌入在网页中的，单纯的编辑工具都无法很友好地设计漂亮的网页。因此，建议读者选择一个专业设计网页的工具，目前比较流行的网页设计工具包括 Dreamweaver 等，读者可以根据自己的喜好来选择。

下面简单介绍 3 种目前使用较多的 JavaScript 编辑工具：EditPlus、Eclipse 和 Dreamweaver。

2.3.1 使用 EditPlus 编辑 JavaScript 程序

EditPlus 是一款由韩国 Sangil Kim（ES-Computing）出品的小巧但是功能强大的可处理文本、HTML 和程序语言的 32 位编辑器，你甚至可以通过设置用户工具将其作为 C、Java、Php 等语言的一个简单的 IDE。

EditPlus 的官方网站网址如下：

`http://www.editplus.com/`

可以访问此网站下载 EditPlus 的试用版本，也可以从其他软件下载网站中下载 EditPlus。本书以 EditPlus 3.0 为例，介绍如何将 EditPlus 配置成 JavaScript 的集成开发环境。

1. 创建 JavaScript 文件

EditPlus 可以对 JavaScript 文件提供支持。运行 EditPlus，在菜单中选择"文件"/"新建"/"其他…"，打开"选择文件类型"对话框，如图 2-2 所示。

从列表中选择 JavaScript，然后单击"确定"按钮，可以创建一个空白的 JavaScript 文件。单击工具栏中的"保存文件"按钮，打开"另存为"对话框，如图 2-3 所示。可以看到，默认的文件扩展名为*.js。

图 2-2　选择文件类型　　　　　　图 2-3　保存 JavaScript 文件

2. 语法着色

在 EditPlus 中编辑 JavaScript 程序时，JavaScript 的变量、语句和函数会以不同的颜色来表现，称为语法着色。

例如，在 EditPlus 中创建一个 JavaScript 文档，在其中输入如下代码：

```
document.write("Hello World! I'm JavaScript.");
document.close();
```

可以看到 "document" 表现为红色，"Hello World! I'm JavaScript." 表现为紫色。EditPlus 之所以能够为 JavaScript 文档着色，是因为在 EditPlus 的工作目录下包含了一个 js.stx 文件。stx 文件是 EditPlus 的使用语法文件，其中以明文格式定义了 JavaScript 的各种关键字，并据此在文档中为 JavaScript 语法着色。

可以访问如下网址，下载最新的 js.stx 文件。

```
http://www.editplus.com/html.html
```

打开 EditPlus，在菜单中选择 "工具" / "参数"，打开 "参数" 对话框。选择 "文件" / "设置与语法"，将选项卡切换到 "语法着色"，可以设置 JavaScript 语法中不同元素的颜色，如图 2-4 所示。

3. 自动完成语法

很多开发工具都支持自动完成语法的功能，例如 Visual Studio、Eclipse 等。当用户在编辑窗口中输入一个关键字，然后输入空格时，系统会自动按语法完成对应的代码。自动完成语法的功能对于开发人员来说是非常方便的。

EditPlus 也可以对不同的开发语言实现自动完成语法的功能，前提是需要下载一个扩展名为 acp 的文件。可以访问如下网址，下载最新的 js.acp 文件。

```
http://www.editplus.com/html.html
```

该网站上提供了不同版本的下载链接，读者可以根据实际情况选择下载。例如，下载 js7.zip（或类似的文件），将其中的 js.acp 解压缩到 EditPlus 的工作目录下。

打开 EditPlus，在菜单中选择 "工具" / "参数"，打开 "参数" 对话框。选择 "文件" / "设置与语法"，如图 2-5 所示。在 "设置与语法" 选项卡中单击 "自动完成" 后面的 "..." 按钮，打开 "选择文件" 对话框。选择 js.acp，单击 "确定" 按钮。

 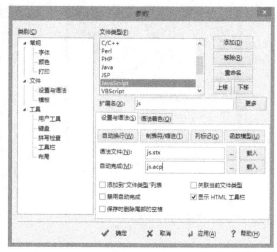

图 2-4　设置 JavaScript 语法颜色　　　　　　　图 2-5　语法设置

配置完成后，单击"确定"按钮。下面测试自动完成语法的功能是否生效。在 EditPlus 中输入 for，然后按空格键，EditPlus 编辑窗口中会自动出现如下代码：

```
for (var i=0; i<; i++) {

} s
```

2.3.2　Eclipse 开发平台简介

Eclipse 是开放源代码的、基于 Java 的可扩展开发平台。就其本身而言，它可以通过插件组件构建开发环境。Eclipse 附带一个标准的插件集，包括 Java 开发工具（JDK，Java Development Kit）。访问下面的网址可以下载最新版本的 Eclipse，下载页面如图 2-6 所示。

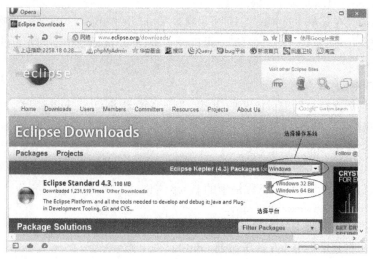

图 2-6　下载 Eclipse 的页面

```
http://www.eclipse.org/downloads/
```

选择操作系统和平台后，即可以下载 Eclipse。例如，下载适用于 64 位 Windows 平台的 Eclipse，可以得到 eclipse-javascript-helios-win32-x86_64.zip。

运行 Eclipse 开发平台需要安装 Java 运行环境（JRE，Java Runtime Environment）或 Java 开发工具（JDK，Java Development Kit）。可以从下面的网址下载 JRE 和 JDK：

http://www.oracle.com/technetwork/java/javase/downloads/index.html

eclipse-javascript-helios-win32-x86_64.zip 中包含一个 eclipse 目录，将其解压缩到 C 盘，可以得到 C:\eclipse。运行 C:\eclipse\eclipse.exe，即可打开 Eclipse 开发平台。首先打开设置工作区（workspace）的对话框，如图 2-7 所示。

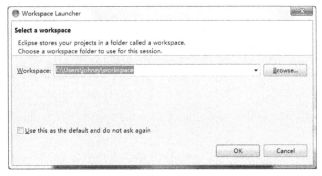

图 2-7 设置工作区（workspace）的对话框

工作区用于管理用户的资源，这些资源会被组织成一个（或多个）项目，每个项目对应到 Eclipse 工作区目录下的一个子目录。每个项目又可以包含多个文件和目录。默认的工作区是 C:\Users\用户名\workspace，单击"OK"按钮，即可进入 Eclipse 的主界面，如图 2-8 所示。

图 2-8 Eclipse 的主界面

Eclipse 的主界面又称为工作台（workbench），是操作 Eclipse 的基本图型接口。工作台包含许多不同种类的内部窗口（称为视图）和一个特别的编辑器窗口。Package Explorer 视图是最常用的视图，用于显示项目和其他资源，如图 2-9 所示。Eclipse 项目是用于管理某个应用程序的文件集合。

可以使用下面 3 种方法在 Eclipse 中创建 Java 项目。

（1）在菜单中选择"File"/"New"/"Project"；

（2）在 Package Explorers 视图中单击鼠标右键，选择"New"/"Java Project"；

（3）单击工具栏上 New 按钮旁边的下拉按钮，然后选择"Java Project"；

上面 3 种方法都可以打开 New Java Project 对话框，如图 2-10 所示。

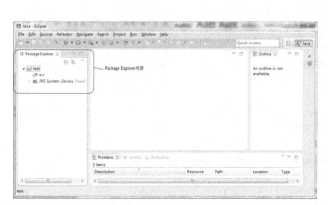

图 2-9　Package Explorer 视图　　　　　　　　图 2-10　New Java Project 对话框

首先填写项目名称，然后选择 JRE 版本（通常会自动选择）。通常项目保存在工作区目录下，也可以自定义保存项目的目录。配置完成后，单击 Finish 按钮创建项目。

通过安装指定的插件，Eclipse 可以成为开发 JavaScript 程序的理想工具。

2.3.3　编辑 JavaScript 的 Eclipse 插件 JSEclipse

JSEclipse 是针对 Eclipse 开发平台的免费插件，使用 JSEclipse 可以使 Eclipse 成为最先进的 JavaScript 编辑器之一。它支持语法提示和错误报告等功能。

1. 下载 JSEclipse

JSEclipse 的官网网址如下：

```
http://jseclipse.softpile.com/
```

访问 JSEclipse 官网的界面如图 2-11 所示。

图 2-11　JSEclipse 的官网

在笔者编写本书时，JSEclipse 的最新版本是 1.8。单击 Download 按钮，即可下载 JSEclipse，得到 jseclipse_plugin.zip。

2. 安装 JSEclipse

首先解压缩 jseclipse_plugin.zip，在解压目录的 plugins 子目录下找到 com.interaktonline.jseclipse_1.5.5.jar（读者下载到的压缩包中可能文件名略有不同），然后将其复制到 Eclipse 安装目录的 plugins 子目录下，重新启动 Eclipse 即可。

安装后，JSEclipse 将成为 js 文件的默认编辑器。为了验证 JSEclipse 是否安装成功，在 Eclipse 中创建项目 test，然后在项目中添加一个 test.js 文件，如果看到 test.js 前面出现 JSEclipse 图标（如图 2-11 所示），则说明 JSEclipse 已经安装成功了。

关于 JSEclipse 的具体功能，将在稍后介绍。

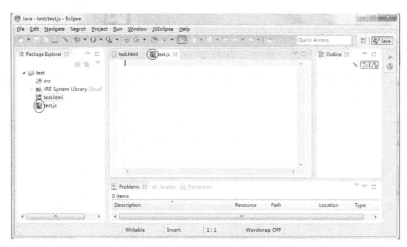

图 2-12　使用 JSEclipse 编辑 js 文件

3. 语法提示

JSEclipse 可以在用户输入 JavaScript 程序时弹出语法提示框，供用户选择输入。例如，在编辑 test.js 时输入"window"，会弹出如图 2-13 所示的提示框。用户可以在语法提示框中选择 window 对象的属性或方法，以自动完成输入。

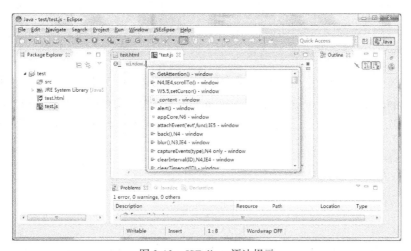

图 2-13　JSEclipse 语法提示

4. 打开声明

在 JSEclipse 中可以打开 JavaScript 类、函数或变量的声明代码，以帮助用户编写程序。例如，在编辑 test.js 时输入下面的代码：

```
var x=100;
var y=200;
var z=100+200;
document.write(x + "<br>");
document.write(y + "<br>");
document.write(z + "<br>");
```

选中最后一条语句中的变量 z，并单击鼠标右键，会弹出如图 2-14 所示的菜单。选择 Open Declaration 菜单项，光标会定位在声明变量 z 的代码行，代码如下：

```
var z=100+200;
```

5. 使用模板

JSEclipse 根据 JavaScript 程序的语法提供了很多代码模板，在输入代码时可以选择代码模板，从而帮助用户设计 JavaScript 程序。例如，在编辑 test.js 时输入 fun（function 的开头），然后按下 ALT+/组合键或单击鼠标右键 fun，在快捷菜单中选择 Content Assist，即可打开选择模板的窗口，如图 2-15 所示。

图 2-14　Open Declaration 菜单项

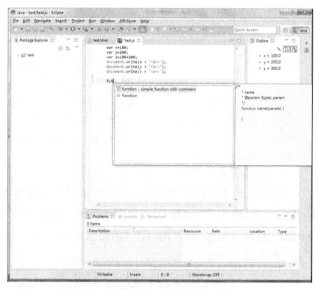

图 2-15　选择模板

在选择模板窗口中，列出了所有以 fun 开头的 JavaScript 关键字，包括带注释的 function（function – simple function with comment）和 function。双击想要使用的模板，即可在编辑窗口中得到对应的代码。例如，双击 function – simple function with comment，可以得到下面的代码：

```
/**
 * name
 * @param {type} param
 */
function name(param) {

}
```

这是带注释的定义函数的模板，用户可以在此基础上完善函数的定义和注释。

与此类似，输入 fo，然后按下 ALT+/组合键，可以得到 for 循环语句的模板，代码如下：

```
for(var index=0; index<array.length; index++) {

}
```

6. 自动语法错误提示

JSEclipse 会自动检查 JavaScript 程序的语法，如果有语法错误，则会在有错误的代码行前面显示一个红色的错误图标⊗，在代码的后面也会显示一个红色的错误提示框。例如，将 function 书写为 functions 时错误提示如图 2-16 所示。

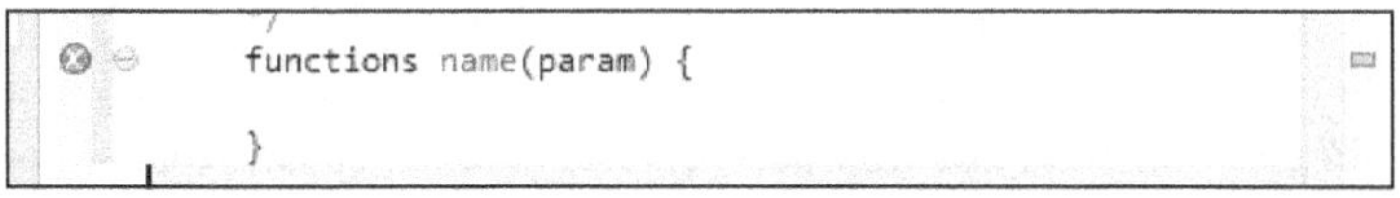

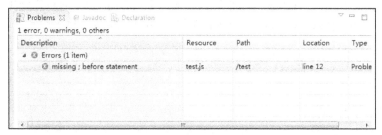

图 2-16　自动语法错误提示

可以根据错误提示来检查程序，以免影响程序正常运行。将鼠标移动到错误图标⊗或错误提示框，即可看到具体的错误信息。

在窗口下部的 Problems 视图中可以看到程序中的错误、警告统计和明细数据，如图 2-17 所示。

图 2-17　Problems 视图

在 Problems 视图中双击具体的错误，可以在编辑窗口中定位错误所在的代码行。

7. 编辑 HTML 文件中的 JavaScript 程序

JSEclipse 是 js 文件的默认编辑器。但是在很多时候，JavaScript 程序是嵌入在 HTML 文件中的，这时可以在 JSEclipse 中创建一个临时 JavaScript 文件，用于编辑 HTML 文件中的 JavaScript 程序。

例如，在项目 test 中添加一个 test.html 文件，然后输入下面的代码：

```
<HTML>
<HEAD><TITLE>编辑 HTML 文件中的 JavaScript 程序</TITLE></HEAD>
<BODY>
<Script Language ="JavaScript">
    function PrintString(str)
    {
        document.write (str);
    }
    PrintString("传递参数");
</Script>
</BODY>
</HTML>
```

选中并右键单击 HTML 文件中的 JavaScript 程序，然后选择快捷菜单中的 Edit in JSEclipse 菜单项，编辑器将创建一个临时文件，并在 JSEclipse 编辑器中打开并编辑选中的 JavaScript 程序，如图 2-18 所示。

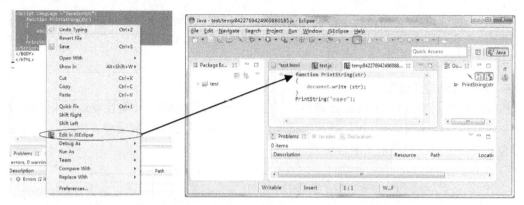

图 2-18　使用临时 JavaScript 文件编辑 HTML 文件中的 JavaScript 程序

2.3.4　使用 Dreamweaver 编辑 JavaScript 程序

本小节以 Dreamweaver CS5 为例，介绍在 Dreamweaver 中编辑 JavaScript 程序的基本方法。

1. 语法提示

使用 Dreamweaver，在<script></script>标签中输入 JavaScript 程序时可以弹出语法提示框，供用户选择输入。例如，输入 "window." 会弹出如图 2-19 所示的提示框。

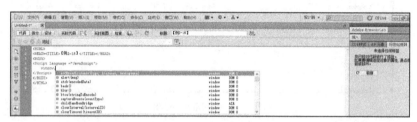

图 2-19　JavaScript 语法提示

2. JavaScript 行为特效

Dreamweaver 提供了一种通过可视化操作编写特定 JavaScript 程序，从而实现一些网页控制特效的功能。在菜单中选择 "窗口" / "行为"，会打开 "标签检查器" 面板，如图 2-20 所示。

选中 "行为" 选项卡，可以查看已经定义的行为特效。在网页上选择一个 HTML 元素（下面以 body 元素为例），然后单击 "添加行为" 按钮可以打开添加行为特效的菜单，如图 2-21 所示。菜单中列出了可以添加的行为特效。这里以弹出信息为例。

图 2-20　打开 "标签检查器" 面板

图 2-21　添加行为特效菜单

在添加行为特效菜单中选择"弹出信息"，打开"弹出信息"对话框，如图 2-22 所示。输入弹出信息，然后单击"确定"按钮，可以看到在"标签检查器"面板中会显示新增的行为特效。在第 1 列中可以选择执行行为特效的事件，默认为 onload，即加载页面时执行，如图 2-23 所示。

图 2-22　"弹出信息"对话框

图 2-23　设置行为特效的事件

配置完成后，可以看到在"代码"视图中自动添加了下面的代码：

```html
<head>
……
<script type="text/javascript">
function MM_popupMsg(msg) { //v1.0
  alert(msg);
}
</script>
</head>
<body onload="MM_popupMsg('Hello, JavaScript! ')">
</body>
```

Dreamweaver 自动生成了一个自定义函数 MM_popupMsg()。MM_popupMsg()函数调用 alert() 方法，弹出一个对话框，代码如下：

```html
<script type="text/javascript">
function MM_popupMsg(msg) { //v1.0
  alert(msg);
}
</script>
```

3. 自动语法错误提示

Dreamweaver 会自动检查 JavaScript 程序的语法，如果有语法错误，则会在窗口的顶端显示一个黄色的提示条，并在有错误的代码行前面显示一个红色的提示块。例如，将 function 书写为 functions 时错误提示如图 2-24 所示。

图 2-24　自动语法错误提示

可以根据错误提示检查程序，以免影响程序正常运行。

2.3.5 调试 JavaScript 程序的方法

如果 JavaScript 程序存在运行时错误，有时是很难定位的，表现出来就是网页显示不正确、未实现设计的功能等。

例如，下面就是一个有错误的 JavaScript 程序。

```
<HTML>
<HEAD><TITLE>有 js 错误的网页</TITLE></HEAD>
<BODY>
<Script Language ="JavaScript">
  windows.alert("hello");
</Script>
</BODY>
</HTML>
```

程序中将 window.alert 误写为 windows.alert，因此无法弹出对话框。本小节后面将以此为例演示定位 JavaScript 程序中错误的方法。

调试 JavaScript 程序通常包含下面 2 项任务。

（1）查看程序中变量的值。通常可以使用 document.write()方法或 alert()方法输出变量的值。

（2）定位 JavaScript 程序中的错误。因为 JavaScript 程序多运行于浏览器，所以可以借助各种浏览器的开发人员工具来分析和定位 JavaScript 程序中的错误。

1. 借助 IE 的开发人员工具定位 JavaScript 程序中的错误

从 IE8 开始 IE 中就集成了开发人员工具，可以很方便地查看 HTML 元素的 DOM 结构、CSS 样式表等信息，也可以定位 JavaScript 程序中的错误。

打开 IE，选择"工具"/"F12 开发人员工具"菜单项，或按下 F12 键即可打开开发人员工具窗口。浏览前面介绍的有错误的 JavaScript 程序网页，然后在开发人员工具窗口中单击"控制台"选项卡，可以看到网页中错误的位置和明细信息，如图 2-25 所示。

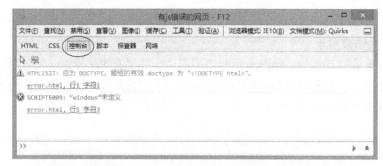

图 2-25　借助 IE 的开发人员工具定位 JavaScript 程序中的错误

2. 借助 Chrome 的开发者工具定位 JavaScript 程序中的错误

打开 Chrome，选择"工具"/"开发者工具"菜单项，会在网页内容下面打开开发者工具窗口，这种布局更利于对照网页内容进行调试。浏览前面介绍的有错误的 JavaScript 程序网页，然后在开发者工具窗口中单击"Console"选项卡，可以看到网页中错误的位置和明细信息，如图 2-26 所示。

图 2-26　借助 Chrome 的开发者工具定位 JavaScript 程序中的错误

单击右侧的错误位置超链接，可以在源代码中定位错误，如图 2-27 所示。

图 2-27　在源代码中定位错误

3. 借助 Firefox 的开发者工具定位 JavaScript 程序中的错误

打开 Firefox，选择"Web 开发者"菜单项，会在网页内容下面打开开发者工具窗口。浏览前面介绍的有错误的 JavaScript 程序的网页，然后在 Web 开发者窗口中单击"Web 控制台"选项卡，可以看到网页中错误的位置和明细信息，如图 2-28 所示。

单击右侧的错误位置超链接，可以打开一个新窗口，在源代码中定位错误，如图 2-29 所示。

图 2-28　借助 Firefox 的开发者工具定位 JavaScript 程序中的错误　　图 2-29　在源代码中定位错误

2.4　数据类型、常量和变量

数据类型、常量和变量是程序设计的基本概念，学习一种编程语言基本上都是从这些知识点入门的。

2.4.1　数据类型

在数据结构中数据类型的定义是一个值的集合以及定义在这个值集上的一组操作。使用数据类型可以指定变量的存储方式和操作方法。

JavaScript 包含下面 5 种原始数据类型。

1. Undefined

Undefined 类型只有一个值，就是 undefined。当声明的变量未初始化时，该变量的默认值是 undefined。关于声明变量的方法将在 2.4.3 小节中介绍。

2. Null

空值，如果引用一个没有定义的变量，则返回空值。Null 类型（空型）只有一个值，就是 null。undefined 是从值 null 派生出来的。它们的区别在于 undefined 指声明了变量但是未对其进行赋值，null 指找不到对象。

3. Boolean

布尔类型，包含 true（真）和 false（假）。0 可以看作 false，1 可以看作 true。

4. String

字符串类型，由单引号或双引号括起来的字符。例如，"test"和'test'的值是一样的。

5. Number

数值类型，可以是 32 位、64 位整数或浮点数。Number.MAX_VALUE 表示最大的数值，Number.MIN_VALUE 表示最小的数值。

【例 2-3】　输出 JavaScript 支持的最大和最小的数值，代码如下：

```
<script type="text/javascript">
document.write(Number.MAX_VALUE);
document.write("<BR>");
document.write(Number.MIN_VALUE);
</script>
```

浏览【例 2-3】的结果如图 2-30 所示。

图 2-30　浏览【例 2-3】的结果

2.4.2　常量

常量是内存中用于保存固定值的单元，在程序中常量的值不能发生改变。在程序设计时使用常量会带来很多方便，例如将常量 PI 定义为 3.14159 后，就可以在后面的程序中使用 PI 这个直观的符号来代替 3.14159 这个复杂的数字了。

1. 整型常量

整型常量可以使用十六进制、八进制和十进制的数字表示。

2. 实型常量

实型常量可以由整数部分加小数部分表示，如 12.12、100.37。也可以使用科学或标准方法表示，如 6E8、5e9 等。

3. 布尔值

布尔常量只有两种状态：True（真）或 False（假）。它可以用来说明一种状态或标识，以控制操作流程。

4. 字符型常量

使用单引号（'）或双引号（"）括起来的一个或几个字符，如"JavaScript"、"1234"、'abc'等。

5. 空值

JavaScript 包含一个空值 null，表示什么也没有。如试图引用没有定义的变量，则返回一个 null 值。

6. 特殊字符

JavaScript 中包含以反斜杠（/）开头的不可显示的一些特殊字符，通常称为控制字符。JavaScript 的特殊字符如表 2-1 所示。

表 2-1　　　　　　　　　　　　　　　　　JavaScript 的特殊字符

特 殊 字 符	具 体 描 述
\'	单引号，在使用单引号（'）括起来的字符型常量中如果需要使用单引号，则以\'替代
\"	双引号，在使用双引号（"）括起来的字符型常量中如果需要使用双引号，则以\"替代
\&	&符号
\\	反斜杠
\n	换行符
\r	回车符
\t	制表符
\b	退格符
\f	换页符

2.4.3　变量

变量是内存中命名的存储位置，可以在程序中设置和修改变量的值。

在 JavaScript 中，可以使用 var 关键字声明变量，声明变量时不要求指明变量的数据类型。例如：

```
var x;
```

也可以在声明变量时为其赋值，例如：

```
var x = 1;
```

或者不声明变量，而通过使用变量来确定其类型，例如：

```
x = 1;
str = "This is a string";
exist = false;
```

JavaScript 变量名需要遵守下面的规则：

- 第一个字符必须是字母、下划线（_）或美元符号（$）；
- 其他字符可以是下划线、美元符号、任何字母或数字字符；
- 变量名称对大小写敏感（也就是说 x 和 X 是不同的变量）。

【例 2-4】　JavaScript 声明和使用变量的例子，代码如下：

```
<!DOCTYPE html>
<html>
<body>
<script type="text/javascript">
```

```
var x=100;
var y=200;
var z=100+200;
document.write(x + "<br>");
document.write(y + "<br>");
document.write(z + "<br>");
</script>
</body>
</html>
```

图 2-31　浏览【例 2-4】的结果

浏览【例 2-4】的结果如图 2-31 所示。

可以使用 typeof 运算符返回变量的类型，语法如下：

```
typeof 变量名
```

【例 2-5】　演示使用 typeof 运算符返回变量类型的方法，代码如下：

```
<!DOCTYPE html>
<html>
<body>
<script type="text/javascript">
var temp;
document.write(typeof temp); //输出 "undefined"
document.write("<br>");
temp = "test string";
document.write(typeof temp); //输出 "String"
temp = 100;
document.write("<br>");
document.write(typeof temp); //输出 " Number"
</script>
</body>
</html>
```

2.5　运算符和表达式

运算符是程序设计语言的最基本元素，表达式则由常量、变量和运算符等组成。本节介绍 JavaScript 语言的运算符和表达式。

2.5.1　运算符

运算符可以指定变量和值的运算操作，是构成表达式的重要元素。JavaScript 支持一元运算符、算术运算符、位运算符、关系运算符、条件运算符、赋值运算符、逗号运算符等基本运算符。本小节分别对这些运算符的使用方法进行简单的介绍。

1．一元运算符

一元运算符是最简单的运算符，它只有一个参数。JavaScript 的一元运算符如表 2-2 所示。

表 2-2　　　　　　　　　　　　　　　　JavaScript 的一元运算符

一元运算符	具　体　描　述
delete	删除对之前定义的对象属性或方法的引用。例如： 　　var o = new Object; //　创建 Object 对象 　　delete o;　　　　　　//　删除对象

一元运算符	具 体 描 述
void	出现在任何类型的操作数之前，作用是舍弃运算数的值，返回 undefined 作为表达式的值。例如： `var x=1,y=2;` `document.write(void(x+y));`　　　 //输出：undefined
++	增量运算符。了解 C 语言或 Java 的读者应该认识此运算符。它与 C 语言或 Java 中的意义相同，可以出现在操作数的前面（此时叫作前增量运算符），也可以出现在操作数的后面（此时叫作后增量运算符）。++运算符对操作数加 1，如果是前增量运算符，则返回加 1 后的结果；如果是后增量运算符，则返回操作数的原值，再对操作数执行加 1 操作。例如： `var iNum = 10;` `document.write(iNum++);`　　　 //输出 "10" `document.write(++iNum);`　　　 //输出 "12"
--	减量运算符。它与增量运算符的意义相反，可以出现在操作数的前面（此时叫作前减量运算符），也可以出现在操作数的后面（此时叫作后减量运算符）。--运算符对操作数减 1，如果是前减量运算符，则返回减 1 后的结果；如果是后减量运算符，则返回操作数的原值，再对操作数执行减 1 操作。例如： `var iNum = 10;` `document.write(iNum--);`　　　 //输出 "10" `document.write(--iNum);`　　　 //输出 "8"

+	一元加法运算符，可以理解为正号。它可以把字符串转换成数字。例如：
	`var sNum = "100";`
	`document.write(typeof sNum);`　 //输出 "string"
	`var iNum = +sNum;`
	`document.write(typeof iNum);`　 //输出 "number"

-	一元减法运算符，可以理解为负号。它可以把字符串转换成数字，同时对该值取负。例如：
	`var sNum = "100";`
	`document.write(typeof sNum);`　 //输出 "string"
	`var iNum = -sNum;`
	`document.write(iNum);`　　　　 //输出 "-100"
	`document.write(typeof iNum);`　 //输出 "number"

2．算术运算符

算术运算符可以实现数学运算，包括加（+）、减（-）、乘（*）、除（/）和求余（%）等。具体使用方法如下：

```
var a,b,c;
a = b + c;
a = b - c;
a = b * c;
a = b / c;
a = b % c;
```

3．赋值运算符

赋值运算符是等号（=），它的作用是将运算符右侧的常量或变量的值赋值到运算符左侧的变量中。上面已经给出了赋值运算符的使用方法。主要的算术运算以及其他几个运算符都可以与=组合成复合赋值运算符，具体如表 2-3 所示。

表 2-3 复合赋值运算符

复合赋值运算符	具体描述

*=	乘法/赋值，例如：
	`var iNum = 10;`
	`iNum *= 2;`
	`document.write(iNum); //输出 "20"`

/=	除法/赋值，例如：
	`var iNum = 10;`
	`iNum /= 2;`
	`document.write(iNum); //输出 "5"`

%=	取余/赋值，例如：
	`var iNum = 10;`
	`iNum %= 7;`
	`document.write(iNum); //输出 "3"`

+=	加法/赋值，例如：
	`var iNum = 10;`
	`iNum += 2;`
	`document.write(iNum); //输出 "12"`

-=	减法/赋值，例如：
	`var iNum = 10;`
	`iNum -= 2;`
	`document.write(iNum); //输出 "8"`

<<=	左移/赋值，关于位运算符将在稍后介绍
>>=	有符号右移/赋值
>>>=	无符号右移/赋值

4. 关系运算符

关系运算符用于对两个变量或数值进行比较，并返回一个布尔值。JavaScript 的关系运算符如表 2-4 所示。

表 2-4 JavaScript 的关系运算符

关系运算符	具体描述
==	等于运算符（两个=）。例如 a==b，如果 a 等于 b，则返回 True；否则返回 False

===	恒等运算符（3 个=）。例如 a===b，如果 a 的值等于 b，而且它们的数据类型也相同，则返回 True；否则返回 False。例如：
	`var a=8;`
	`var b="8";`
	
	`a==b; //true`
	`a===b; //false`

!=	不等运算符。例如 a!=b，如果 a 不等于 b，则返回 True；否则返回 False
!==	不恒等运算符，左右两边必须完全不相等（值、类型都不相等）才为 True
<	小于运算符
>	大于运算符
<=	小于等于运算符
>=	大于等于运算符

5．位运算符

位运算符允许对整型数中指定的位进行置位。如果左右参数都是字符串，则位运算符将操作这个字符串中的字符。JavaScript 的位运算符如表 2-5 所示。

表 2-5　　　　　　　　　　　　　　JavaScript 的位运算符

位 运 算 符	具 体 描 述
~	按位非运算
&	按位与运算
|	按位或运算
^	按位异或运算
<<	位左移运算
>>	有符号位右移运算
>>>	无符号位右移运算

6．逻辑运算符

JavaScript 支持的逻辑运算符如表 2-6 所示。

表 2-6　　　　　　　　　　　　　　JavaScript 的逻辑运算符

逻辑运算符	具 体 描 述
&&	逻辑与运算符。例如 a && b，当 a 和 b 都为 True 时等于 True；否则等于 False
||	逻辑或运算符。例如 a || b，当 a 和 b 至少有一个为 True 时等于 True；否则等于 False
!	逻辑非运算符。例如!a，当 a 等于 True 时，表达式等于 False；否则等于 True

7．条件运算符

JavaScript 条件运算符的语法如下：

```
variable = boolean_expression ? true_value : false_value;
```

表达式将根据 boolean_expression 的计算结果为变量 variable 赋值。如果 boolean_expression 为 True，则把 true_value 赋给变量 variable；否则把 false_value 赋给变量 variable。例如，下面的代码将 iNum1 和 iNum2 中的大者赋值给变量 iMax 。

```
var iMax = (iNum1 > iNum2) ? iNum1 : iNum2;
```

8．逗号运算符

使用逗号运算符可以在一条语句中执行多个运算，例如：

```
var iNum1 = 1, iNum = 2, iNum3 = 3;
```

2.5.2　表达式

表达式由常量、变量和运算符等组成。在 2.5.1 小节中介绍运算符的时候，已经涉及了一些表达式，例如：

```
b + c
b - c
b * c
b / c
b % c
a && b
a || b
```

```
a++;
b--;
```

在本书后面章节中介绍的数组、函数、对象等都可以成为表达式的一部分。

2.6 常用语句

本节将介绍 JavaScript 语言的常用语句，包括注释语句、赋值语句、if 语句、switch 语句和循环语句等。

2.6.1 注释

注释是程序代码中不执行的文本字符串，用于对代码行或代码段进行说明，或者暂时禁用某些代码。使用注释对代码进行说明，可以使程序代码更易于理解和维护。注释通常用于说明代码的功能，描述复杂计算或解释编程方法，记录程序名称、作者姓名、主要代码更改的日期等。

向代码中添加注释时，需要用特定的字符进行标识。JavaScript 支持 2 种类型的注释字符。

1. //

//是单行注释符，这种注释符可与要执行的代码处在同一行，也可另起一行。从//开始到行尾均表示注释。对于多行注释，必须在每个注释行的开始处使用//。【例 2-5】中已经演示了//注释符的使用方法。

2. /* ... */

/* ... */是多行注释符，...表示注释的内容。这种注释符可与要执行的代码处在同一行，也可另起一行，甚至可以用在可执行代码内。对于多行注释，必须使用开始注释符（/*）开始注释，使用结束注释符（*/）结束注释。注释行上不应出现其他注释符。

【例 2-6】 使用/* ... */添加注释。

```
/* 一个简单的 JavaScript 程序,演示使用 typeof 运算符返回变量类型的方法
      作者：启明星
      日期：2013-08-25
*/
var temp;
document.write(typeof temp);  /* 输出 "undefined" */
temp = "test string";
document.write(typeof temp); /* 输出 "String" */
temp = 100;
document.write(typeof temp); /* 输出 " Number" */
```

2.6.2 赋值语句

赋值语句是 JavaScript 语言中最简单、最常用的语句。通过赋值语句可以定义变量并为其赋初始值。在 2.5.1 小节介绍赋值运算符时，已经涉及了赋值语句，例如：

```
var a;
a = 2;
```

也可以在声明变量的同时为变量赋值，例如：

```
var b = a + 5;
```

2.6.3 if 语句

if 语句是最常用的一种条件分支语句。条件分支语句指当指定表达式取不同的值时,程序运行的流程也发生相应的变化。if 语句的基本语法结构如下:

```
if(条件表达式)
    语句块
```

只有当"条件表达式"等于 True 时,才执行"语句块"。if 语句的流程图如图 2-32 所示。

【例 2-7】 if 语句的例子。

```
if(a > 10)
    document.write("变量 a 大于 10");
```

如果语句块中包含多条语句,可以使用{}将语句块包含起来。例如:

```
if(a > 10)  {
    document.write("变量 a 大于 10");
    a = 10;
}
```

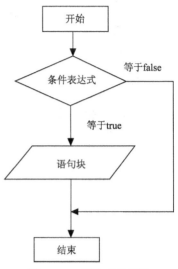

图 2-32 if 语句的流程图

1. 嵌套 if 语句

if 语句可以嵌套使用,也就是说在<语句块>中还可以使用 if 语句。

【例 2-8】 嵌套 if 语句的例子。

```
if(a > 10)  {
    document.write("变量 a 大于 10");
    if(a > 100)
    document.write("变量 a 大于 100");
}
```

提示

在使用 if 语句时,语句块的代码应该比上面的 if 语句缩进 2 个或 4 个空格,从而使程序的结构更加清晰。

2. else 语句

可以将 else 语句与 if 语句结合使用,指定不满足条件时所执行的语句。其基本语法结构如下:

```
if(条件表达式)
    语句块 1
else
    语句块 2
```

当条件表达式等于 True 时,执行语句块 1,否则执行语句块 2。if...else...语句的流程图如图 2-33 所示。

【例 2-9】 if...else...语句的例子。

```
if(a > 10)
    document.write("变量 a 大于 10");
else
    document.write("变量 a 小于或等于 10");
```

3. else if 语句

else if 语句是 else 语句和 if 语句的组合，当不满足 if 语句中指定的条件时，可以再使用 else if 语句指定另外一个条件。其基本语法结构如下：

```
if 条件表达式 1
    语句块 1
else if 条件表达式 2
    语句块 2
else if 条件表达式 3
    语句块 3
……
else
    语句块 n
```

在一个 if 语句中，可以包含多个 else if 语句。if…else if…else…语句的流程图如图 2-34 所示。

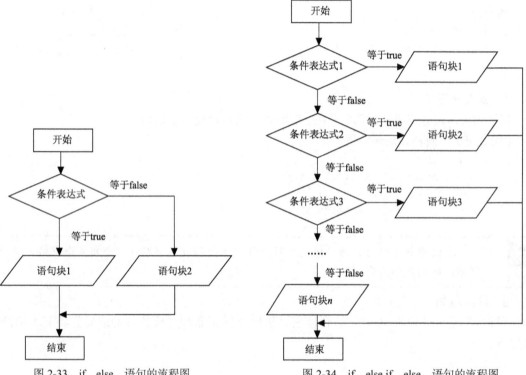

图 2-33　if…else…语句的流程图　　　　图 2-34　if…else if…else…语句的流程图

【例 2-10】　下面是一段显示当前系统日期的 JavaScript 代码，其中使用到了 if 语句、else if 语句和 else 语句。

```
<HTML>
<HEAD><TITLE>简单的 JavaScript 代码</TITLE></HEAD>
<BODY>
<Script Language ="JavaScript">
    d=new Date();
    document.write("今天是");
    if(d.getDay()==1) {
        document.write("星期一");
```

```
    }
    else if(d.getDay()==2) {
        document.write("星期二");
    }
    else if(d.getDay()==3) {
        document.write("星期三");
    }
    else if(d.getDay()==4) {
        document.write("星期四");
    }
    else if(d.getDay()==5) {
        document.write("星期五");
    }
    else if(d.getDay()==6) {
        document.write("星期六");
    }
    else {
        document.write("星期日");
    }
</Script>
</BODY>
</HTML>
```

Date 对象用于处理日期和时间，getDay()是 Date 对象的方法，它返回表示星期的某一天的数字。

2.6.4　switch 语句

很多时候需要根据一个表达式的不同取值对程序进行不同的处理，此时可以使用 switch 语句，其语法结构如下：

```
switch(表达式) {
    case 值1:
        语句块 1
        break;
    case 值2:
        语句块 2
        break;
        ……
    case 值n:
        语句块 n
        break;
    default:
        语句块 n+1
}
```

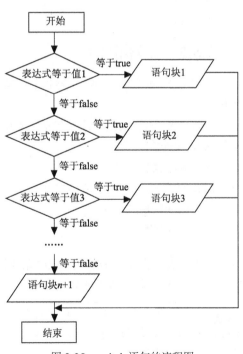

图 2-35　switch 语句的流程图

case 子句可以多次重复使用，当表达式等于值 1 时，则执行语句块 1；当表达式等于值 2 时，则执行语句块 2；以此类推。如果以上条件都不满足，则执行 default 子句中指定的<语句块 n+1>。每个 case 子句的最后都包含一个 break 语句，执行此语句会退出 switch 语句，不再执行后面的语句。switch 语句的流程图如图 2-35 所示。

【例 2–11】 将【例 2-10】的程序使用 switch 语句来实现，代码如下：

```
<HTML>
<HEAD><TITLE>【例 2-11】</TITLE></HEAD>
<BODY>
<Script Language ="JavaScript">
    d=new Date();
    document.write("今天是");
        switch(d.getDay()) {
        case 1:
            document.write("星期一");
            break;
        case 2:
            document.write("星期二");
            break;
        case 3:
            document.write("星期三");
            break;
        case 4:
            document.write("星期四");
            break;
        case 5:
            document.write("星期五");
            break;
        case 6:
            document.write("星期六");
            break;
        default:
            document.write("星期日");
    }
</Script>
</BODY>
</HTML>
```

2.6.5　循环语句

循环语句即在满足指定条件的情况下循环执行一段代码。

JavaScript 语言的循环语句包括 while 语句、do…while 语句和 for 语句等。

1.　while 语句

while 语句的基本语法结构如下：

```
while(条件表达式) {
    循环语句体
}
```

当条件表达式等于 True 时，程序循环执行循环语句体中的代码。while 语句的流程图如图 2-36 所示。

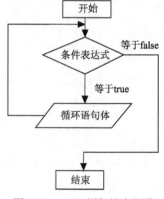

图 2-36　while 语句的流程图

 通常情况下，循环语句体中会有代码来改变条件表达式的值，从而使其等于 False 而结束循环语句。如果退出循环的条件一直无法满足，则会产生死循环。这是程序员不希望看到的。

【例 2-12】　下面通过一个实例来演示 while 语句的使用。

```
<HTML>
<HEAD>
<TITLE>【例2-12】</TITLE>
</HEAD>
<BODY>
<Script Language ="JavaScript">
    var i = 1;
    var sum = 0;
    while(i<11) {
            sum = sum + i;
            i++;
    }
    document.write(sum);

</Script>
</BODY>
</HTML>
```

程序使用 while 语句循环计算从 1 累加到 10 的结果。每次执行循环体时，变量 i 会增加 1，当变量 i 等于 11 时，退出循环。运行结果为 55。

2. do…while 语句

do…while 语句和 while 语句很相似，它们的主要区别在于 while 语句在执行循环体之前检查表达式的值，do…while 语句则是在执行循环体之后检查表达式的值。while 语句的流程图如图 2-37 所示。

do…while 语句的基本语法结构如下：

```
do  {
    循环语句体
} while(条件表达式);
```

【例 2-13】　下面通过一个实例来演示 do…while 语句的使用。

```
<HTML>
<HEAD>
<TITLE>【例2-13】</TITLE>
</HEAD>
<BODY>
<Script Language ="JavaScript">
    var i = 1;
    var sum = 0;
    do{
            sum = sum + i;
            i++;
    }while(i<51);
    document.write(sum);
</Script>
</BODY>
</HTML>
```

程序使用 do…while 语句循环计算从 1 累加到 50 的结果。每次执行循环体时，变量 i 会增加 1，当变量 i 等于 51 时，退出循环。运行结果为 1275。

3. for 语句

JavaScript 中的 for 语句与 C++中的 for 语句相似，其基本语法结构如下：

```
for(表达式1; 表达式2; 表达式3) {
    循环体
}
```

程序在开始循环时计算表达式 1 的值,通常对循环计数器变量进行初始化设置;每次循环开始之前,计算表达式 2 的值,如果为 True,则继续执行循环,否则退出循环;每次循环结束之后,对表达式 3 进行求值,通常改变循环计数器变量的值,使表达式 2 在某次循环结束后等于 False,从而退出循环。while 语句的流程图如图 2-38 所示。

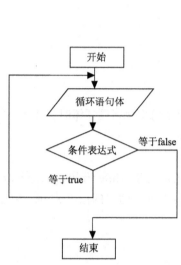

图 2-37 do...while 语句的流程图

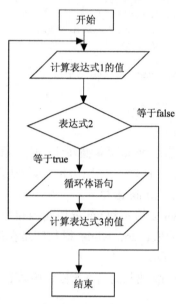

图 2-38 for 语句的流程图

【例 2-14】 下面通过一个实例来演示 for 语句的使用。

```
<HTML>
<HEAD><TITLE>【例2-14】</TITLE></HEAD>
<BODY>
<Script Language ="JavaScript">
    var sum = 0;
    for(var i=1; i<51; i++) {
        sum = sum + i;
    }
    document.write(sum);
</Script>
</BODY>
</HTML>
```

程序使用 for 语句循环计算从 1 累加到 50 的结果。循环计数器 i 的初始值被设置为 1,每次循环变量 i 的值增加 1;当 i<51 时执行循环体。运行结果为 1275。

4. continue 语句

在循环体中使用 continue 语句可以跳过本次循环后面的代码,重新开始下一次循环。

【例 2-15】 如果只计算 1~100 的偶数之和,可以使用下面的代码:

```
<HTML>
<HEAD>
<TITLE>【例2-15】</TITLE>
```

```
</HEAD>
<BODY>
<Script Language ="JavaScript">
    var i = 1;
    var sum = 0;
    while(i<101) {
        if(i % 2 == 1)   {
            i++;
            continue;
        }
        sum = sum + i;
        i++;
    }
    document.write(sum);
</Script>
</BODY>
</HTML>
```

如果 i % 2 等于 1，表示变量 i 是奇数。此时，只对 i 加 1，然后执行 continue 语句开始下一次循环，并不将其累加到变量 sum 中。

5. break 语句

在循环体中使用 break 语句可以跳出循环体。

【例 2-16】　将【例 2-12】修改为使用 break 语句跳出循环体。

```
<HTML>
<HEAD><TITLE>【例 2-16】</TITLE></HEAD>
<BODY>
<Script Language ="JavaScript">
    var i = 1;
    var sum = 0;
    while(true) {
        if(i>=11)
            break;
        sum = sum + i;
        i++;
    }
    document.write(sum);
</Script>
</BODY>
</HTML>
```

练 习 题

一、单项选择题

1. 下面关于 JavaScript 变量的描述错误的是（　　）。

　　A. 在 JavaScript 中，可以使用 var 关键字声明变量

　　B. 声明变量时必须指明变量的数据类型

　　C. 可以使用 typeof 运算符返回变量的类型

　　D. 可以不定义变量，而通过使用变量来确定其类型

2. 下面（　　）是 JavaScript 的回车符常量。

  A. \r   B. \n   C. \t   D. \h

3. 下面（　　）是 JavaScript 支持的注释字符。

  A. //   B. ;   C. --   D. &&

4. 包含浏览器信息的 HTML DOM 对象是（　　）。

  A. navigator   B. window   C. document   D. location

二、填空题

1. JavaScript 简称_____，是一种可以嵌入到 HTML 页面中的脚本语言。

2. JavaScript 的恒等运算符为_____，用于衡量两个运算数的值是否相等，以及它们的数据类型是否相同。

3. 在循环体中使用_____语句可以跳过本次循环后面的代码，重新开始下一次循环。

4. 在循环体中使用_____语句可以跳出循环体。

5. Eclipse 的主界面又称为_____，是操作 Eclipse 的基本图型接口。

6. 从 IE8 开始 IE 中就集成了_____，可以很方便地查看 HTML 元素的 DOM 结构、CSS 样式表等信息，也可以定位 JavaScript 程序中的错误。

7. 在 Chrome 开发者工具窗口中单击_____选项卡，可以看到网页中错误的位置和明细信息。

三、问答题

1. 试述 JavaScript 包含的 5 种原始数据类型。

2. 试画出 switch 语句的流程图。

3. 试写出 for 语句的基本语法结构。

第3章
JavaScript 函数

函数（function）由若干条语句组成，用于实现特定的功能。函数包含函数名、若干参数和返回值。一旦定义了函数，就可以在程序中需要实现该功能的位置调用该函数，为程序员共享代码带来了很大的方便。JavaScript 除了提供了丰富的内置函数外，还允许用户创建和使用自定义函数。

3.1 内 置 函 数

本节介绍几个常用的 JavaScript 内置函数。

3.1.1 alert()函数

alert()函数用于弹出一个消息对话框，该对话框包括一个"确定"按钮。alert()函数的语法如下：

```
alert(str);
```

参数 str 是 string 类型的变量或字符串，用于指定消息对话框的内容。

【例 3-1】 使用 alert()函数弹出一个消息对话框的例子。

```
<HTML>
<HEAD><TITLE>演示 alert()的使用</TITLE></HEAD>
<BODY>
<Script LANGUAGE = JavaScript>
  function Clickme() {
  alert("请输入用户名");
  }
</Script>
<p><a href=# onclick="Clickme()">单击试一下</a></p>
</BODY>
</HTML>
```

这段程序定义了一个 JavaScript 函数 Clickme()，功能是调用 alert()方法弹出一个警告对话框，显示"请输入用户名"。关于自定义 JavaScript 函数的具体方法将在 3.2 节中介绍。在网页的 HTML 代码中使用 "<a href=# onclick ="Clickme()">单击试一下</a>" 的方法调用 Clickme()函数。onclick 指定了单击一个 HTML 元素的处理函数。

浏览【例 3-1】的结果如图 3-1 所示。

图 3-1 【例 3-1】的浏览结果

3.1.2 confirm()函数

confirm()函数用于显示一个请求确认对话框,包含一个"确定"按钮和一个"取消"按钮。在程序中,可以根据用户的选择来决定执行的操作。confirm()函数的语法如下:

```
confirm(str);
```

参数 str 是 string 类型的变量或字符串,用于指定消息对话框的内容。如果用户单击"确定"按钮,则 confirm()函数返回 true;如果用户单击"取消"按钮,则 confirm()函数返回 false。

【例 3-2】 使用 confirm()函数弹出一个确认对话框的例子。

```
<HTML>
<HEAD><TITLE>演示 confirm()的使用</TITLE></HEAD>
<BODY>
<Script LANGUAGE = JavaScript>
  function Checkme() {
    if (confirm("是否确定删除数据?") == true)
      alert("成功删除数据");
    else
      alert("没有删除数据");
  }
</Script>
<p><a href=# onclick="Checkme()">删除数据</a></p>
</BODY>
</HTML>
```

这段程序定义了一个 JavaScript 函数 Checkme(),功能是调用 confirm()方法弹出一个确定对话框并显示"是否确定删除数据?"浏览【例 3-2】的结果如图 3-2 所示。

图 3-2 【例 3-2】的浏览结果

3.1.3 escape()函数

escape()函数用于对字符串进行编码,以便可以在所有的计算机上读取该字符串。escape()函数的语法如下:

```
escape(str)
```

参数 str 是 string 类型的变量或字符串,用于指定要被转义或编码的字符串。escape()函数的返回值为已编码的 str 的副本。其中某些字符被替换成了十六进制的转义序列。

　　escape()函数对于发送中文字符串很有用，经过编码的字符串在接收时才不会出现乱码。

　　　　escape()函数不会对 ASCII 字母和数字进行编码，也不会对 * @ - _ + . /等 ASCII 标点符号进行编码，其他所有的字符都会被转义序列替换。

【例 3-3】　使用 escape()函数对字符串进行编码的例子。

```
<HTML>
<HEAD><TITLE>【例 3-3】</TITLE></HEAD>
<BODY>
<Script LANGUAGE = JavaScript>
document.write(escape("hello world!") + "<br />")
document.write(escape("你好!?!=()#%&"))
</Script>
</BODY>
</HTML>
```

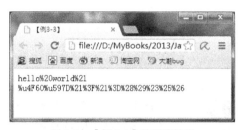

图 3-3　【例 3-3】的浏览结果

浏览【例 3-3】的结果如图 3-3 所示。

可以看到，除了 ASCII 字母外，汉字和一些标点符号都被 escape()函数编码了。

3.1.4　unescape()函数

unescape()函数可对通过 escape() 编码的字符串进行解码。语法如下：

```
unescape(str)
```

　　参数 str 是 string 类型的变量或字符串，用于指定要反转义或解码的字符串。unescape()函数的返回值为已解码的 str 的副本。其中某些字符被替换成了十六进制的转义序列。

【例 3-4】　使用 unescape()函数对字符串进行解码的例子。

```
<HTML>
<HEAD><TITLE>【例 3-4】</TITLE></HEAD>
<BODY>
<Script LANGUAGE = JavaScript>
str = escape("hello world!");
document.write(str + "<br />")
document.write(unescape(str))
</Script>
</BODY>
</HTML>
```

图 3-4　【例 3-4】的浏览结果

程序首先调用 escape()函数对字符串"hello world!"进行编码，然后调用 unescape()函数对字符串进行解码。浏览【例 3-4】的结果如图 3-4 所示。

可以看到，解码后得到的字符串与编码前完全相同。

3.1.5　eval()函数

eval()函数可以计算某个字符串，并执行其中的 JavaScript 代码。语法如下：

```
eval(str)
```

　　参数 str 是 string 类型的变量或字符串,用于指定要计算的 JavaScript 表达式或要执行的语句。eval()函数的返回值为计算 str 所得到的值（如果 str 可以计算的话）。

参数 str 中可以包含多条语句。

【例 3-5】 使用 eval()函数的例子。

```
<HTML>
<HEAD><TITLE>【例 3-5】</TITLE></HEAD>
<BODY>
<Script LANGUAGE = JavaScript>
eval("x=1;y=2;document.write(x+y)" )
document.write("<br />")
document.write(eval("2*2"))
</Script>
</BODY>
</HTML>
```

浏览【例 3-5】的结果如下：

```
3
4
```

提示　　　eval()函数只接受原始字符串作为参数，如果 str 参数不是原始字符串，那么该函数将不作任何改变地返回 str 参数。因此不要为 eval()函数传递 String 对象来作为参数。

3.1.6　isNaN()函数

isNaN()函数用于测试参数是否不是一个数字。语法如下：

```
isNaN(x)
```

参数 x 是待检测的值。如果 x 是非数字值，则返回 true；如果 x 是数字值，则返回 false。

【例 3-6】 使用 isNaN()函数的例子。

```
<HTML>
<HEAD><TITLE>【例 3-6】</TITLE></HEAD>
<BODY>
<Script LANGUAGE = JavaScript>
document.write(isNaN(123));
document.write("<br />")
document.write(isNaN(-123));
document.write("<br />")
document.write(isNaN(1+2));
document.write("<br />")
document.write(isNaN(0));
document.write("<br />")
document.write(isNaN("Hello"));
document.write("<br />")
document.write(isNaN("2013/12/12"));
</Script>
</BODY>
</HTML>
```

浏览【例 3-6】的结果如下：

```
false
false
false
false
true
true
```

3.1.7　parseFloat()函数

parseFloat()函数用于将字符串转换成浮点数字形式。语法如下：

```
parseFloat(str)
```

参数 str 是待解析的字符串。函数将返回解析后的数字。

【例 3-7】　使用 parseFloat()函数的例子。

```
<HTML>
<HEAD><TITLE>【例 3-7】</TITLE></HEAD>
<BODY>
<Script LANGUAGE = JavaScript>
document.write(parseFloat("12.3")+1);
</Script>
</BODY>
</HTML>
```

浏览【例 3-7】的结果如下：

```
13.3
```

3.1.8　parseInt()函数

parseInt()函数用于将字符串转换成整型数字形式。语法如下：

```
parseInt(str, radix)
```

参数 str 是待解析的字符串；参数 radix 可选，表示要解析的数字的进制，该值介于 2～36，如果省略该参数或其值为 0，则数字将以 10 进制来解析。函数将返回解析后的数字。

【例 3-8】　使用 parseInt()函数的例子。

```
<HTML>
<HEAD><TITLE>【例 3-8】</TITLE></HEAD>
<BODY>
<Script LANGUAGE = JavaScript>
parseInt("10");
document.write("<br />");
parseInt("f",16);
document.write("<br />");
parseInt("010",2);
</Script>
</BODY>
</HTML>
```

浏览【例 3-8】的结果如下：

```
10
15
2
```

3.1.9　prompt()函数

prompt()函数用于显示可提示用户输入的对话框，该对话框包含一个"确定"按钮、一个"取消"按钮和一个文本框。prompt()函数的语法如下：

```
prompt(text,defaultText);
```

参数 text 指定要在对话框中显示的纯文本，参数 defaultText 指定默认的输入文本。如果用户单击"确定"按钮，则 prompt()函数返回文本框中输入的文本；如果用户单击"取消"按钮，则

prompt()函数返回 null。

【例 3-9】 使用 prompt()函数显示一个对话框，要求用户输入数据。

```
<HTML>
<HEAD><TITLE>演示 prompt()的使用</TITLE></HEAD>
<BODY>
<Script LANGUAGE = JavaScript>
  function Input() {
    var MyStr = prompt("请输入您的姓名");
    alert("您的姓名是: " + MyStr);
  }
</Script>
<p><a href=# onclick="Input()">录入姓名</a></p>
</BODY>
</HTML>
```

浏览【例 3-9】的结果如图 3-5 所示。

图 3-5　浏览【例 3-9】的结果

3.2　自定义函数

本节介绍创建和使用自定义函数的方法。

3.2.1　创建自定义函数

可以使用 function 关键字来创建自定义函数，其基本语法结构如下：

```
function 函数名 (参数列表)
{
    函数体
}
```

参数列表可以为空，即没有参数；也可以包含多个参数，参数之间使用逗号（,）分隔。函数体可以是一条语句，也可以由一组语句组成。

【例 3-10】 创建一个非常简单的函数 PrintWelcome，它的功能是打印字符串"欢迎使用 JavaScript"，代码如下：

```
function PrintWelcome()
{
    document.write("欢迎使用 JavaScript");
}
```

调用此函数，将在网页中显示"欢迎使用 JavaScript"字符串。PrintWelcome()函数没有参数列表，也就是说，每次调用 PrintWelcome()函数的结果都是一样的。

可以通过参数将要打印的字符串通知给自定义函数，从而可以由调用者决定函数工作的情况。

【例 3-11】 创建函数 PrintString()，通过参数决定要打印的内容。

```
function PrintString(str)
{
    document.write (str);
}
```

变量 str 是函数的参数。在函数体中，参数可以像其他变量一样被使用。

可以在函数中定义多个参数，参数之间使用逗号分隔。

【例 3-12】 定义一个函数 sum()，用于计算并打印两个参数之和。函数 sum()包含两个参数，参数 num1 和 num2，代码如下：

```
function sum(num1, num2)
{
    document.write (num1 + num2);
}
```

3.2.2 调用 JavaScript 函数

本节介绍调用 JavaScript 函数的方法。

1. 在 JavaScript 中使用函数名来调用函数

在 JavaScript 中，可以直接使用函数名来调用函数。无论是内置函数还是自定义函数，调用函数的方法都是一致的。

【例 3-13】 调用 PrintWelcome()函数，显示"欢迎使用 JavaScript"字符串，代码如下：

```
<HTML>
<HEAD><TITLE>【例 3-13】</TITLE></HEAD>
<BODY>
<Script Language ="JavaScript">
    function PrintWelcome()
    {
      document.write("欢迎使用 JavaScript");
    }
    PrintWelcome();
</Script>
</BODY>
</HTML>
```

如果函数存在参数，则在调用函数时，也需要使用参数。

【例 3-14】 调用 PrintString()函数，显示用户指定的字符串，代码如下：

```
<HTML>
<HEAD><TITLE>【例 3-14】</TITLE></HEAD>
<BODY>
<Script Language ="JavaScript">
    function PrintString(str)
    {
        document.write (str);
    }
    PrintString("传递参数");
</Script>
```

```
</BODY>
</HTML>
```

如果函数中定义了多个参数，则在调用函数时也需要使用多个参数，参数之间使用逗号分隔。

【例 3-15】 调用 sum()函数，计算并打印 1 和 2 之和，代码如下：

```
<HTML>
<HEAD><TITLE>【例 3-15】</TITLE></HEAD>
<BODY>
<Script Language ="JavaScript">
    function sum(num1, num2)
    {
        document.write(num1 + num2);
    }
    sum(1, 2);
</Script>
</BODY>
</HTML>
```

2. 在 HTML 中使用 "javascript:" 方式调用 JavaScript 函数

在 HTML 中的 a 链接中可以使用 "javascript:" 方式调用 JavaScript 函数，方法如下：

```
<a href="javascript:函数名(参数列表)">…</a>
```

【例 3-16】 在 HTML 中使用 "javascript:" 方式调用 JavaScript 函数的例子。

```
<HTML>
<HEAD><TITLE>【例 3-16】</TITLE></HEAD>
<BODY>
<a href="javascript:alert('您点击了这个超链接')">请点我</a>
</BODY>
</HTML>
```

【例 3-17】 在 HTML 中使用 "javascript:" 方式调用自定义 JavaScript 函数的例子。

```
<HTML>
<HEAD><TITLE>【例 3-17】</TITLE></HEAD>
<BODY>
<Script Language ="JavaScript">
    function sum(num1, num2)
    {
        document.write(num1 + num2);
    }
</Script>
<a href="javascript:sum(1, 2)">请点我</a>
</BODY>
</HTML>
```

3. 与事件结合调用 JavaScript 函数

可以将 JavaScript 函数指定为 JavaScript 事件的处理函数，当触发事件时会自动调用指定的 JavaScript 函数。关于 JavaScript 事件处理将在第 5 章介绍。

3.2.3 变量的作用域

在函数中也可以定义变量，在函数中定义的变量被称为局部变量。局部变量只在定义它的函数内部有效，在函数体之外，即使使用同名的变量，也会被看作是另一个变量。相应地，在函数体之外定义的变量是全局变量。全局变量在定义后的代码中都有效，包括它后面定义的函数体。

如果局部变量和全局变量同名，则在定义局部变量的函数中，只有局部变量是有效的。

【例 3-18】 局部变量和全局变量作用域的例子。

```
<HTML>
<HEAD><TITLE>【例 3-18】</TITLE></HEAD>
<BODY>
<Script Language ="JavaScript">
    var a = 100;                    // 全局变量
    function setNumber() {
        var a = 10;                 // 局部变量
        document.write(a);          // 打印局部变量 a
    }
    setNumber();
     document.write("<BR>");
    document.write(a);              // 打印全局变量 a
</Script>
</BODY>
</HTML>
```

在函数 setNumber() 外部定义的变量 a 是全局变量，它在整个程序中都有效。在 setNumber() 函数中也定义了一个变量 a，它只在函数体内部有效。因此在 setNumber() 函数中修改变量 a 的值，只是修改了局部变量的值，并不影响全局变量 a 的值。运行结果如下：

```
10
100
```

3.2.4 函数的返回值

可以为函数指定一个返回值，返回值可以是任何数据类型，使用 return 语句可以返回函数值并退出函数，语法如下：

```
function 函数名() {
    return 返回值;
}
```

【例 3-19】 对【例 3-15】中的 sum() 函数进行改造，通过函数的返回值返回累加结果，代码如下：

```
<HTML>
<HEAD><TITLE>【例 3-19】</TITLE></HEAD>
<BODY>
<Script Language ="JavaScript">
    function sum(num1, num2)
    {
        return num1 + num2;
    }
    document.write(sum(1, 2));
</Script>
</BODY>
</HTML>
```

3.3 函数库

在 JavaScript 语言中，可以把函数组织到函数库（library）中。其他程序可以引用函数库中定义的函数，这样可以使程序具有良好的结构，增加代码的重用性。

3.3.1 定义函数库

JavaScript 函数库是一个.js 文件，其中包含函数的定义。

【例 3-20】 创建一个函数库 mylib.js，其中包含 2 个函数 PrintString()和 sum()，代码如下：

```
// mylib.js 函数库
// 打印字符串
function PrintString(str)
{
    document.write (str);
}
//求和
function sum(num1, num2)
{
     document.write (num1 + num2);
  }
```

一个应用程序中可以定义多个函数库，通常使用易读的名字来标识它们。例如，将与数学计算相关的函数库命名为 math.library.js，将与数据库操作相关的函数库命名为 db.library.js。不建议将函数库文件保存在网站根目录下，因为这样用户可以使用浏览器读取函数库的内容。通常，将函数库文件保存在一个特定的目录下，例如 lib\。

3.3.2 引用函数库

在 HTML 文件中引用函数库 js 文件的方法如下：

```
<script src="js 文件"></script>
<script>
// 引用 js 文件中的函数
</script>
```

【例 3-21】 引用【例 3-20】创建的函数库 mylib.js，代码如下：

```
<HTML>
<HEAD><TITLE>【例 3-21】</TITLE></HEAD>
<BODY>
<Script src="mylib.js"></Script>
<script>
PrintString("传递参数");
sum(1, 2)
</script>
</BODY>
</HTML>
```

练 习 题

一、单项选择题

1. （   ）函数用于弹出一个消息对话框，该对话框包括一个"确定"按钮。

   A. message()　　　　　　　　　　　　B. alert()

C. confirm()　　　　　　　　　　D. escape()

2. (　　) 函数可以计算某个字符串，并执行其中的 JavaScript 代码。

A. number()　　　　　　　　　　B. eval()

C. value()　　　　　　　　　　　D. isNaN()

3. (　　) 函数用于显示可提示用户输入的对话框，该对话框包含一个"确定"按钮、一个"取消"按钮和一个文本框。

A. message()　　　　　　　　　　B. input()

C. confirm()　　　　　　　　　　D. prompt()

二、填空题

1. _____ 函数用于显示一个请求确认对话框，包含一个"确定"按钮和一个"取消"按钮。

2. unescape() 函数可对通过 _____ 编码的字符串进行解码。

3. 可以为函数指定一个返回值，返回值可以是任何数据类型，使用 _____ 语句可以返回函数值并退出函数。

4. JavaScript 函数库是一个 _____ 文件，其中包含函数的定义。

三、问答题

1. 试述使用 function 关键字创建自定义函数的基本语法结构。

2. 试列举调用 JavaScript 函数的方法。

3. 试述 JavaScript 变量的作用域。

4. 试述在 HTML 文件中引用函数库 js 文件的方法。

第 2 篇
进阶篇

第4章
JavaScript 面向对象程序设计

　　面向对象编程是 JavaScript 采用的基本编程思想，它可以将属性和代码集成在一起，定义为类，从而使程序设计更加简单、规范、有条理。本章将介绍如何在 JavaScript 中使用类和对象。

4.1　面向对象程序设计思想简介

　　在传统的程序设计中，通常使用数据类型对变量进行分类。不同数据类型的变量拥有不同的属性，例如整型变量用于保存整数，字符串变量用于保存字符串。数据类型实现了对变量的简单分类，但并不能完整地描述事务。

　　在日常生活中，要描述一个事务，既要说明它的属性，也要说明它所能进行的操作。例如，如果将人看作一个事务，它的属性包含姓名、性别、生日、职业、身高、体重等，它能完成的动作包括吃饭、行走、说话等。将人的属性和能够完成的动作结合在一起，就可以完整地描述人的所有特征了，如图 4-1 所示。

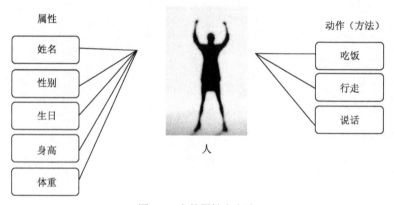

图 4-1　人的属性和方法

　　面向对象的程序设计思想正是基于这种设计理念，将事务的属性和方法都包含在类中，而对象则是类的一个实例。如果将人定义为类的话，那么某个具体的人就是一个对象。不同的对象拥有不同的属性值。

　　下面介绍面向对象程序设计的一些基本概念。

（1）对象（Object）：面向对象程序设计思想可以将一组数据和与这组数据有关的操作组装在一起，形成一个实体，这个实体就是对象。

（2）类（class）：具有相同或相似性质的对象的抽象就是类。因此，对象的抽象是类，类的具体化就是对象。例如，如果人类是一个类，则一个具体的人就是一个对象。

（3）封装：将数据和操作捆绑在一起，定义一个新类的过程就是封装。

（4）继承：继承描述了类之间的关系。在这种关系中，一个类共享了一个或多个其他类定义的结构和行为。子类可以对基类的行为进行扩展、覆盖、重定义。如果人类是一个类，则可以定义一个子类"男人"。"男人"可以继承人类的属性（例如姓名、身高、年龄等）和方法（即动作，例如吃饭和走路），在子类中就无需重复定义了。从同一个类中继承得到的子类也具有多态性，即相同的函数名在不同子类中有不同的实现，就如同子女会从父母那里继承到人类共有的特性，而子女也具有自己的特性。

（5）方法：也称为成员函数，是指对象上的操作，作为类声明的一部分来定义。方法定义了可以对一个对象执行的操作。

4.2　JavaScript 内置对象

JavaScript 提供了一系列的内置类（也称为内置对象）。了解这些内置类的使用方法是使用 JavaScript 进行编程的基础和前提。

4.2.1　JavaScript 的内置对象框架

JavaScript 的内置类框架如图 4-2 所示。

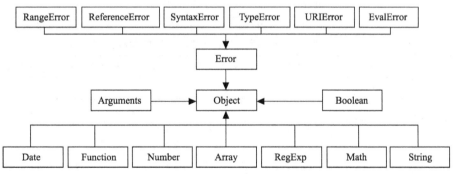

图 4-2　JavaScript 的内置类框架

JavaScript 内置类的基本功能如表 4-1 所示。

表 4-1　　　　　　　　　　　　　　JavaScript 内置类的基本功能

内　置　类	基　本　功　能
Arguments	用于存储传递给函数的参数
Array	用于定义数组对象
Boolean	布尔值的包装对象，用于将非布尔型的值转换成一个布尔值（True 或 False）
Date	用于定义日期对象

内　置　类	基　本　功　能
Error	错误对象，用于错误处理。它还派生出下面几个处理错误的子类： • EvalError，处理发生在 eval() 中的错误； • SyntaxError，处理语法错误； • RangeError，处理数值超出范围的错误； • ReferenceError，处理引用错误； • TypeError，处理不是预期变量类型的错误； • URIError，处理发生在 encodeURI() 或 decodeURI() 中的错误
Function	用于表示开发者定义的任何函数
Math	数学对象，用于数学计算
Number	原始数值的包装对象，可以自动地在原始数值和对象之间进行转换
RegExp	用于完成有关正则表达式的操作和功能
String	字符串对象，用于处理字符串

4.2.2　基类 Object

从图 4-2 中可以看到，所有 JavaScript 内置类都从基类 Object 派生（继承）。

基类 Object 包含的属性和方法如表 4-2 所示，这些属性和方法可以被所有 JavaScript 内置类继承。

表 4-2　　　　　　　　　　　　　　　　　　基类 Object 的方法

属性和方法	具　体　描　述
Prototype 属性	对该对象的对象原型的引用。原型是一个对象，其他对象可以通过它实现属性继承，也就是说可以把原型理解成父类
constructor() 方法	构造函数。构造函数是类的一个特殊函数，当创建类的对象实例时系统会自动调用构造函数，通过构造函数对类进行初始化操作
hasOwnProperty(proName) 方法	检查对象是否有局部定义的（非继承的）、具有特定名字（proName）的属性
IsPrototypeOf(object) 方法	检查对象是否是指定对象的原型
propertyIsEnumerable(proName) 方法	返回布尔值，指出所指定的属性（proName）是否为一个对象的一部分以及该属性是否是可列举的。如果 proName 存在于 object 中且可以使用一个 For…In 循环穷举出来，则返回 true；否则返回 false
toLocaleString() 方法	返回对象的本地化字符串表示。例如，在应用于 Date 对象时，toLocaleString() 方法可以根据本地时间把 Date 对象转换为字符串，并返回结果
toString() 方法	返回对象的字符串表示
valueOf()	返回对象的原始值（如果存在）

4.2.3　Date 类

Date 是 JavaScript 的日期类，用于管理和操作日期和时间数据。可以使用下面几种方法创建 Date 对象：

```
MyDate = new Date;  // Date 对象会自动把当前日期和时间保存为其初始值
MyDate = new Date("2013-11-20")
MyDate = new Date(2013, 11 ,20)
```

Date 对象的常用方法如表 4-3 所示。

表 4-3　　　　　　　　　　　　　　　Date 对象的常用方法

方　　法	具　体　描　述
getDate	返回 Date 对象中用本地时间表示的一个月中的日期值（1～31）
getDay	返回 Date 对象中用本地时间表示的一周中的日期值（0～6）。0 表示星期天，1 表示星期一，2 表示星期二，3 表示星期三，4 表示星期四，5 表示星期五，6 表示星期六
getFullYear	返回 Date 对象中用本地时间表示的 4 位数字的年份值
getHour	返回 Date 对象中用本地时间表示的小时值（0～23）
getMilliseconds	返回 Date 对象中用本地时间表示的毫秒值（0～999）
getMinutes	返回 Date 对象中用本地时间表示的分钟值（0～59）
getMonth	返回 Date 对象中用本地时间表示的月份值（0～11）
getSeconds	返回 Date 对象中用本地时间表示的秒钟值（0～59）
getTime	返回 1970 年 1 月 1 日至今的毫秒数
setDate	设置 Date 对象中月的某一天（1～31）
setFullYear	设置 Date 对象中用本地时间表示的年份值
setHour	设置 Date 对象中用本地时间表示的小时值
setMilliseconds	设置 Date 对象中用本地时间表示的毫秒值
setMinutes	设置 Date 对象中用本地时间表示的分钟值
setMonth	设置 Date 对象中用本地时间表示的月份值
setSeconds	设置 Date 对象中用本地时间表示的秒钟值
setTime	以毫秒（与 GMT 时间 1970 年 1 月 1 日午夜之间的毫秒数）设置 Date 对象
setYear	设置 Date 对象中的年份值
toString	返回对象的字符串表示
valueOf	返回指定对象的原始值

【例 4-1】　Date 类的示例程序。

```
<HTML>
<HEAD><TITLE>【例 4-1】</TITLE></HEAD>
<BODY>
<Script LANGUAGE = JavaScript>
  var MyDate;
  MyDate = new Date();
  document.write("现在是: " + MyDate.getFullYear() + "年" + (MyDate.getMonth()+1) + "月" + MyDate.getDate() + "日 ");
</Script>
</BODY>
</HTML>
```

这段程序的功能是读取当前日期，然后将其拆分显示。

4.2.4　String 类

String 是 JavaScript 的字符串类，用于管理和操作字符串数据。可以使用下面 2 种方法创建 String 对象：

```
MyStr = new String("这是一个测试字符串");  // String 对象会自动把参数保存为 MyStr 对象的初始值
MyStr = "这是一个测试字符串";                // 直接对 String 对象赋值字符串
```

1. String 类的属性

String 类只有一个属性 length，用来返回字符串的长度。

【例 4-2】 计算 String 对象的长度。

```
<HTML>
<HEAD><TITLE>演示使用 String 对象的 length 属性</TITLE></HEAD>
<BODY>
<Script Language ="JavaScript">
  var MyStr;
  MyStr = new String("这是一个测试字符串");
  document.write(" "" +MyStr+"" 的长度为:" + MyStr. length);
</Script>
</BODY>
</HTML>
```

程序创建了一个 String 对象，并输出其长度。

2. anchor ()方法

anchor ()方法用来创建 HTML 锚，语法如下：

```
stringObject.anchor(anchorname)
```

参数 anchorname 用于定义锚的名称。锚的显示文本为 stringObject 对象的值。

【例 4-3】 使用 anchor ()方法创建 HTML 锚的例子。

```
<HTML>
<HEAD><TITLE>演示 anchor ()的使用</TITLE></HEAD>
<BODY>
<Script LANGUAGE = JavaScript>
var str="我的网页!"
document.write(str.anchor("myanchor"))

</Script>
<br /><br /><br /><br /><br /><br /><br /><br /><br /><br /><br /><br /><br /><br /><br /><br /><br /><br /><br /><br /><br /><br /><br /><br /><br /><br /><br /><br /><br /><br />
<a href="#myanchor">返回顶部</a>
</BODY>
</HTML>
```

程序使用 anchor ()方法创建了一个名为 myanchor 的 HTML 锚，然后使用很多
拉开距离，并在页面底部定义一个返回顶部的超链接，跳转到 HTML 锚 myanchor。

3. link()方法

link()方法用来创建超链接，语法如下：

```
stringObject.link(url)
```

参数 url 用于定义超链接的 URL。超链接的显示文本为 stringObject 对象的值。

【例 4-4】 使用 link()方法创建超链接的例子。

```
<HTML>
<HEAD><TITLE>演示 link ()的使用</TITLE></HEAD>
<BODY>
<Script LANGUAGE = JavaScript>
var str="新浪"
```

```
document.write(str.link("http://www.sina.com.cn/"))
</Script>
</BODY>
</HTML>
```

程序使用 link()方法创建了一个跳转到新浪网的超链接。

4. big()方法

big()方法用来把 HTML <BIG> 标记放置在 String 对象中的文本两端，从而放大字体，语法如下：

```
stringObject.big()
```

【例 4-5】 使用 big ()方法放大字体的例子。

```
<HTML>
<HEAD><TITLE>演示使用 big()方法加大字体的例子</TITLE></HEAD>
<BODY>
<Script LANGUAGE = JavaScript>
var str="JavaScript";
document.write(str);
document.write(str.big());
</Script>
</BODY>
</HTML>
```

浏览【例 4-5】的结果如图 4-3 所示。可以看到使用 big ()方法放大字体的效果。

图 4-3 浏览【例 4-5】的结果

5. charAt ()方法

charAt ()方法用来返回字符串中指定位置的字符，语法如下：

```
stringObject.charAt(index)
```

参数 index 用于指定字符串中某个位置的数字，从 0 开始计数。

【例 4-6】 使用 charAt()方法的例子。

```
<HTML>
<HEAD><TITLE>演示 charAt ()方法的例子</TITLE></HEAD>
<BODY>
<Script LANGUAGE = JavaScript>
var str="JavaScript";
document.write(str.charAt(3)
);
</Script>
</BODY>
</HTML>
```

浏览【例 4-6】的结果为 a，即字符串"JavaScript"的第 4（索引为 3）个字符为 a。

6. fixed ()方法

fixed()方法用于把字符串显示为打字机字体，语法如下：

```
stringObject.fixed()
```

【例 4-7】 使用 fixed()方法的例子。

```
<HTML>
<HEAD><TITLE>演示使用 fixed()方法的例子</TITLE></HEAD>
<BODY>
<Script LANGUAGE = JavaScript>
var str=" JavaScript";
document.write(str);
document.write(str.fixed());
</Script>
</BODY>
</HTML>
```

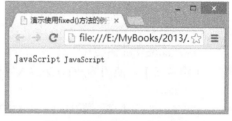

浏览【例 4-7】的结果如图 4-4 所示。可以看到使用 fixed ()方法改变字体的效果。

图 4-4 浏览【例 4-7】的结果

7. fontcolor ()方法

fontcolor()方法用于把带有 COLOR 属性的一个 HTML <FONT>标记放置在 String 对象中的文本两端，从而设置字符串的颜色，语法如下：

```
stringObject.fontcolor(颜色值)
```

【例 4-8】 使用 fontcolor ()方法的例子。

```
<HTML>
<HEAD><TITLE>演示使用 fontcolor ()方法的例子</TITLE></HEAD>
<BODY>
<Script LANGUAGE = JavaScript>
var str=" JavaScript";
document.write(str);
document.write(str.fontcolor("blue"));
</Script>
</BODY>
</HTML>
```

程序输出一个蓝色的字符串。

8. fontsize ()方法

fontsize ()方法用于把带有 SIZE 属性的一个 HTML <FONT>标记放置在 String 对象中的文本两端，从而设置字符串的大小，语法如下：

```
stringObject.fontsize(size)
```

参数 size 用于指定字号，取值范围为 1~7。

【例 4-9】 使用 fontsize()方法的例子。

```
<HTML>
<HEAD><TITLE>演示使用 fontsize()方法的例子</TITLE></HEAD>
<BODY>
<Script LANGUAGE = JavaScript>
var str=" JavaScript";
document.write(str);
document.write(str.fontsize(10));
</Script>
</BODY>
</HTML>
```

浏览【例 4-9】的结果如图 4-5 所示。

图 4-5 浏览【例 4-9】的结果

9. indexOf()方法

indexOf()方法用于返回 String 对象内第一次出现子字符串的字符位置，语法如下：

```
stringObject.indexOf(searchvalue,fromindex)
```

参数说明如下。

（1）searchvalue：指定需检索的字符串值。

（2）fromindex：指定在字符串中开始检索的位置。取值范围为 0 ~ stringObject.length - 1。如果省略该参数，则将从字符串的首字符开始检索。

【例 4-10】　使用 indexOf ()方法的例子。

```
<HTML>
<HEAD><TITLE>演示 indexOf()方法的例子</TITLE></HEAD>
<BODY>
<Script LANGUAGE = JavaScript>
var str="JavaScript";
document.write(str.indexOf("c"));
</Script>
</BODY>
</HTML>
```

浏览【例 4-10】的结果为 5。

10. strike()方法

strike()方法用于将 HTML 的<STRIKE> 标记放置到 String 对象中的文本两端，从而显示加删除线的字符串。语法如下：

```
stringObject.strike()
```

【例 4-11】　使用 strike ()方法的例子。

```
<HTML>
<HEAD><TITLE>演示使用 Strike()方法的例子</TITLE></HEAD>
<BODY>
<Script LANGUAGE = JavaScript>
var str="JavaScript";
document.write(str);
document.write(str.strike());
</Script>
</BODY>
</HTML>
```

浏览【例 4-11】的结果如图 4-6 所示。可以看到使用 Strike()方法显示了加删除线的字符串。

11. sub()方法

sub()方法用于把字符串显示为下标。语法如下：

```
stringObject.sub()
```

【例 4-12】　使用 sub()方法的例子。

```
<HTML>
<HEAD><TITLE>演示使用 sub()方法的例子</TITLE></HEAD>
<BODY>
<Script LANGUAGE = JavaScript>
var str="JavaScript";
document.write(str);
document.write(str.sub());
</Script>
</BODY>
</HTML>
```

浏览【例 4-12】的结果如图 4-7 所示。

图 4-6　浏览【例 4-11】的结果　　　　图 4-7　浏览【例 4-12】的结果

12. substring ()方法

substring ()方法用于返回 String 对象中指定位置的子字符串，语法如下：

```
stringObject.substring (start,stop)
```

参数说明如下。

（1）start：指定要提取的子字符串的第一个字符在 stringObject 中的位置。

（2）stop：指定要提取的子字符串的最后一个字符在 stringObject 中的位置。注意 stop 比要提取的子字符串的最后一个字符在 stringObject 中的位置多 1。

【例 4-13】　使用 substring ()方法的例子。

```
<HTML>
<HEAD><TITLE>演示 substring()方法的例子</TITLE></HEAD>
<BODY>
<Script LANGUAGE = JavaScript>
var str="JavaScript";
document.write(str.substring(5,7));
</Script>
</BODY>
</HTML>
```

浏览【例 4-13】的结果为 cr。

13. concat ()方法

concat ()方法用于返回一个 String 对象，该对象包含了两个所提供的字符串的连接，语法如下：

```
arrayObject.concat(str)
```

参数 str 是需要连接到 arrayObject 的字符串。concat ()方法返回连接后的字符串，也可以直接使用"+"连接两个字符串，方法如下：

```
str1+str2
```

【例 4-14】　使用 concat()方法的例子。

```
<HTML>
<HEAD><TITLE>演示 concat()方法的例子</TITLE></HEAD>
<BODY>
<script type="text/javascript">
var str1="Hello "
var str2=" JavaScript!<BR/>"
document.write(str1.concat(str2))
document.write(str1+str2)
</script>
</BODY>
</HTML>
```

浏览【例 4-14】的结果如下：

```
Hello JavaScript!
Hello JavaScript!
```

14. replace()方法

replace()方法用于在字符串中用一些字符替换另一些字符，语法如下：

```
stringObject.replace(regexp/substr,replacement)
```

参数说明如下。

（1）substr：指定要对 stringObject 进行替换的子字符串。

（2）replacement：指定替换成的子字符串。

replace()方法在 stringObject 中将 substr 替换成 replacement。

【例 4-15】 使用 replace ()方法的例子。

```
<HTML>
<HEAD><TITLE>演示 replace()方法的例子</TITLE></HEAD>
<BODY>
<script type="text/javascript">
var str="Hello Javascript!"
document.write(str.replace("Javascript","jQuery"))
</script>
</BODY>
</HTML>
```

浏览【例 4-15】的结果如下：

```
Hello jQuery!
```

15. slice()方法

slice()方法用于返回字符串的片段，语法如下：

```
stringObject.slice(start,end)
```

参数说明如下。

（1）start：指定要返回的片断的起始索引。如果是负数，则从字符串的尾部开始算起。-1 指字符串的最后一个字符，-2 指倒数第二个字符，以此类推。

（2）end：指定要返回的片断的结尾索引。如果是负数，则从字符串的尾部开始算起。

【例 4-16】 使用 slice()方法的例子。

```
<HTML>
<HEAD><TITLE>演示 slice()方法的例子</TITLE></HEAD>
<BODY>
<script type="text/javascript">
var str="Hello Javascript!"
document.write(str.slice(6, 16))
</script>
</BODY>
</HTML>
```

浏览【例 4-16】的结果如下：

```
Javascript
```

16. split()方法

split()方法用于将一个字符串分割为子字符串，然后将结果作为字符串数组返回，语法如下：

```
stringObject.split(separator,howmany)
```

参数说明如下。

（1）separator：指定分割符。

（2）howmany：指定返回的数组的最大长度。如果设置了该参数，返回的子字符串不会多于这个参数指定的数组。

split ()方法返回对 stringObject 进行分割而得到的数组。关于数组的概念将在 4.2.5 小节介绍。

【例 4–17】 使用 split()方法的例子。

```
<HTML>
<HEAD><TITLE>演示 split()方法的例子</TITLE></HEAD>
<BODY>
<script type="text/javascript">
var str="Hello Javascript!"
document.write(str.split(" "))
</script>
</BODY>
</HTML>
```

浏览【例 4-17】的结果如下：

```
Hello,Javascript!
```

使用 document.write()方法可以直接输出数组元素的值，数组元素之间以逗号（,）分割。

17. sup()方法

sup()方法用于将 HTML 的<SUP>标签放置到 String 对象中的文本两端，从而将字符串显示为上标，语法如下：

```
stringObject.sup()
```

【例 4–18】 使用 sup ()方法的例子。

```
<HTML>
<HEAD><TITLE>演示使用 sup()方法的例子</TITLE></HEAD>
<BODY>
<Script LANGUAGE = JavaScript>
var str="2";
document.write(str + str.sup()+"=4");
</Script>
</BODY>
</HTML>
```

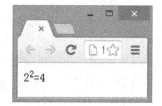

图 4-8 浏览【例 4-18】的结果

浏览【例 4-18】的结果如图 4-8 所示。

18. toLowerCase ()方法

toLowerCase()方法用于把字符串转换为小写，语法如下：

```
stringObject.toLowerCase ()
```

【例 4–19】 使用 toLowerCase ()方法的例子。

```
<HTML>
<HEAD><TITLE>演示使用 toLowerCase()方法的例子</TITLE></HEAD>
<BODY>
<Script LANGUAGE = JavaScript>
var str=" toLowerCase ";
document.write(str.toLowerCase());
</Script>
</BODY>
</HTML>
```

除了前面介绍的方法，String 类还包含如表 4-4 所示的方法。

表 4-4	String 类的其他常用方法
方　　法	具　体　描　述
blink	把 HTML 的<BLINK> 标记放置在 String 对象中的文本两端，显示为闪动的文本
bold	把 HTML 的<B> 标记放置在 String 对象中的文本两端，显示为加粗的文本
italics	把 HTML 的<I> 标记放置在 String 对象中的文本两端，显示为斜体的文本
lastIndexOf	返回 String 对象中子字符串最后出现的位置
match	使用正则表达式对象对字符串进行查找，并将结果作为数组返回
search	返回与正则表达式查找内容匹配的第一个子字符串的位置
small	把 HTML 的<SMALL> 标记添加到 String 对象中的文本两端
substr	返回一个从指定位置开始的指定长度的子字符串
toUpperCase	返回一个字符串，该字符串中的所有字母都被转换为大写字母

4.2.5　Array 类

Array 类用于定义和管理数组。

1. 数组的概念

数组是在内存中保存一组数据的数据结构，它具有如下特性：

（1）和变量一样，每个数组都有一个唯一标识它的名称。

（2）同一数组的数组元素应具有相同的数据类型。

（3）每个数组元素都有索引和值两个属性，索引用于定义和标识数组元素的位置，是一个从 0 开始的整数；值当然就是数组元素对应的值。

（4）一个数组可以有一个或多个索引，索引的数量也称为数组的维度。拥有一个索引的数组就是一维数组，拥有 2 个索引的数组就是二维数组，以此类推。

图 4-9 是一维数组的示意图。灰色方块中是数组元素的索引，白色方块中是数组元素的值。数组 arr 中共有 7 个元素，它们的索引分别是 0、1、2、3、4、5、6。

图 4-9　一维数组的示意图

2. 创建 Array 对象

可以使用 new 关键字创建 Array 对象，方法如下：

```
Array 对象 = new Array(数组大小)
```

例如，下面的语句可以创建一个由 8 个元素组成的数组 MyArr：

```
MyArr = new Array(8)
```

3. Array 类的属性

Array 类只有一个属性 length，用来返回数组的长度。

【例 4-20】　输出数组长度的例子。

```
<HTML>
<HEAD><TITLE>输出数组长度的例子</TITLE></HEAD>
```

```
<BODY>
<Script LANGUAGE = JavaScript>
  var MyStr;
  MyArr = new Array(3);
  MyArr[0] = "123";
  MyArr[1] = "789";
  MyArr[2] = "456";
document.write("数组 MyArr 的长度为: "+MyArr.length);
</Script>
</BODY>
</HTML>
```

浏览【例 4-20】的结果如下:

数组 MyArr 的长度为: 3

4. 遍历数组

可以通过下面的方法访问数组元素。

数组元素值 = 数组名[索引]

可以使用 for 语句遍历数组的所有索引,然后使用上面的方法访问每个数组元素。

【例 4-21】 使用 for 语句遍历数组。

```
<HTML>
<HEAD><TITLE>使用 for 语句遍历数组</TITLE></HEAD>
<BODY>
<Script LANGUAGE = JavaScript>
  var MyStr;
  MyArr = new Array(3);
  MyArr[0] = "123";
  MyArr[1] = "789";
  MyArr[2] = "456";
for(var i=0;i< MyArr.length; i++)
document.write(MyArr[i]+"<br/>");
</Script>
</BODY>
</HTML>
```

浏览【例 4-21】的结果如下:

123
789
456

也可以使用 for...in 语句遍历数组,方法如下:

```
for (索引变量 in 数组名)
{
// 通过数组名[索引变量] 访问每个数组元素}
}
```

【例 4-22】 使用 for...in 语句遍历数组。

```
<HTML>
<HEAD><TITLE>使用 for…in 语句遍历数组</TITLE></HEAD>
<BODY>
<Script LANGUAGE = JavaScript>
  var MyStr;
  MyArr = new Array(3);
  MyArr[0] = "123";
  MyArr[1] = "789";
```

```
MyArr[2] = "456";
for (x in MyArr)
{
document.write(MyArr[x] + "<br />")
}
</Script>
</BODY>
</HTML>
```

【例 4-22】的结果与【例 4-21】相同。

5. 连接数组元素

Array 类的 join()方法用于把数组中的所有元素连接为一个字符串，语法如下：

```
arrayObject.join(separator)
```

参数 separator 用于指定分隔符。如果省略该参数，则使用逗号作为分隔符。

join()方法返回连接后的字符串。

【例 4-23】　将数组中的所有元素连接成字符串的例子。

```
<HTML>
<HEAD><TITLE>将数组中的所有元素连接成字符串</TITLE></HEAD>
<BODY>
<Script LANGUAGE = JavaScript>
  var MyStr;
  MyArr = new Array(3);
  MyArr[0] = "123";
  MyArr[1] = "789";
  MyArr[2] = "456";
document.write(MyArr.join());
document.write("<br />");
document.write(MyArr.join("-"));
</Script>
</BODY>
</HTML>
```

浏览【例 4-23】的结果如下：

```
123,789,456
123-789-456
```

程序两次调用 join()连接数组，一次使用默认的分隔符（,），一次使用"-"作为分隔符。

6. 连接数组

Array 类的 concat()方法用于连接两个或多个数组，语法如下：

```
arrayObject.concat(arrayX,arrayX,......,arrayX)
```

concat()方法将 arrayObject 与参数中的 arrayX 连接在一起，并返回连接后的数组。

【例 4-24】　连接数组的例子。

```
<HTML>
<HEAD><TITLE>连接数组</TITLE></HEAD>
<BODY>
<Script LANGUAGE = JavaScript>
  var MyStr;
  MyArr1 = new Array(3);
  MyArr1[0] = "123";
  MyArr1[1] = "456";
  MyArr1[2] = "789";
  MyArr2 = new Array(3);
  MyArr2[0] = "abc";
```

```
  MyArr2[1] = "def";
  MyArr2[2] = "ghi";
document.write(MyArr1.concat(MyArr2));
</Script>
</BODY>
</HTML>
```

浏览【例 4-24】的结果如下：

```
123,456,789,abc,def,ghi
```

7. 排序数组元素

使用 Array 类的 sort ()方法可以对数组元素进行排序，语法如下：

```
arrayObject.sort()
```

sort ()方法返回排序后的数组。

【例 4-25】 排序数组元素的例子。

```
<HTML>
<HEAD><TITLE>排序数组元素</TITLE></HEAD>
<BODY>
<Script LANGUAGE = JavaScript>
 var arr = new Array(6)
arr[0] = "George"
arr[1] = "Johney"
arr[2] = "Thomas"
arr[3] = "James"
arr[4] = "Adrew"
arr[5] = "Martin"

document.write(arr + "<br />")
document.write(arr.sort())
</Script>
</BODY>
</HTML>
```

浏览【例 4-25】的结果如下：

```
George,Johney,Thomas,James,Adrew,Martin
Adrew,George,James,Johney,Martin,Thomas
```

可以看到，第 2 行输出的数组元素已经被排序。

使用 Array 类的 reverse()方法可以对数组元素进行倒序排序，语法如下：

```
arrayObject.reverse()
```

reverse ()方法返回倒序排序后的数组。

【例 4-26】 倒序排序数组元素的例子。

```
<HTML>
<HEAD><TITLE>返回倒序数组的例子</TITLE></HEAD>
<BODY></HTML>
<Script LANGUAGE = JavaScript>
 var arr = new Array(6)
arr[0] = "George"
arr[1] = "Johney"
arr[2] = "Thomas"
arr[3] = "James"
arr[4] = "Adrew"
arr[5] = "Martin"
```

```
document.write(arr + "<br />")
document.write(arr.reverse())
</Script>
</BODY></HTML>
```

浏览【例 4-26】的结果如下:

```
George,Johney,Thomas,James,Adrew,Martin
Martin,Adrew,James,Thomas,Johney,George
```

可以看到,第 2 行输出的数组元素已经被倒序排序。

4.2.6 Math 对象

可以使用 Math 对象处理一些常用的数学运算。Math 对象的常用方法如表 4-5 所示。

表 4-5   Math 对象的常用方法

方　　法	具 体 描 述
abs	返回数值的绝对值
acos	返回数值的反余弦值
asin	返回数值的反正弦值
atan	返回数值的反正切值
atan2	返回由 x 轴到(y,x)点的角度（以弧度为单位）
ceil	返回大于等于其数字参数的最小整数
cos	返回数值的余弦值
exp	返回 e（自然对数的底）的幂
floor	返回小于等于其数字参数的最大整数
log	返回数字的自然对数
max	返回给出的两个数值表达式中的较大者
min	返回给出的两个数值表达式中的较小者
pow	返回底表达式的指定次幂
random	返回介于 0～1 的伪随机数
round	返回与给出的数值表达式最接近的整数
sin	返回数字的正弦值
sqrt	返回数字的平方根
tan	返回数字的正切值

提示

Math 对象不能使用 new 关键字创建,可以直接使用 Math.方法名()的格式调用方法。

【例 4-27】 使用 Math 对象的示例程序。

```
<HTML>
<HEAD><TITLE>演示使用 Math 对象</TITLE></HEAD>
<BODY>
<Script Language ="JavaScript">
var today;
  document.write ("Math.abs(-1)= " + Math.abs(-1)+"<BR>");
```

```
    document.write ("Math.ceil(0.60)= " +Math.ceil(0.60)+"<BR>");
    document.write ("Math.floor(0.60)= " +Math.floor(0.60)+"<BR>");
    document.write ("Math.max(5,7)= " +Math.max(5,7)+"<BR>");
    document.write ("Math.min(5,7)= " +Math.min(5,7)+"<BR>");
    document.write ("Math.random()= " +Math.random()+"<BR>");
    document.write ("Math.round(0.60)= " +Math.round(0.60)+"<BR>");
    document.write ("Math.sqrt(4)= " +Math.sqrt(4)+"<BR>");
</Script>
</BODY>
</HTML>
```

浏览【例 4-27】的结果如下：

```
Math.abs(-1)= 1
Math.ceil(0.60)= 1
Math.floor(0.60)= 0
Math.max(5,7)= 7
Math.min(5,7)= 5
Math.random()= 0.9517934215255082
Math.round(0.60)= 1
Math.sqrt(4)= 2
```

4.3　DOM 编程

DOM 是 Document Object Model（文档对象模型）的简称，是 W3C（万维网联盟）推荐的处理可扩展标记语言的标准编程接口，它是一种与平台和语言无关的应用程序接口（API）。

4.3.1　HTML DOM 框架

HTML DOM 定义了访问和操作 HTML 文档的标准方法。它把 HTML 文档表现为带有元素、属性和文本的树结构（节点树），如图 4-10 所示。

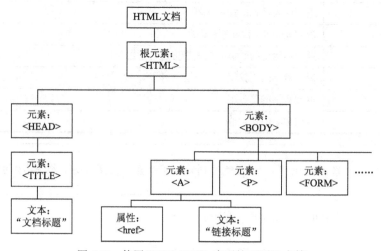

图 4-10　使用 HTML DOM 表现的 HTML 文档

可以看到，在 HTML DOM 中，HTML 文档由元素组成，HTML 元素是分层次的，每个元素又可以包含属性和文本。

4.3.2　document 对象

HTML DOM document 对象代表整个 HTML 文档，用来访问页面中的所有元素。

1. document 对象的集合

document 对象包含的集合如表 4-6 所示。

表 4-6　　　　　　　　　　　　　　document 对象包含的集合

集　　合	具 体 描 述
all[]	提供对文档中所有 HTML 元素的访问
anchors[]	返回对文档中所有 Anchor 对象（锚）的引用
forms[]	返回对文档中所有 Form 对象的引用
images[]	返回对文档中所有 Image 对象的引用
links[]	返回对文档中所有 Area 和 Link 对象的引用

【例 4-28】　使用 document 对象 images 集合的例子。

```
<HTML>
<HEAD><TITLE>【例4-28】</TITLE></HEAD>
<BODY>
    <IMG  SRC="1.jpg"  WIDTH="170"  HEIGHT="100"
BORDER="0" ALT="">
    <IMG  SRC="2.jpg"  WIDTH="170"  HEIGHT="100"
BORDER="0" ALT=""><br/>
    <Script LANGUAGE = JavaScript>
    document.write("网页中共有 " +document.images.
length+"个 img 元素。");
    </Script>
</BODY>
</HTML>
```

图 4-11　浏览【例 4-28】的结果

浏览【例 4-28】的结果如图 4-11 所示。

2. document 对象的属性

document 对象包含的属性如表 4-7 所示。

表 4-7　　　　　　　　　　　　　　document 对象包含的属性

属　　性	具 体 描 述
body	提供对文档中 body 元素的访问
cookie	设置或返回与当前文档有关的所有 cookie
domain	返回下载当前文档的服务器域名
lastModified	返回文档最后被修改的日期和时间
referrer	返回载入当前文档的文档的 URL
title	返回当前文档的标题（ HTML title 元素中的文本）
URL	返回当前文档的 URL

3. document 对象的方法

document 对象包含的方法如表 4-8 所示。

表 4-8   document 对象包含的方法

方　法	具　体　描　述
close()	关闭用 document.open() 方法打开的输出流，并显示选定的数据
getElementById()	根据指定的 id 属性值得到对应的 DOM 对象
getElementsByName()	根据指定的 Name 属性值得到对应的 DOM 对象
getElementsByTagName()	返回指定标签名的对象的集合
open()	打开一个流，以收集来自任何 document.write() 或 document.writeln() 方法的输出
write()	向文档写入 HTML 表达式或 JavaScript 代码
writeln()	等同于 write() 方法，不同的是 writeln()在每个表达式之后写一个换行符
createElement()	在文档中创建一个 DOM 对象
createAttribute()	创建属性节点
createTextNode()	创建新的文本节点

【例 4–29】　使用 document. ()方法获得 HTML 元素的 DOM 对象的例子。

```
<html>
<head>
<script type="text/javascript">
function getValue()
{
var x=document.getElementById("myinput")
alert(x.value)
}
</script>
</head>
<input  type="text"  id="myinput">
<button type="button" name="" onclick="getValue()"/>获取文本框的内容</button>
</form>
</html>
```

网页中定义了一个 input 元素（文本框）和一个 button 元素（按钮）。单击按钮，可以调用 document.getElementById()方法获得 input 元素对应的 DOM 对象 x，并通过 x.value 获得文本框的内容。

4.3.3　DOM 对象的属性

DOM 对象的属性有很多，由于篇幅所限，本书不能一一详细介绍。本小节介绍 DOM 对象的常用、通用属性。通过这些属性可以获取或设置 DOM 节点（HTML）的值。

1. innerHTML 属性

innerHTML 属性是最常用的 DOM 属性，用于获取或设置 HTML 元素的内容。例如，使用 p 元素的 innerHTML 属性可以获取或设置 p 元素的内容。

【例 4–30】　使用 innerHTML 属性获取并输出 p 元素内容的例子。

```
<html>
<body>
<p id="intro">Hello World!</p>
<script>
var txt=document.getElementById("intro").innerHTML;
document.write(txt);
```

```
</script>
</body>
</html>
```

2. firstChild 属性

firstChild 属性可返回 DOM 对象的首个子节点。

【例 4-31】 使用 firstChild 属性的例子。

```
<html>
<body>
<div id="abc"><span>DIV 的子对象</span></div>
<script language="javascript">
alert(document.getElementById('abc').firstChild.innerHTML);  // 返回"DIV 的子对象"
</script>
</body>
</html>
```

网页中定义了一个 id="abc" 的 div 元素，里面包含一个 span 元素。通过 document.get ElementById('abc') 可以获得 div 对象，通过 document.getElementById('abc').firstChild 可以获得 div 对象的第一个子节点，即 span 元素。通过 document.getElementById('abc') .firstChild.innerHTML 可以返回 span 元素的内容，即"DIV 的子对象"。

3. nodeName 属性

nodeName 属性可依据节点的类型返回其名称，例如 p 元素返回 p。

4. nodeValue 属性

返回一个字符串，表示文本项节点的值。如果是其他类型节点，则返回 null。

5. nodeType 属性

返回节点的类型，1 表示此节点是标记（tag）；2 表示属性（attribute）；3 表示文本项。

6. LastChild 属性

返回一个对象，表示 DOM 对象的最后一个子节点。

7. NextSibling 属性

返回一个对象（Object），表示 DOM 对象的下一个相邻的兄弟节点。

8. parentNode 属性

返回一个对象（Object），表示当前节点的父节点。

9. specified 属性

返回一个布尔型变量（Boolean），表示是否设置了属性值（attribute）。

10. data 属性

返回一个字符串，表示文本项节点的值。如果是其他类型节点，则返回 undefined。

11. attributes 属性

表示节点的属性集合，通过 id 来访问，比如 attributes.id。

12. childNodes 属性

表示节点的孩子节点集合，通过数组索引方式访问，比如 childNodes[2]。

4.3.4 DOM 对象的方法

本小节介绍 DOM 对象的常用、通用方法。通过这些方法可以获取或设置 DOM 节点（HTML）的值。

1. appendChild()方法

appendChild()方法用于把新的子节点添加到指定节点，语法如下：

```
appendChild(newchild)
```

appendChild()方法返回新的子节点对象。

【例 4-32】 使用 appendChild()方法的例子。

```
<html>
<body>
<div id="board">div 元素<html>
<body>
<div id="board"></div>
<script type="text/javascript">
        var board = document.getElementById("board");
        var e = document.createElement("input");
        e.type = "button";
        e.value = "这是测试加载的按钮";
        var object = board.appendChild(e);
    </script>
</body>
</html>
```

网页中定义了一个 div 元素，然后调用 document.
createElement()方法创建一个 input 元素，并将其类型设置为 button，显示文本设置为 "这是测试加载的按钮"。最后调用 board.appendChild()方法将 input 元素添加到 div 元素中。

浏览【例 4-32】的结果如图 4-12 所示。

图 4-12　浏览【例 4-32】的结果

2. removeChild()方法

removeChild()方法可从子节点列表中删除某个节点，语法如下：

```
nodeObject.removeChild(node)
```

参数 node 指定要删除的节点。

3. replaceChild()方法

replaceChild()方法用于替换子节点，语法如下：

```
nodeObject.replaceChild(new_node,old_node)
```

参数 new_node 指定新的节点，参数 old_node 指定被替换的节点。

4. insertBefore()方法

insertBefore()方法用于在指定的子节点前面插入新的子节点，语法如下：

```
parentElement.insertBefore( newElement, targetElement );
```

newElement 是要插入的新的子节点，targetElement 是要在其前面插入新节点的子节点，parentElement 是 newElement 和 targetElement 的父节点。

【例 4-33】 使用 insertBefore()方法的例子。

```
<html>
<body>
<div id="board">div 元素</div>
<script type="text/javascript">
        var board = document.getElementById("board");
        var e = document.createElement("input");
        e.type = "button";
```

```
                e.value = "这是测试的按钮";
                var object = board.parentNode.insertBefore(e,board);
            </script>
    </body>
    </html>
```

网页中定义了一个 div 元素，然后调用 document. createElement()方法创建一个 input 元素，并将其类型设置为 button，显示文本设置为"这是测试的按钮"。最后调用 board. insertBefore ()方法将 input 元素插入到 div 元素之前。

浏览【例4-33】的结果如图 4-13 所示。

图 4-13　浏览【例4-33】的结果

5. getAttribute()方法

getAttribute()方法用于读取对应属性的属性值，语法如下：

```
属性值 = getAttribute(属性名)
```

【例 4-34】　使用 getAttribute ()方法的例子。

```
<!DOCTYPE HTML>
<html>
  <head>
    <meta http-equiv="Content-Type" content="text/html; charset=gb2312" />
    <title>getAttribute </title>
  </head>
  <body>
  <div id="div1">
      <div id="div2">div2</div>
      <div id="div3">div3</div>
  </div>
  <script language="javascript">
  var list=document.getElementsByTagName("div");
  var mydiv=list["div2"].getAttribute("id");
  alert('用 list["div2"]取到第 2 个 id 的属性的属性值:'+mydiv);
  </script>
  </body>
</html>
```

网页中定义了 3 个 div 元素，然后调用 document.getElementsByTagName("div")方法获取 div 元素列表，最后调用 getAttribute ()方法取到第 2 个 id 的属性的属性值。

6. setAttribute()方法

setAttribute()方法用于把指定属性设置或修改为指定的值，语法如下：

```
obiect.setAttribute(属性名,值)
```

4.4　BOM 编程

BOM 是 Browser Object Model（浏览器对象模型）的缩写，该模型由一组浏览器对象组成，结构如图 4-14 所示。

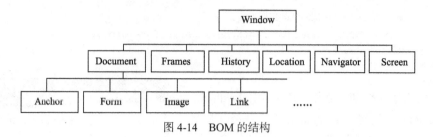

图 4-14　BOM 的结构

BOM 对象的具体功能如表 4-9 所示。

表 4-9　　　　　　　　　　　　　　　　　BOM 对象的具体功能

对　象	具　体　描　述
window	BOM 结构的最顶层对象，表示浏览器窗口
document	用于管理 HTML 文档，可以用来访问页面中的所有元素
frames	表示浏览器窗口中的框架。Frames 是一个集合，例如 Frames[0]表示窗口中的第 1 个框架
history	表示浏览器窗口的浏览历史，就是用户访问过的站点的列表
location	表示在浏览器窗口的地址栏中输入的 URL
navigator	包含客户端浏览器的信息
screen	包含客户端显示屏的信息

4.4.1　Window 对象

Window 对象表示浏览器中一个打开的窗口。Window 对象的属性如表 4-10 所示。

表 4-10　　　　　　　　　　　　　　　　　Window 对象的属性

属　性	具　体　描　述
closed	返回窗口是否已被关闭
defaultStatus	设置或返回窗口状态栏中的默认文本
document	对 document 对象的引用，表示窗口中的文档
history	对 history 对象的引用，表示窗口的浏览历史记录
innerheight	返回窗口的文档显示区的高度
innerwidth	返回窗口的文档显示区的宽度
location	对 location 对象的引用，表示在浏览器窗口的地址栏中输入的 URL
name	设置或返回窗口的名称
Navigator	对 Navigator 对象的引用，表示客户端浏览器的信息
opener	返回对创建此窗口的窗口的引用
outerheight	返回窗口的外部高度
outerwidth	返回窗口的外部宽度
pageXOffset	设置或返回当前页面相对于窗口显示区左上角的 X 位置
pageYOffset	设置或返回当前页面相对于窗口显示区左上角的 Y 位置
parent	返回父窗口

属　　性	具　体　描　述
Screen	对 Screen 对象的只读引用，表示客户端显示屏的信息
self	返回对当前窗口的引用
status	设置窗口状态栏的文本
top	返回最顶层的先辈窗口
window	等价于 self 属性，它包含了对窗口自身的引用
screenLeft / screenX	只读整数，声明了窗口的左上角在屏幕上的 x 坐标
screenTop / screenY	只读整数，声明了窗口的左上角在屏幕上的 y 坐标

Window 对象的方法如表 4-11 所示。

表 4-11　　　　　　　　　　　　　　　Window 对象的方法

方　　法	具　体　描　述
alert()	弹出一个警告对话框
blur()	把键盘焦点从顶层窗口移开
clearInterval()	取消由 setInterval()方法设置的 timeout
clearTimeout()	取消由 setTimeout()方法设置的 timeout
close()	关闭浏览器窗口
confirm()	显示一个请求确认对话框，包含一个"确定"按钮和一个"取消"按钮。在程序中，可以根据用户的选择决定执行的操作
createPopup()	创建一个 pop-up 窗口
focus()	把键盘焦点给予一个窗口
moveBy()	相对窗口的当前坐标把它移动指定的像素
moveTo()	把窗口的左上角移动到一个指定的坐标
open()	打开一个新的浏览器窗口或查找一个已命名的窗口
print()	打印当前窗口的内容
prompt()	显示可提示用户输入的对话框
resizeBy()	按照指定的像素调整窗口的大小
resizeTo()	把窗口的大小调整到指定的宽度和高度
scrollBy()	按照指定的像素值来滚动内容
scrollTo()	把内容滚动到指定的坐标
setInterval()	按照指定的周期（以毫秒计）来调用函数或计算表达式
setTimeout()	在指定的毫秒数后调用函数或计算表达式

【例 4-35】　使用 alert()方法弹出一个警告对话框的例子。

```
<HTML>
<HEAD><TITLE>演示 alert()的使用</TITLE></HEAD>
<BODY>
<Script LANGUAGE = JavaScript>
  function Clickme() {
```

```
    alert("你好");
    }
</Script>
<p><a href=# onclick="Clickme()">单击试一下</a></p>
</BODY>
</HTML>
```

这段程序定义了一个 JavaScript 函数 Clickme()，功能是调用 alert()方法弹出一个警告对话框并显示"你好"。在网页的 HTML 代码中使用"<a href=# onclick ="Clickme()">单击试一下</a>"的方法调用 Clickme()函数。

浏览【例 4-35】的结果如图 4-15 所示。

图 4-15 【例 4-35】的浏览结果

因为是在当前窗口弹出对话框，所以 window.alert()可以简写为 alert()，功能相同。

下面详细介绍一下 Window.setTimeout()方法的使用方法。Window. setTimeout()方法的语法如下：

```
Window.setTimeout(code,millisec)
```

参数 code 表示调用函数后要执行的 JavaScript 代码串，参数 millisec 表示在执行代码前需等待的毫秒数。

【例 4-36】 使用 window.setTimeout ()方法的例子。

```
<HTML>
<HEAD><TITLE>演示 Window.setTimeout()的使用</TITLE></HEAD>
<BODY>
<Script LANGUAGE = JavaScript>
  function closewindow() {
    document.write("2 秒钟后将关闭窗口");
    setTimeout("window.close()",2000);
}
</Script>
<input type="button" onclick="closewindow()" value="关闭" />
</BODY>
</HTML>
```

网页中定义了一个按钮，单击此按钮，2 秒钟后会关闭窗口。

4.4.2 Navigator 对象

Navigator 对象包含浏览器的信息。Navigator 对象的属性如表 4-12 所示。

表 4-12 Navigator 对象的属性

属　性	具 体 描 述
appCodeName	返回浏览器的代码名
appMinorVersion	返回浏览器的次级版本
appName	返回浏览器的名称
appVersion	返回浏览器的平台和版本信息
browserLanguage	返回当前浏览器的语言
cookieEnabled	返回指定浏览器中是否启用 cookie 的布尔值
cpuClass	返回浏览器系统的 CPU 等级
onLine	返回指定系统是否处于脱机模式的布尔值
platform	返回运行浏览器的操作系统平台
systemLanguage	返回操作系统使用的默认语言
userAgent	返回由客户机发送给服务器的 user-agent 头部的值
userLanguage	返回用户设置的操作系统的语言

【例 4-37】 使用 Navigator 对象属性获取并显示浏览器信息的例子。

```
<!DOCTYPE HTML>
<html>
<head>
<title>浏览器信息</title>
</head>

<body>
<Script LANGUAGE = JavaScript>
document.write("浏览器名称: "+navigator.appName+"<br>");
document.write("浏览器版本: "+navigator.appVersion+"<br>");
document.write("浏览器的代码名称: "+navigator.appCodeName+"<br>");
document.write("是否启用 cookie: "+navigator.cookieEnabled +"<br>");
document.write("浏览器的语言: "+navigator.browserLanguage +"<br>");
document.write("操作系统平台: "+navigator.platform +"<br>");
document.write("CPU 等级: "+navigator.cpuClass +"<br>");
</Script>
</BODY>
</HTML>
```

在 Chrome 浏览器中浏览【例 4-37】的结果如图 4-16 所示。可以看到, 有些信息并不准确, 例如浏览器名称。

提示

Navigator 对象是 Window 对象的一个属性, 但 Navigator 对象的实例是唯一的, 即所有窗口的 Navigator 对象是唯一的。

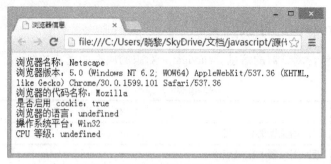

图 4-16　在 Chrome 浏览器中浏览【例 4-37】的结果

练 习 题

一、单项选择题

1. 将数据和操作捆绑在一起，定义一个新类的过程就是（　　　）。

    A. 封装　　　　　　　　　　　　　B. 继承

    C. 多态　　　　　　　　　　　　　D. 方法

2. （　　　　）类用于定义和管理数组。

    A. Date　　　　　　　　　　　　　B. String

    C. Math　　　　　　　　　　　　　D. Array

3. 在 window 对象的方法中，（　　　）在指定的毫秒数后调用函数或计算表达式。

    A. setInterval()　　　　　　　　　B. setTimeout()

    C. clearInterval()　　　　　　　　D. clearTimeout()

二、填空题

1. _____对象包含浏览器的信息。

2. _____是 Document Object Model（文档对象模型）的简称，是 W3C（万维网联盟）推荐的处理可扩展置标语言的标准编程接口。它是一种与平台和语言无关的应用程序接口(API)。

三、问答题

1. 试述对象和类的概念和关系。

2. 试列举 BOM 对象及其功能。

第5章
JavaScript 事件处理

事件处理是 JavaScript 的一个优势，通过它可以很方便地针对某个 HTML 事件编写程序并进行处理。

5.1　JavaScript 事件的基本概念

首先介绍 JavaScript 事件的基本概念和工作机制。

5.1.1　什么是事件

事件定义了用户与网页进行交互时产生的各种操作。例如，当用户单击一个超链接或按钮时，就会触发一个事件，告诉浏览器发生了需要进行处理的操作（单击）。除了在用户操作的过程中可以产生事件外，浏览器自身的一些动作也可能产生事件。例如，浏览器载入一个网页的时候，会产生一个 Load 事件。

在 JavaScript 程序中可以注册一个事件的处理函数，当触发事件时会调用处理函数。

在定义 HTML 元素时，可以使用 on+事件名来指定事件处理函数。例如，可以使用下面的方法指定按钮（button 元素）单击（click 事件）的处理函数。

```
<button onclick="事件处理函数">按钮文本</button>
```

【例 5-1】　演示 JavaScript 事件的例子。

```
<HTML>
<HEAD><TITLE>【例 5-1】</TITLE></HEAD>
<BODY>
<Script LANGUAGE = JavaScript>
  function showDate() {
  document.getElementById("demo").innerHTML=Date();
  }
</Script>
  <button onclick="showDate()">显示日期</button>
  <p id="demo"></p>
</BODY>
</HTML>
```

网页中定义了一个按钮，单击该按钮的处理函数为 showDate()。showDate()函数将当前日期显示在 id="demo" 的 p 元素中。

单击按钮的结果如图 5-1 所示。

图 5-1　【例 5-1】的浏览结果

5.1.2　DOM 事件流

　　DOM 模型是一个树形结构，在 DOM 模型中，HTML 元素是有层次的。当一个 HTML 元素上产生一个事件时，该事件会在 DOM 树中元素节点与根节点之间按特定的顺序传播，路径所经过的节点都会收到该事件，这个传播过程就是 DOM 事件流。

　　DOM 事件标准定义了两种事件流，分别是捕获事件流和冒泡事件流。大多数浏览器都遵循这两种事件流方式。

1. 冒泡事件流

　　默认情况下，事件使用冒泡事件流。当事件（例如单击事件 click）在某一 DOM 元素上被触发时，事件将沿着该节点的各个父节点冒泡穿过整个 DOM 节点层次。在冒泡过程中的任何时候都可以终止事件的冒泡。如果不停止事件的传播，事件将一直通过 DOM 冒泡直至到达文档根。冒泡事件流的传播如图 5-2 所示。

2. 捕获事件流

　　与冒泡事件流模型相反，在捕获事件流模型中，事件的处理将从 DOM 层次的根开始，而不是从触发事件的目标元素开始，事件被从目标元素的所有祖先元素依次往下传递。在这个过程中，事件会被从文档的根到事件目标元素之间各个继承派生的元素所捕获。捕获事件流的传播如图 5-3 所示。

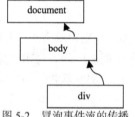
图 5-2　冒泡事件流的传播

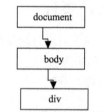
图 5-3　捕获事件流的传播

3. DOM 标准的事件模型

　　DOM 标准同时支持捕获型事件模型和冒泡型事件模型，但是，捕获型事件先发生。两种事件流都会触发 DOM 中的所有对象，从 document 对象开始，也在 document 对象结束。在实际应用中，大部分兼容标准的浏览器都将事件的捕获和冒泡延续到 window 对象，事件的传导过程如图 5-4 所示。

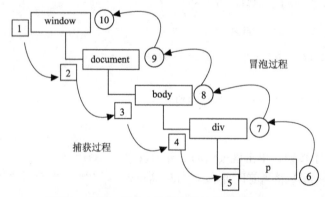
图 5-4　DOM 标准事件模型中的事件传导过程

4．事件传导的 3 个阶段

在 W3C 定义的事件模型中，事件传导可以分为下面 3 个阶段。

（1）事件捕捉（Capturing）阶段：事件将沿着 DOM 树向下转送，经过目标节点的每一个祖先节点，直至目标节点。例如，若用户单击了一个超链接，则该单击事件将从 document 节点转送到 html 元素、body 元素以及包含该链接的 p 元素。目标节点就是触发事件的 DOM 节点。例如，如果用户单击一个超链接，那么该链接就是目标节点。

在事件捕捉阶段中，浏览器会检测并运行针对该事件的捕捉事件监听器。

（2）目标（target）阶段：在此阶段中，事件传导到目标节点。浏览器在查找到已经指定给目标事件的事件监听器之后，就会运行该事件监听器。

（3）冒泡（Bubbling）阶段：事件将沿着 DOM 树向上转送，再次逐个访问目标元素的祖先节点直到 document 节点。该过程中的每一步，浏览器都将检测那些不是捕捉事件监听器的事件监听器，并执行它们。

DOM 标准的事件模型如图 5-5 所示。

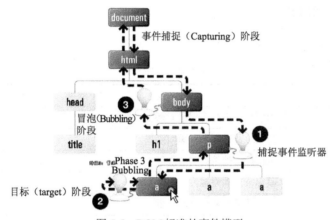

图 5-5　DOM 标准的事件模型

5.1.3　事件监听器

事件监听器又称为事件句柄或事件处理函数。用于响应某个事件而调用的函数称为事件处理函数。

可以使用 addEventListener()函数指定事件监听器，语法如下：

```
target.addEventListener(type, listener, useCapture);
```

参数说明如下。

（1）target：触发事件的 HTML DOM 对象，例如 document 或 window。

（2）type：事件类型。

（3）listener：侦听到事件后处理事件的函数。此函数必须接受 Event 对象作为其唯一的参数。

（4）useCapture：是否使用捕捉。此参数的作用是确定监听器是运行于捕获阶段、目标阶段还是冒泡阶段。一般在此参数处使用 false 即可。

【例 5-2】　演示使用 addEventListener()函数监听事件并对事件进行处理的方法。

```
<HTML>
<HEAD><TITLE>【例 5-2】</TITLE></HEAD>
```

```
<BODY>
<input id="myinput"></input>
<script type="text/javascript">
function handler()
{
    alert('welcome');
}
document.getElementById("myinput").addEventListener("click", handler, false);
</script>
</BODY>
</HTML>
```

5.2 HTML 事件

本节分类介绍常用的 HTML 事件及其使用方法。

5.2.1 鼠标事件

由鼠标操作而触发的事件如表 5-1 所示。

表 5-1   HTML 鼠标事件

事　　件	说　　明
onclick	当用户单击某个对象时触发
ondblclick	当用户双击某个对象时触发
onmousedown	鼠标按钮被按下时触发
onmousemove	鼠标被移动时触发
onmouseout	鼠标从某元素移开时触发
onmouseover	鼠标移到某元素之上时触发
onmouseup	鼠标按键被松开时触发

onclick 事件的具体使用方法已经在【例 5-1】和【例 5-2】中介绍过了。

【例 5-3】　演示 onmouseover 事件和 onmouseout 事件的使用方法。

```
<html>
<head>
<script type="text/javascript">
function mouseOver()
{
document.getElementById('mouse').src ="mouse.jpg"
}
function mouseOut()
{
document.getElementById('mouse').src ="mouse2.jpg"
}
</script>
</head>

<body>
<img src="mouse2.jpg" id="mouse" onmouseover="mouseOver()" onmouseout="mouseOut()" />
```

```
</body>
</html>
```

网页中定义了一个 id="mouse"的 img 元素，初始图片为 mouse2.jpg。当触发 onmouseover 事件时（即鼠标经过图片时），调用 mouseOver()函数，将图片替换为 mouse.jpg，代码如下：

```
function mouseOver()
{
document.getElementById('mouse').src ="mouse.jpg"
}
```

当触发 onmouseout 事件时（即鼠标移出图片时），调用 mouseOut()函数，将图片替换为 mouse2.jpg，代码如下：

```
function mouseOut()
{
document.getElementById('mouse').src ="mouse2.jpg"
}
```

5.2.2　Event 对象

每个事件的处理函数都有一个 Event 对象作为参数。Event 对象代表事件的状态，比如发生事件中的元素、键盘按键的状态、鼠标的位置、鼠标按钮的状态等。Event 对象的 type 属性可以返回当前 Event 对象表示的事件的名称。Event 对象的主要属性如表 5-2 所示。

表 5-2　　　　　　　　　　　　　　Event 对象的主要属性

属　　性	说　　明
altKey	用于检查 Alt 键的状态。当 Alt 键按下时，值为 True ，否则为 False
button	检查按下的鼠标键，可能的取值如下： 0. 没按键； 1. 按左键； 2. 按右键； 3. 按左右键； 4. 按中间键； 5. 按左键和中间键； 6. 按右键和中间键； 7. 按所有的键 这个属性仅用于 onmousedown、onmouseup 和 onmousemove 事件。对于其他事件，不管鼠标状态如何，都返回 0
cancelBubble	检测是否接受上层元素的事件的控制。等于 True 时表示不被上层元素的事件控制；等于 False（默认值）时表示允许被上层元素的事件控制
clientX	返回鼠标在窗口客户区域中的 x 坐标
clientY	返回鼠标在窗口客户区域中的 y 坐标
ctrlKey	用于检查 Ctrl 键的状态。当 Ctrl 键按下时，值为 True，否则为 False
fromElement	检测 onmouseover 和 onmouseout 事件发生时，鼠标所离开的元素
keyCode	检测键盘事件相对应的 ASCII 码。这个属性用于 onkeydown、onkeyup 和 onkeypress 事件
offsetX	检查相对于触发事件的对象，鼠标位置的水平坐标（即水平偏移）
offsetY	检查相对于触发事件的对象，鼠标位置的垂直坐标（即垂直偏移）

属　　性	说　　明
propertyName	设置或返回元素的变化属性的名称。可以通过使用 onpropertychange 事件得到 propertyName 的值
returnValue	从事件中返回的值
screenX	检测鼠标相对于用户屏幕的水平位置
screenY	检测鼠标相对于用户屏幕的垂直位置
shiftKey	检查 Shift 键的状态。当 Shift 键按下时，值为 True，否则为 False
srcElement	返回触发事件的元素
toElement	检测 onmouseover 和 onmouseout 事件发生时，鼠标所进入的元素
type	返回事件名
x	返回鼠标相对于 CSS 属性中有 position 属性的上级元素的 x 轴坐标
y	返回鼠标相对于 CSS 属性中有 position 属性的上级元素的 y 轴坐标

【例 5-4】　演示使用 Event 对象在窗口的状态栏中显示鼠标的坐标，代码如下：

```
<HTML>
<HEAD><TITLE>【例5-4】</TITLE></HEAD>
<BODY onmousemove="window.status = 'X=' + window.event.x + ' Y=' + window.event.y">
在窗口的状态栏中显示鼠标的坐标
</BODY>
</HTML>
```

要浏览本实例的效果，需要使用支持状态栏的浏览器（比如 IE），并启用状态栏。

在 IE 中可以使用全局变量 window.event 代表 Event 对象。

5.2.3　键盘事件

由键盘操作而触发的事件如表 5-3 所示。

表 5-3　　　　　　　　　　　　　　　　　HTML 键盘事件

事　　件	说　　明
onkeydown	某个键盘按键被按下时触发
onkeypress	某个键盘按键被按下并松开时触发
onkeyup	某个键盘按键被松开时触发

【例 5-5】　演示 onkeyup 事件的使用方法。

```
<html>
<head>
<script type="text/javascript">
function upperCase(x)
{
var y=document.getElementById(x).value
document.getElementById(x).value=y.toUpperCase()
```

```
    }
</script>
</head>

<body>

Enter your name: <input type="text" id="fname" onkeyup="upperCase(this.id)">

</body>
</html>
```

网页中定义了一个 input 元素。当触发 onkeyup 事件时（即某个键盘按键被松开时），以 input 元素的 id 为参数调用 upperCase ()函数，将字符转换为大写字母。

5.2.4　页面事件

与页面有关的事件如表 5-4 所示。

表 5-4　　　　　　　　　　　　　　　　　HTML 页面事件

事　　件	说　　　明
onload	页面或一幅图像完成加载时触发
onerror	如果在加载文档或图像时发生错误，则触发
onresize	窗口或框架被重新调整大小
onbeforeunload	当前页面的内容将要被改变时触发
onunload	用户退出页面时触发

【例 5-6】　演示 onunload 事件的使用方法。

```
<html>
<body onunload="alert('再见')">
<p>关闭页面会触发 onunload 事件.</p>
</body>
</html>
```

在关闭页面时会触发 onunload 事件，弹出一个"再见"消息框。

　　　　很多浏览器不支持 onunload 事件。在 IE 等支持 onunload 事件的浏览器中也应注意，刷新页面时也会触发 onunload 事件；关闭单个页面时会触发 onunload 事件，而关闭浏览器应用程序时不会触发 onunload 事件。

5.2.5　表单事件

与表单有关的事件如表 5-5 所示。

表 5-5　　　　　　　　　　　　　　　　　HTML 表单事件

事　　件	说　　　明
onblur	元素失去焦点时触发
onchange	域的内容被改变时触发
onfocus	元素获得焦点时触发
onreset	重置按钮被单击时触发
onselect	文本被选中时触发
onsubmit	提交按钮被单击时触发

【**例 5-7**】 演示 onsubmit 事件的使用方法。

```
<html>
<body>
<h1>请输入您的姓名。</h1>
<form name="myform" onSubmit="alert( myform.yourname.value +'您好!')">
<input type="text" name="yourname" size="20">
<input type="submit" value="Submit">
</form>
</body>
</html>
```

网页中定义了一个表单 myform,其中包含一个用于输入姓名的文本框 yourname。提交表单时会弹出一个消息框,显示输入的姓名。

5.3 干预系统的事件处理机制

5.1 节已经介绍了 JavaScript 事件的基本概念和工作机制,系统会按规定的机制处理事件,但程序员也可以人为干预系统的事件处理机制,包括停止事件冒泡和阻止事件的默认行为。

5.3.1 停止事件冒泡

5.1.2 小节中已经介绍了事件传导的冒泡事件流方式。当事件(例如单击事件 click)在某一 DOM 元素上被触发时,事件将沿着该节点的各个父节点冒泡穿过整个的 DOM 节点层次,直到它遇到依附有该事件类型处理器的节点。

将 Event 对象的 cancelBubble 属性设置为 True,可以停止事件冒泡。IE 浏览器支持 cancelBubble 属性,而其他浏览器不一定支持。对于不支持 cancelBubble 属性的浏览器,可以调用 Event 对象的 stopPropagation()方法来停止事件冒泡。

【**例 5-8**】 演示停止事件冒泡的例子。

```
<!DOCTYPE html PUBLIC "-//W3C//DTD XHTML 1.0 Transitional//EN" "http://www.w3.org/
TR/xhtml1/DTD/xhtml1-transitional.dtd">
<html xmlns="http://www.w3.org/1999/xhtml" lang="gb2312">
<head>
<title> 阻止 JavaScript 事件冒泡传递 ( cancelBubble 、stopPropagation ) </title>
<meta name="keywords" content="JavaScript,事件冒泡,cancelBubble,stopPropagation" />
<script type="text/javascript">
function doSomething (obj,evt) {
 alert(obj.id);
 var e=(evt)?evt:window.event;
 if (window.event) {
 e.cancelBubble=true;
 } else {
 //e.preventDefault();
 e.stopPropagation();
 }
}
</script>
```

```
</head>
<body>
<div id="parent1" onclick="alert(this.id)" style="width:250px;background-color:yellow">
 <p>This is parent1 div.</p>
 <div id="child1" onclick="alert(this.id)" style="width:200px;background-color:orange">
 <p>This is child1.</p>
 </div>
 <p>This is parent1 div.</p>
</div>
<br />
<div id="parent2" onclick="alert(this.id)" style="width:250px;background-color:cyan;">
 <p>This is parent2 div.</p>
 <div id="child2" onclick="doSomething(this,event);" style="width:200px;background-
color:lightblue;">
 <p>This is child2. Will bubble.</p>
 </div>
 <p>This is parent2 div.</p>
</div>
</body>
</html>
```

网页中定义了 4 个 div 元素,其中 child1 在 parent1 中,child2 在 parent2 中,如图 5-6 所示。

单击每个 div 元素会弹出一个消息框,显示其 id。单击 child1 和 child2 时,事件会冒泡传导到其父元素 parent1 和 parent2。因此,单击 child1 时会弹出 2 个消息框,分别显示 child1 和 parent1。而单击 child2 时会调用 doSomething()函数,使用 cancelBubble 属性 stopPropagation()方法来停止事件冒泡。因此,单击

图 5-6 浏览【例 5-8】的结果

child2 时只弹出一个消息框,显示 child2,说明事件没有冒泡传导到其父元素 parent2。

5.3.2 阻止事件的默认行为

事件的默认行为是指浏览器在事件传递和处理完成后自动执行的与该事件关联的默认动作。例如,单击一个超链接的默认行为是访问其定义的 url。

IE 和其他浏览器阻止事件默认行为的方法不同。在 IE 中,可以通过设置 event 对象的 returnValue 属性为 false 来阻止事件的默认行为;在其他浏览器中,则可以通过调用 event 对象的 preventDefault()方法来实现。可以通过 event 对象的 preventDefault 属性来判断浏览器是否支持 preventDefault()方法。如果 preventDefault 属性值为 True,则浏览器支持 preventDefault()方法;否则不支持。

【例 5-9】 演示阻止事件默认行为的例子。

```
<a href="http://www.baidu.com" id="test">百度</a>

<script type="text/javascript">
  function stopDefault(e) {
    if (e && e.preventDefault) {//其他浏览器下执行这个
      e.preventDefault();
    }else{
      window.event.returnValue = false;//如果是 IE 则执行这个
```

```
    }
    return false;
  }
var test = document.getElementById('test');
test.onclick = function(e) {
  alert('URL: ' + this.href + ', 不会跳转');
  stopDefault(e);
}
</script>
```

网页中定义了一个 id="test"的超链接。单击此超链接，会调用自定义函数 stopDefault()。stopDefault()函数会根据浏览器来决定使用 returnValue 属性或 preventDefault()方法阻止事件的默认行为。

练 习 题

一、单项选择题

1. 下图所示属于（　　　　）。

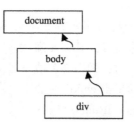

  A. 冒泡事件流   B. 捕获事件流

  C. DOM 标准事件流   D. JavaScript 事件流

2. 可以使用（　　　　）函数指定事件监听器。

  A. registEventListener()   B. addEventListener()

  C. stopPropagation()   D. preventDefault()

3. 鼠标移到某元素之上时触发（　　　　）事件。

  A. onclick   B. ondblclick

  C. onmousemove   D. onmouseover

4. 当前页面的内容将要被改变时触发（　　　　）事件。

  A. onload   B. onresize

  C. onbeforeunload   D. onunload

5. 元素失去焦点时触发（　　　　）事件。

  A. onblur   B. onchange

  C. onfocus   D. onreset

二、填空题

1. DOM 事件标准定义了两种事件流，分别是＿＿＿＿和＿＿＿＿。

2. 每个事件的处理函数都有一个＿＿＿＿对象作为参数。

3. 将 Event 对象的_____属性设置为 True，可以停止事件冒泡。

4. 在 IE 中，可以通过设置 event 对象的_____属性为 false 来阻止事件的默认行为；在其他浏览器中，则可以通过调用 event 对象的_____方法来实现。

三、问答题

1. 试述事件的概念。

2. 试对比冒泡事件流和捕获事件流的异同。

第6章
JavaScript 表单编程

表单（Form）是很常用的 HTML 元素，是用户向 Web 服务器提交数据最常用的方式，除此之外，还可以用于上传文件。通过 JavaScript 程序，开发人员可以对表单进行控制以及获取和设置表单的值，从而使表单编程更加灵活。

6.1　HTML 表单概述

本节介绍如何定义 HTML 表单和表单元素。表单中可以包括标签（静态文本）、单行文本框、滚动文本框、复选框、单选按钮、下拉菜单（组合框）和按钮等元素。

6.1.1　定义表单

可以使用<form>标签定义表单，<form>标签常用的属性如下。

（1）id：表单 ID，用来标记一个表单。

（2）name：表单名。

（3）action：指定处理表单提交数据的服务器端脚本文件。脚本文件可以是 ASP 文件、ASP.NET 文件或 PHP 文件，它部署在 Web 服务器上，用于接收和处理用户通过表单提交的数据。

（4）method：指定表单信息传递到服务器的方式，有效值为 GET 或 POST。两种提交方式的区别如下。

① GET 提交：提交的数据会附加在 URL 之后（就是把数据放置在 HTTP 协议头中），以问号（?）分割 URL 和传输数据，多个参数之间使用&连接。例如：

```
login.action?name=hyddd&password=idontknow&verify=%E4%BD%A0%E5%A5%BD
```

如果数据是英文字母/数字，则原样发送；如果是空格，则转换为+；如果是中文/其他字符，则直接把字符串用 BASE64 加密，得出类似"%E4%BD%A0%E5%A5%BD"的字符串，其中%××中的××为该符号以十六进制表示的 ASCII。

② POST 提交：把提交的数据放置在 HTTP 包的包体中。因此，GET 提交的数据会在地址栏中显示出来，而 POST 提交不会改变地址栏的内容。

使用 GET 方法的效率较高，但传递的信息量仅为 2KB，而 POST 方法没有此限制，所以通常使用 POST 方法。

【例 6-1】　定义表单 form1，提交数据的方式为 POST，处理表单提交数据的脚本文件为 checkpwd.php，代码如下：

```
<form id="form1" name="form1" method="post" action="checkpwd.php">
......
</form>
```

在 action 属性中指定处理脚本文件时，可以指定文件在 Web 服务器上的路径。可以使用绝对路径和相对路径两种方式指定脚本文件的位置。绝对路径指从网站根目录（\）到脚本文件的完整路径，例如"\checkpwd.php"或"\php\checkpwd.php"；绝对路径也可以是一个完整的 URL，例如"http://www.host.com/checkpwd.php"。

相对路径是从表单的网页文件到脚本文件的路径。如果网页文件和脚本文件在同一目录下，则 action 属性中不需指定路径，也可以使用".\ShowInfo.php"指定处理脚本文件，"."表示当前路径。还有一个特殊的相对路径，即".."，它表示上级路径。如果脚本文件 checkpwd.php 在网页文件的上级目录中，则可以使用"..\ checkpwd.php"指定脚本文件。

【例 6-1】只定义了一个空表单，表单中不包含任何元素，因此不能用于输入数据。本章后面将介绍如何定义和使用表单控件。

6.1.2　文本框

文本框 ⬚⬚⬚⬚⬚⬚ 是用于输入文本的表单控件。可以使用<input>标签定义单行文本框，例如：
```
<input name="txtUserName" type="text" value="" />
```
文本框的常用属性如表 6-1 所示。

表 6-1　　　　　　　　　　　　文本框的常用属性及说明

属　　　性	具　体　描　述
name	名称，用来标记一个文本框
value	设置文本框的初始值
size	设置文本框的宽度值
maxlength	设置文本框允许输入的最大字符数量
readonly	指示是否可修改该字段的值
type	设置文本框的类型，常用的类型如下 • text：默认值，普通文本框； • password：密码文本框； • hidden：隐藏文本框，常用于记录和提交不希望用户看到的数据，例如编号； • file：用于选择文件的文本框
value	定义元素的默认值

提示　　　　使用<input>标签不仅可以定义文本框，通过设置 type 属性，还可以定义复选框、列表框和按钮等控件，具体情况将在本章后面介绍。

【例 6-2】　定义一个表单 form1，其中包含各种类型的文本框，代码如下：
```
<html>
<body>
<form id="form1" name="form1" method="post" action="ShowInfo.php">
用户名：    <input name="txtUserName" type="text" value="" />  <br>
密码：    <input name="txtUserPass" type="password" /> <br>
文件：    <input name="upfile" type="file" /><BR>
```

隐藏文本框：　　`<input name="flag" type="hidden" vslue="1" />`
`</form>`
`</body>`
`</html>`

浏览此网页的结果如图 6-1 所示。

可以看到，类型为 text 的普通文本框可以正常显示用户输入的文本；类型为 password 的密码文本框将用户输入的文本显示为*；类型为 file 的文件文本框显示为一个"选择文件"按钮和一个显示文件名的文本框（不同浏览器的显示风格可能会不同）；类型为

图 6-1　浏览【例 6-2】的结果

hidden 的隐藏文本框则不会显示在页面中（通常使用隐藏文本框保存编辑记录的编号信息）。

6.1.3　文本区域

文本区域是用于输入多行文本的表单控件。可以使用`<textarea>`标签定义文本区域，例如：
`<textarea name="details"></textarea>`
`<textarea>`标签的常用属性如表 6-2 所示。

表 6-2　　　　　　　　　　　　　`<textarea>`标签的常用属性及说明

属　　性	具　体　描　述
cols	设置文本区域的字符宽度值
disabled	当此文本区域首次加载时禁用此文本区域
name	用来标记一个文本区域
readonly	指示用户无法修改文本区域内的内容
rows	设置文本区域允许输入的最大行数

【例 6-3】　定义一个表单 form1，其中包含一个 5 行 45 列的文本区域，代码如下：
```
<form id="form1" name="form1" method="post"
action="ShowInfo.php">
    <textarea name="details" cols="45" rows="5">
文本区域</textarea>
    </form>
```

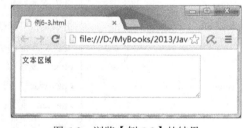

图 6-2　浏览【例 6-3】的结果

浏览此网页的结果如图 6-2 所示。

6.1.4　单选按钮

单选按钮是用于从多个选项中选择一个项目的表单控件。在`<input>`标签中将 type 属性设置为"radio"即可定义单选按钮。

单选按钮的常用属性如表 6-3 所示。

表 6-3　　　　　　　　　　　　　单选按钮的常用属性及说明

属　　性	具　体　描　述
name	名称，用来标记一个单选按钮
value	设置单选按钮的初始值
checked	初始状态，如果使用 checked 属性，则单选按钮的初始状态为已选，否则为未选

【例 6-4】　定义一个表单 form1，其中包含 2 个用于选择性别的单选按钮，默认选中"男"，代码如下：

```
<form id="form1" name="form1" method="post" action=
"ShowInfo.php">
    <input name="radioSex1" type="radio" id="radioSex1"
checked>男</input>
    <input name="radioSex2" type="radio" id="radioSex2"/>
女</input>
    </form>
```

浏览此网页的结果如图 6-3 所示。

图 6-3　浏览【例 6-4】的结果

6.1.5　复选框

复选框是用于选择或取消某个项目的表单控件。在<input>标签中将 type 属性设置为 "checkbox" 即可定义复选框。

复选框的常用属性如表 6-4 所示。

表 6-4　　　　　　　　　　　　　复选框的常用属性及说明

属　　性	具 体 描 述
name	名称，用来标记一个复选框
checked	初始状态，如果使用 checked 属性，则复选框的初始状态为已选，否则为未选

【例 6-5】　定义一个表单 form1，其中包含 3 个用于选择兴趣爱好的复选框，代码如下：

```
<form id="form1" name="form1" method="post" action="ShowInfo.php">
        <input type="checkbox" name="C1" id=
"C1">文艺</input>
        <input type="checkbox" name="C2" id="C2">
体育</input>
        <input type="checkbox" name="C3" id="C3">
电脑</input>
    </form>
```

浏览此网页的结果如图 6-4 所示。

图 6-4　浏览【例 6-5】的结果

6.1.6　组合框

组合框也称为列表/菜单，是用于从多个选项中选择某个项目的表单控件。可以使用<select>标签定义组合框。

可以使用<option>标签定义组合框中包含的下拉菜单项。<option>标签的常用属性如表 6-5 所示。

表 6-5　　　　　　　　　　　　　<option>标签的常用属性及说明

属　　性	具 体 描 述
value	定义菜单项的值
selected	如果指定某个菜单项的初始状态为"选中"，则在对应的<option>标签中使用 selected 属性

【例 6-6】　定义一个表单 form1，其中包含一个用于选择所在城市的组合框，组合框中有北京、上海、天津和重庆 4 个选项，默认选中"北京"，代码如下：

```
<form id="form1" name="form1" method="post" action="ShowInfo.php">
```

```
<select name="city" id="city">
    <option value="北京" selected>北京</option>
    <option value="上海">上海</option>
    <option value="天津">天津</option>
    <option value="重庆">重庆</option>
</select>
</form>
```

浏览此网页的结果如图 6-5 所示。

图 6-5　浏览【例 6-6】的结果

6.1.7　按钮

HTML 支持 3 种类型的按钮，即提交按钮（submit）、重置按钮（reset）和普通按钮（button）。单击提交按钮，浏览器会将表单中的数据提交到 Web 服务器，由服务器端的脚本语言（ASP、ASP.NET、PHP 等）处理提交的表单数据，此过程不在本书讨论的范围内，读者可以参考相关资料理解；单击重置按钮，浏览器会将表单中的所有控件的值设置为初始值；单击普通按钮的动作则由用户指定。

可以使用<input>标签定义按钮，通过 type 属性指定按钮的类型，type="submit"表示定义提交按钮，type=" reset"表示定义重置按钮，type="button"表示定义普通按钮。按钮的常用属性如表 6-6 所示。

表 6-6　　　　　　　　　　　　　按钮的常用属性及说明

属　　性	具 体 描 述
name	用来标记一个按钮
value	定义按钮显示的字符串
type	定义按钮类型
onclick	用来指定单击普通按钮时的动作

【例 6-7】　定义一个表单 form1，其中包含 3 个按钮，1 个提交按钮、1 个重置按钮、1 个普通按钮 "hello"，代码如下：

```
<form id="form1" name="form1" method="post" action="ShowInfo.php">
<input type="submit" name="submit" id="submit" value="提交" />
<input type="reset" name="reset" id="reset" value="重设" />
<input type="button" name="hello" onclick="alert('hello')" value="hello" />
</form>
```

浏览此网页的结果如图 6-6 所示。单击 "hello" 按钮会弹出如图 6-7 所示的对话框。

图 6-6　浏览【例 3-6】的结果

图 6-7　单击 "hello" 按钮弹出的对话框

也可以使用<button>标签定义按钮。<button>标签的常用属性如表 6-7 所示。

表 6-7　　　　　　　　　　　　　　　　　<button>标签的常用属性及说明

属　　性	具　体　描　述
autofocus	HTML5 的新增属性，指定在页面加载时是否让按钮获得焦点
disabled	禁用按钮
name	指定按钮的名称
value	定义按钮显示的字符串
type	定义按钮类型。type="submit"表示定义提交按钮，type="reset"表示定义重置按钮，type="button"表示定义普通按钮
onclick	用于指定单击普通按钮时的动作

【例 6-8】　【例 6-7】中的按钮也可以用下面的代码来实现：

```
<form id="form1" name="form1" method="post" action="ShowInfo.php">
<button type="submit" name="submit" id="submit">提交</button>
<button type="reset" name="reset" id="reset">重设</button>
<button type="button" name=" " onclick="alert('hello')"/>hello</button>
</form>
```

6.2　使用 JavaScript 访问和操作表单元素

在 JavaScript 中可以对表单元素进行操作，包括获取表单对象和访问表单元素等。

6.2.1　获取表单对象

本小节介绍在 JavaScript 中获取表单对应的 DOM 对象的方法，使用该 DOM 对象可以对表单进行操作。

1.　使用 document.getElementById()方法获取表单对象

使用 document.getElementById()方法可以根据指定的 id 属性值得到对应的 DOM 对象，语法如下：

```
obj = document.getElementById ( sID )
```

obj 返回 id 属性值等于 sID 的第一个对象的引用。假如对应一组对象，则返回该组对象中的第一个。如果无符合条件的对象，则返回 null 。

【例 6-9】　使用 document.getElementById()方法获取表单对象的例子。

```
<html>
<head>
<script type="text/javascript">
function getName()
{
var x=document.getElementById("formid")
alert(x.name)
}
</script>
</head>
<form id="formid" name="myform" method="post" action="ShowInfo.php">
<button type="button" name="" onclick="getName()"/>获取表单名</button>
</form>
</html>
```

网页中定义了一个表单（id="formid"，name="myform"），其中包含一个按钮。单击该按钮，可以调用 getName()函数。getName()函数调用 document.getElementById()方法获取表单对象 x，然后弹出一个对话框显示表单名（x.name）。

2. 使用 document.getElementsByName()方法获取表单对象

使用 document.gctElementsByName ()方法可以根据指定的 Name 属性值得到对应的 DOM 对象，语法如下：

```
objs = document.getElementsByName ( sName )
```

objs 返回 name 属性值等于 sName 的对象数组。

【例 6-10】 使用 document.getElementsByName()方法获取表单对象的例子。

```
<html>
<head>
<script type="text/javascript">
function getID()
{
var x=document.getElementByName("myform")
alert((x[0].id)
}
</script>
</head>
<form id="formid" name="myform" method="post" action="ShowInfo.php">
<button type="button" name="" onclick="getID()"/>获取表单 ID</button>
</form>
</html>
```

网页中定义了一个表单（id="formid"，name="myform"），其中包含一个按钮。单击该按钮，可以调用 getID()函数。getID()函数调用 document.getElementsByName ()方法获取表单数组 x，然后弹出一个对话框显示数组中第一个表单的 ID（x[0].id）。

3. 使用 document. getElementsByTagName ()方法获取表单对象

使用 document. getElementsByTagName()方法可以返回指定标签名的对象的集合，语法如下：

```
objs = document.getElementsByName(tagname)
```

objs 返回标签名等于 tagname 的对象数组。

【例 6-11】 使用 document.getElementsByTagName ()方法获取表单对象的例子。

```
<html>
<head>
<script type="text/javascript">
function getID()
{
var x=document. getElementsByTagName("form")
alert(x[0].id)
}
</script>
</head>
<form id="formid" name="myform" method="post" action="ShowInfo.php">
<button type="button" name="" onclick="getID()"/>获取表单 ID</button>
</form>
</html>
```

网页中定义了一个表单（id="formid"，name="myform"），其中包含一个按钮。单击该按钮，可以调用 getID()函数。getID()函数调用 document.getElementsByTagName ()方法获取表单数组 x，然后弹出一个对话框显示数组中第一个表单的 ID（x[0].id）。

4. 使用 document.forms 数组获取表单对象

document.forms 数组中包含页面中所有的表单对象，可以通过下面的方法获得一个指定的表单对象：

```
obj = document.forms[表单序号]
obj = document.forms[表单名称]
```

【例 6-12】　使用 document.forms 数组获取表单对象的例子。

```
<html>
<head>
<script type="text/javascript">
function getID()
{
var x= document.forms[0]
alert(x.id)
}
</script>
</head>
<form id="formid" name="myform" method="post" action="ShowInfo.php">
<button type="button" name="" onclick="getID()"/>获取表单 ID</button>
</form>
</html>
```

6.2.2　获取表单元素对象

本小节介绍在 JavaScript 中获取表单元素对应的 DOM 对象的方法，使用该 DOM 对象可以对表单元素进行操作。

首先也可以像 6.2.1 小节中介绍的一样，使用 document.getElementById()方法、document.getElementsByName()方法和 document. getElementsByTagName ()方法获取表单元素对象。除此之外，还可以使用下面的方法获取表单元素对象。

1. 使用表单的 elements 数组属性获取表单元素对象

表单元素对象的 elements 属性是包含表单中所有元素的数组。元素在数组中出现的顺序和它们在表单的 HTML 源代码中出现的顺序相同。

每个元素都有一个 type 属性，其值代表元素的类型；也可以通过 value 属性返回表单元素的值。

可以使用序号从 elements 数组中获取表单元素对象。例如：

```
var oForm = document.forms[0];          //获取表单对象
var oFirstField = oForm.elements[0];     //使用索引值 0 获取第一个表单元素
```

也可以使用表单元素的名称从 elements 数组中获取表单元素对象。例如：

```
var oTextbox1 = oForm.elements["textbox1"];
```

【例 6-13】　使用 elements 数组属性获取表单元素对象的例子。

```
<html>
<body>

<form id="myForm">
Firstname: <input id="fname" type="text" value="Mickey" />
Lastname: <input id="lname" type="text" value="Mouse" />
<input id="sub" type="button" value="Submit" />
```

```
</form>

<p>Get the value of all the elements in the form:<br />
<script type="text/javascript">
var x=document.getElementById("myForm");
for (var i=0;i<x.length;i++)
  {
  document.write(x.elements[i].value);
  document.write("<br />");
  document.write(x.elements[i].type);
  document.write("<br />");
  }
</script>
</p>

</body>
</html>
```

程序依次输出表单元素的类型和值。浏览【例 6-13】的结果如图 6-8 所示。

2. 以表单元素名作为表单对象的属性获取表单元素对象

可以把表单元素的 name 属性当作表单的属性来访问该元素。例如，可以通过下面的代码访问表单元素 fname：

```
var oForm = document.forms[0];       //获取表单对象
var oFirstField = oForm.fname;       //使用表单元素 fname 对应的元素
```

【**例 6-14**】　把表单元素的 name 属性当作表单的属性来访问该元素的例子。

```
<html>
<body>

<form id="myForm">
Firstname: <input id="fname" type="text" value="Mickey" />
Lastname: <input id="lname" type="text" value="Mouse" />
<input id="sub" type="button" value="Submit" />
</form>

<p>Get the value of fname:<br />
<script type="text/javascript">
var x=document.getElementById("myForm");
  document.write(x.fname.value);
</script>
</p>

</body>
</html>
```

浏览【例 6-14】的结果如图 6-9 所示。

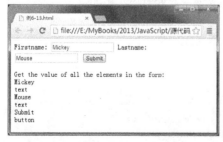

图 6-8　浏览【例 6-13】的结果

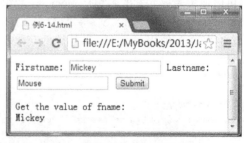

图 6-9　浏览【例 6-14】的结果

6.2.3　操作表单元素

在 6.2.2 小节中已经介绍了使用 type 属性返回表单元素的类型和使用 value 属性返回表单元素的值的方法。本小节进一步介绍如何操作表单元素。

1. 禁用和启用表单元素

每个表单元素都具有 disabled 属性，将该属性设置为 true，即可禁用该表单元素；将 disabled 属性设置为 false，又可以启用该表单元素。

【例 6-15】　禁用和启用表单元素的例子。

```
<html>
<body>

<form id="myForm">
Firstname: <input id="fname" type="text" value="Mickey" />
<input type="button" value="禁用" onclick ="disable()" />
<input  type="button"  value="启用"  onclick
="enable()" />
</form>
</body>
</html>
```

图 6-10　浏览【例 6-15】的结果

网页中定义了一个 id="fname"的文本框和"启用"、"禁用" 2 个按钮。浏览【例 6-15】的结果如图 6-10 所示。

单击"禁用"按钮会调用 disable()函数，代码如下：

```
function disable()
{
  var x=document.getElementById("myForm");
  x.fname.disabled = true;
}
```

单击"启用"按钮会调用 enable()函数，代码如下：

```
function enable()
{
  var x=document.getElementById("myForm");
  x.fname.disabled = false;
}
```

2. 获得和失去焦点

可以使用表单元素对象的 blur()方法，使当前表单元素失去焦点；也可以使用表单元素对象的 focus()方法，使当前表单元素获得焦点。

【例 6-16】　获得和失去表单元素焦点的例子。

```
<html>
<body>

<form id="myForm">
Firstname: <input id="fname" type="text" value="Mickey" />
<input  type="button"  value="获得焦点" onclick ="myfocus()" />
<input  type="button"  value="失去焦点" onclick ="myblur()" />
</form>

</body>
</html>
```

网页中定义了一个 id="fname"的文本框和"获得焦点"、"失去焦点" 2 个按钮。浏览【例 6-16 】的结果如图 6-11 所示。

图 6-11　浏览【例 6-16】的结果

单击"获得焦点"按钮会调用 myfocus ()函数，代码如下：

```
function myfocus()
{
  var x=document.getElementById("myForm");
  x.fname.focus();
}
```

单击"失去焦点"按钮会调用 myblur ()函数，代码如下：

```
function myblur()
{
  var x=document.getElementById("myForm");
  x.fname.blur();
}
```

6.3　操　作　表　单

本节介绍在 JavaScript 中操作表单的方法，包括提交表单、重置表单和表单验证等。

6.3.1　提交表单

调用表单对象的 submit()方法可以提交表单，语法如下：

```
formObject.submit()
```

使用 submit()方法，可以通过普通按钮提交表单，也可以在程序满足一定条件时自动提交表单。

【例 6-17】　为了防止重复提交，在提交表单后禁用提交按钮的例子。

```
<html>
<body>

<form id="myForm">
Firstname: <input id="fname" type="text" value="Mickey" />
<input type="button" value="提交" onclick="this.disabled=true; this.form.submit()" />
</form>

</body>
</html>
```

6.3.2　重置表单

调用表单对象的 reset()方法可以重置表单，语法如下：

```
formObject. reset()
```

使用 reset ()方法，可以通过普通按钮重置表单，也可以在程序满足一定条件时自动重置表单。

【例 6-18】 调用表单对象的 reset()方法重置表单的例子。

```
<html>
<head>
<script type="text/javascript">
function formReset()
  {
  document.getElementById("myForm").reset()
  }
</script>
</head>

<form id="myForm">
Name: <input type="text" size="20"><br />
Age: <input type="text" size="20"><br />
<br />
<input type="button" onclick="formReset()" value="Reset">
</form>
</body>
</html>
```

网页中定义了一个按钮，单击该按钮会调用自定义函数 formReset()。在 formReset()函数中，调用表单 myForm 的 reset()方法重置表单。

6.3.3 表单验证

在提交表单之前，通常需要对用户输入的数据进行检查，如果满足有效性要求，再提交表单。例如，在登录页面中，用户单击提交按钮时首先检查用户是否输入了用户名和密码，然后再将用户输入的数据提交到服务器。

可以在表单的 onsumit 事件处理函数中进行表单验证，方法如下：

```
<form name="myform" method="POST" action="服务器端脚本" OnSubmit="return 验证函数">
```

onsubmit 事件会在表单中的确认按钮被单击时发生。验证函数通常根据表单域的值返回 true 或 false。如果返回 true，则表单被提交；否则，表单不会被提交。

【例 6-19】 表单验证的例子。

定义一个登录表单，代码如下：

```
<form name="myform" method="POST" action="login.asp" OnSubmit="return checkFields(this)">
  <p align="center">用户名:
  <input type="text" name="txtUserName" size="20"></p>
  <p align="center">密码:
  <input type="password" name="txtPwd" size="20"></p>
  <p align="center"">
  <input type="submit" value="登 录"></p>
  </form>
<input type="button" onclick="formReset()" value="Reset">
</form>
</body>
</html>
```

提交前调用 checkFields()函数对表单进行校验，checkFields()函数的代码如下：

```
<script language="javascript">
```

```
function checkFields(formobj)
{
  if (formobj.txtUserName.value=="") {
    alert("用户名不能为空");
//    formobj.txtUserName.onfocus();
    return false;
  }
  if (formobj.txtPwd.value=="") {
    alert("密码不能为空");
//    formobj.txtPwd.onfocus();
    return false;
  }
  return true;
}
</script>
```

如果用户名或密码行为空，则提示输入并返回 false，不提交表单。

练 习 题

一、单项选择题

1. 在<form>标签中，指定处理表单提交数据的脚本文件的属性为（　　　）。

  A. id   B. name

  C. action   D. method

2. 在<input>标签中，将 type 属性设置为（　　）即可定义单选按钮。

  A. "check"   B. "radio"

  C. "select"   D. "text"

3. 在<input>标签中，将 type 属性设置为（　　）即可定义复选框。

  A. "checkbox"   B. "radio"

  C. "select"   D. "text"

4. 使用（　　）方法可以清空下拉菜单。

  A. clear()   B. empty()

  C. delete()   D. remove()

二、填空题

1. HTML 支持 3 种类型的按钮，即＿＿＿＿、＿＿＿＿和＿＿＿＿。

2. 在<input>标签中，指定控件的类型的属性为＿＿＿＿。

3. 文本区域是用于输入多行文本的表单控件。可以使用＿＿＿＿标签定义文本区域。

4. 可以使用<input>标签定义按钮，通过 type 属性指定按钮的类型，type=＿＿＿＿表示定义提交按钮，type=＿＿＿＿表示定义重置按钮，type=＿＿＿＿表示定义普通按钮。

5. ＿＿＿＿事件在元素失去焦点时发生。

三、问答题

1. 试列举获取表单对象的方法。

2. 试列举获取表单元素对象的方法。

第 3 篇
高级应用篇

第7章
JavaScript CSS 编程

CSS 可以用来定义网页的显示格式，使用它可以设计出更加整洁、漂亮的网页，因此使用 CSS 是前端开发人员的必备技术。JavaScript 可以很方便地设置 CSS 样式，从而动态改变页面的显示效果。

7.1　CSS 基础

首先介绍 CSS 的基础知识，使读者了解 CSS 的基本功能。

7.1.1　什么是 CSS

CSS 是 Cascading Style Sheet（层叠样式表）的缩写，它可以扩展 HTML 的功能，重新定义 HTML 元素的显示方式。CSS 所能改变的属性包括字体、文字间的空间、列表、颜色、背景、页边距和位置等。使用 CSS 的好处在于用户只需要一次性定义文字的显示样式，就可以在各个网页中统一使用了，这样既避免了用户的重复劳动，也可以使系统的界面风格统一。

CSS 是一种能使网页格式化的标准，使用 CSS 可以使网页格式（由 CSS 定义）与内容（由 HTML 定义）分开，先决定文本的格式是什么样的，然后再确定文档的内容。

定义 CSS 的基本语句形式如下：

```
selector {property:value; property:value; ...}
```

其中各元素的说明如下。

（1）selector：CSS 选择器。CSS 支持 3 种选择器，第一种是 HTML 的标签，比如 p、body、a 等；第二种是 class（CSS 类别）；第三种是 HTML 元素的 ID。具体使用情况将在后面介绍。

（2）property：将要被修改的属性，比如 color。

（3）value：property 的值，比如 color 的属性值可以是 red。

下面是一个典型的 CSS 定义。

```
a {color: red}
```

此定义规定当前网页的所有链接都变成红色。通常把所有的定义都包括在 STYLE 元素中，STYLE 元素在<HEAD>和</HEAD>之间使用。

【例 7-1】　在 HTML 中使用 CSS 设置显示风格的例子。

```
<HTML>
<HEAD>
  <STYLE>
```

```
    A {color: red}
    P {background-color:yellow; color:blue}
  </STYLE>
</HEAD>
<BODY>
  <A href="http://www.yourdomain.com">CSS 示例</A>
  <P>你注意到这一段文字的颜色和背景颜色了吗?</P> 怎么样?
</BODY>
</HTML>
```

运行结果如图 7-1 所示。

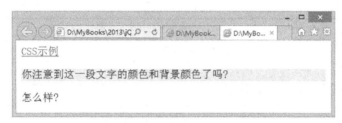

图 7-1 CSS 示例的运行结果

7.1.2 在 HTML 文档中应用 CSS

【例 7-1】已经介绍了在 HTML 文档中应用 CSS 的一种简单的方法。本小节来总结在 HTML
文档中应用 CSS 的 3 种方法。

1. 行内样式表

在 HTML 元素中使用 style 属性可以指定该元素的 CSS 样式,这种应用称为行内样式表。

【例 7-2】 使用行内样式表定义网页的背景为蓝色,代码如下:

```
<html>
<head>
<title>使用行内样式表的例子</title>
</head>
<body style="background-color: blue;">
<p>网页的背景为蓝色</p>
</body>
</html>
```

2. 内部样式表

在网页中可以使用 style 元素定义一个内部样式表,指定该网页内元素的 CSS 样式。【例 7-1】
演示的就是这种用法。在 style 元素中通常可以使用 type 属性定义内容的类型(一般取值
"text/css")。

【例 7-3】 使用内部样式表来改写【例 7-1】。

```
<HTML>
<HEAD>
  <STYLE type = "text/css">
    A {color: red}
    P {background-color: yellow; color:white}
  </STYLE>
</HEAD>
<BODY>
  <A href="http://www.yourdomain.com">CSS 示例</A>
```

<P>你注意到这一段文字的颜色和背景颜色了吗?</P> 怎么样?

</BODY>

</HTML>

3. 外部样式表

一个网站包含很多网页,通常这些网页都使用相同的样式,如果在每个网页中重复定义样式表,那显然是很麻烦的。可以定义一个样式表文件,样式表文件的扩展名为.css,例如 style.css,然后在所有网页中引用样式表文件,应用其中定义的样式。

在 HTML 文档中可以使用 link 元素引用外部样式表。link 元素的属性如表 7-1 所示。

表 7-1　　　　　　　　　　　　　　　link 元素的属性

属　　性	说　　明
charset	使用的字符集,HTML5 中已经不支持
href	指定被链接文档(样式表文件)的位置
hreflang	指定被链接文档中的文本的语言
media	指定被链接文档将被显示在什么设备上。可以是下面的值。 • all:默认值,适用于所有设备; • aural:语音合成器; • braille:盲文反馈装置; • handheld:手持设备(小屏幕、有限的带宽); • projection:投影机; • print:打印预览模式/打印页; • screen:计算机屏幕; • tty:电传打字机以及类似的使用等宽字符网格的媒介; • tv:电视类型设备(低分辨率、有限的滚屏能力)
rel	指定当前文档与被链接文档之间的关系。可以是下面的值。 • alternate:链接到该文档的替代版本(例如打印页、翻译或镜像); • author:链接到该文档的作者; • help:链接到帮助文档; • icon:表示该文档的图标; • licence:链接到该文档的版权信息; • next:集合中的下一个文档; • pingback:指向 pingback 服务器的 URL; • prefetch:规定应该对目标文档进行缓存; • prev:集合中的前一个文档; • search:链接到针对文档的搜索工具; • sidebar:链接到应该显示在浏览器侧栏的文档; • stylesheet:指向要导入的样式表的 URL; • tag:描述当前文档的标签(关键词)
rev	保留参数,HTML5 中已经不支持
sizes	指定被链接资源的尺寸。只有当被链接资源是图标时 (rel="icon"),才能使用该属性
target	链接目标,HTML5 中已经不支持
type	指定被链接文档的 MIME 类型

【例 7-4】 演示外部样式表的使用。

创建一个 style.css 文件，内容如下：

```
A {color: red}
P {background-color: yellow; color:white}
```

引用 style.css 的 HTML 文档的代码如下：

```
<HTML>
<HEAD>
  <link rel="stylesheet" type="text/css" href="style.css" />
</HEAD>
<BODY>
  <A href="http://www.yourdomain.com">CSS 示例</A>
  <P>你注意到这一段文字的颜色和背景颜色了吗?</P> 怎么样?
</BODY>
</HTML>
```

运行结果与【例 7-3】相同。

7.2　CSS 选择器

在 CSS 中可以通过选择器选取 HTML 元素，然后对其应用样式。本节介绍各种 CSS 选择器的使用方法。

7.2.1　类别选择器

在定义 HTML 元素时，可以使用 class 属性指定元素的类别。在 CSS 中可以使用.class 选择器选择指定类别的 HTML 元素，方法如下：

```
.类名
{
    属性:值;…属性:值;
}
```

【例 7-5】 演示 CSS 类别选择器的使用。代码如下：

```
<HTML>
<HEAD>
  <STYLE>
    .highlight
      {
      background-color:yellow
      }
  </STYLE>
</HEAD>
<BODY>
  <P>HTML</p>
  <P class="highlight">CSS</P>
  <P>JavaScript</p>
</BODY>
</HTML>
```

网页中定义了 3 个 p 元素,其中一个被指定为 class= "highlight"。在 CSS 样式表中使用类别选择器指定 class="highlight"的 HTML 元素的背景色为黄色。

图 7-2　浏览【例 7-5】的结果

浏览【例 7-5】的结果如图 7-2 所示。

7.2.2 #id 选择器

使用 #id 选择器可以根据 HTML 元素的 id 选取 HTML 元素，例如，将 id="highlight"的元素的背景设置为黄色的代码如下：

```
# highlight
{
background-color:yellow;
}
```

7.2.3 选择所有元素

可以使用*选择器选择所有 HTML 元素。例如，可以使用下面的代码将网页中的所有 HTML 元素的背景设置为黄色：

```
*
{
background-color:yellow;
}
```

7.2.4 选择所有指定类型的元素

可以使用元素类型名来选择所有指定类型的 HTML 元素。例如，可以使用下面的代码将网页中的所有 p 元素的背景设置为黄色：

```
p
{
background-color:yellow;
}
```

7.2.5 element,element 选择器

element,element 选择器用于同时选取多个元素。例如，可以使用下面的代码将网页中的所有 p 元素和 div 元素的背景设置为黄色：

```
p,div
{
background-color:yellow;
}
```

7.2.6 element element 选择器

element element 选择器用于选取元素内部的元素。例如，可以使用下面的代码将网页中的所有 div 元素内部的 p 元素的背景设置为黄色：

```
div p
{
background-color:yellow;
}
```

7.2.7 element>element 选择器

element>element 选择器用于选取带有特定父元素的元素。如果元素不是父元素的直接子元素，则不会被选择。例如，可以使用下面的代码将父元素是 div 元素的每个 p 元素的背景设置为

黄色：

```
div>p
{
background-color:yellow;
}
```

注意，div 元素内部的 p 元素如果不是 div 元素的直接子元素，则不会被选择。

7.2.8　element+element 选择器

element+element 选择器用于选取第一个指定的元素之后（不是内部）紧跟的元素。例如，可以使用下面的代码将 div 元素之后紧跟的 p 元素的背景设置为黄色：

```
div+p
{
background-color:yellow;
}
```

7.2.9　[attribute] 选择器

[attribute] 选择器用于选取带有指定属性的元素。例如，可以使用下面的代码将带有 target 属性的 a 元素的背景设置为黄色：

```
a[target]
{
background-color:yellow;
}
```

7.2.10　[attribute=value] 选择器

[attribute=value] 选择器用于选取带有指定属性和值的元素。例如，可以使用下面的代码将 target="_blank"的 a 元素的背景设置为黄色：

```
a[target=_blank]
{
background-color:yellow;
}
```

7.2.11　[attribute~=value] 选择器

[attribute~=value] 选择器用于选取属性值中包含指定词汇（value）的元素。例如，可以使用下面的代码将 title 属性中包含单词"yellow"的元素的背景设置为黄色：

```
[title~= yellow]
{
background-color:yellow;
}
```

7.2.12　[attribute|=value] 选择器

[attribute|=value] 选择器用于选取属性（attribute）的值以指定值（value）开头的元素。例如，可以使用下面的代码将 lang 属性值以"en"开头的元素的背景设置为黄色：

```
[lang|=en]
{
background-color:yellow;
}
```

7.2.13　其他常用的 CSS 选择器

除了前面介绍的选择器，CSS 还提供了如表 7-2 所示的选择器。

表 7-2　　　　　　　　　　　　其他常用的 CSS 选择器

选　择　器	说　　明	示　　例

:link	选择未被访问的链接	a:link
		{
		background-color:yellow;
		}

:visited	选择已被访问的链接	a:visited
		{
		background-color:yellow;
		}

:active	选择活动链接	a:active
		{
		background-color:yellow;
		}

:hover	选择鼠标指针浮动在其上的元素	a:hover
		{
		background-color:yellow;
		}

:focus	选择获得焦点的元素	input:focus
		{
		background-color:yellow;
		}

:first-letter	选择指定选择器的首字母	p:first-letter
		{
		background-color:yellow;
		}

:first-line	选择指定选择器的首行	p:first-line
		{
		background-color:yellow;
		}

:before	在被选元素的内容前面插入内容	p:before
		{
		content:"【重点】：";
		}

:after	在被选元素的内容后面插入内容	p:after
		{
		content:"【重点】";
		}

:lang	选择带有以指定值开头的 lang 属性的元素	p:lang(en)
		{
		background-color:yellow;
		}

element1~element2	选择 element1 之后出现的所有 element2	P~ul
		{
		background-color:yellow;
		}

续表

选 择 器	说 明	示 例

[attribute^=value]	选择属性值以指定值开头的每个元素	div[class^="test"]
		{
		background-color:yellow;
		}

[attribute$=value]	选择属性值以指定值结尾的每个元素	div[class$="test"]
		{
		background-color:yellow;
		}

[attribute*=value]	选择属性值中包含指定值的每个元素	div[class*="test"]
		{
		background-color:yellow;
		}

:first-of-type	选择属于其父元素的特定类型的首个子元素的每个元素	p:first-of-type
		{
		background-color:yellow;
		}

:last-of-type	选择属于其父元素的特定类型的最后一个子元素的每个元素	p:last-of-type
		{
		background-color:yellow;
		}

:only-of-type	选择属于其父元素的特定类型的唯一子元素的每个元素	p:only-of-type
		{
		background:#ff0000;
		}

:only-child	选择属于其父元素的唯一子元素的每个元素	p:only-child
		{
		background-color:yellow;
		}

:nth-child(n)	选择其父元素的第 n 个子元素（第一个子元素的下标是 1）	p:nth-child(2)
		{
		background-color:yellow;
		}

:nth-last-child(n)	选择其父元素的倒数第 n 个子元素（最后一个子元素的下标是 1）	p:nth-last-child(2)
		{
		background-color:yellow;
		}

:nth-of-type(n)	选择属于父元素的特定类型的第 n 个子元素的每个元素	p:nth-of-type (2)
		{
		background-color:yellow;
		}

:nth-last-of-type(n)	选择属于父元素的特定类型的倒数第 n 个子元素的每个元素	p:nth-last-of-type (2)
		{
		background-color:yellow;
		}

:last-child	选择属于其父元素的最后一个子元素的每个元素	p:last-child
		{
		background-color:yellow;
		}

:root	选择文档根元素	:root
		{
		background:#ff0000;
		}

续表

选 择 器	说 明	示 例

:empty	选择没有子元素（包括文本节点）的每个元素	`p : empty`
		`{`
		`background-color:yellow;`
		`}`

:target	选择当前活动的目标元素	`p:target`
		`{`
		`border: 2px solid #D4D4D4;`
		`background-color: #e5eecc;`
		`}`

:enabled	选择每个已启用的元素	`input[type="text"]:enabled`
		`{`
		`background-color:yellow;`
		`}`

:disabled	选择每个被禁用的元素	`input[type="text"]: disabled`
		`{`
		`background-color:yellow;`
		`}`

:checked	选择每个已被选中的 input 元素（只用于单选按钮和复选框）	`input:checked`
		`{`
		`background-color:yellow;`
		`}`

:not	选择非指定元素/选择器的每个元素	`:not(p)`
		`{`
		`background-color:yellow;`
		`}`

::selection	选择被用户手动选择的内容	`::selection`
		`{`
		`background-color:yellow;`
		`}`

7.3　定义网页和元素的样式

7.3.1　颜色与背景

在 CSS 中可以使用一些属性来定义 HTML 文档的颜色和背景。常用的设置颜色和背景的 CSS 属性如表 7-3 所示。

表 7-3　　　　　　　　　常用的设置颜色和背景的 CSS 属性

属　　性	说　　明
color	设置前景颜色。【例 7-1】中已经演示了 color 属性的使用，例如： 　　`A {color: red}`
background-color	用来改变元素的背景颜色。【例 7-1】中已经演示了 background-color 属性的使用，例如： 　　`P {background-color:yellow; color:blue}`
background-image	设置背景图像的 URL 地址
background-attachment	指定背景图像是否随着用户滚动窗口而滚动。该属性有两个属性值，fixed 表示图像固定，acroll 表示图像滚动

续表

属　　性	说　　明
background-position	用于改变背景图像的位置。此位置是相对于网页左上角的相对位置
background-repeat	指定平铺背景图像。可以是下面的值。 • repeat-x：指定图像横向平铺； • repeat-y：指定图像纵向平铺； • repeat：指定图像横向和纵向都平铺； • norepeat：指定图像不平铺

【例 7-6】　演示设置网页背景图像的例子。

```
<!DOCTYPE HTML>
<html>
<head>
<title>设置网页背景图像的例子</title>
</head>
<body style="background-image: url(1.jpg'); background-repeat: repeat;">
</body>
</html>
```

网页中使用图片 1.jpg 作为背景，使用 background-repeat 属性设置图像横向和纵向都平铺，运行结果如图 7-3 所示。

图 7-3　浏览【例 7-6】的结果

7.3.2　设置字体

在 CSS 中可以使用一些属性来定义 HTML 文档中的字体。常用的设置字体的 CSS 属性如表 7-4 所示。

表 7-4　　　　　　　　　　　常用的设置字体的 CSS 属性

属　　性	说　　明
font-family	设置文本的字体。有些字体不一定被浏览器支持，在定义时可以多给出几种字体。例如： 　　P {font-family: Verdana, Forte, "Times New Roman"} 浏览器在处理上面这个定义时，首先使用 Verdana 字体，如果 Verdana 字体不存在，则使用 Forte 字体，如果还不存在，最后使用 Times New Roman 字体

属　　性	说　　明
font-size	设置字体的尺寸
font-style	设置字体的样式，normal 表示普通，bold 表示粗体，italic 表示斜体
font-variant	设置小型人写字母的字体显示文本，也就是说，所有的小写字母均会被转换为大写，但是所有使用小型大写字体的字母与其余文本相比，其字体尺寸更小。可以是下面的值： normal，默认值，指定显示一个标准的字体； small-caps，指定显示小型大写字母的字体； inherit，指定应该从父元素继承 font-variant 属性的值
font-weight	设置字体重量，normal 表示普通，bold 表示粗体，bolder 表示更粗的字体，lighter 表示较细

【例 7-7】　在 CSS 中设置字体的例子。

```
<!DOCTYPE HTML>
<HTML>
<HEAD>
<title>设置字体的例子</title>
  <STYLE type = "text/css">
    H1 {font-family: arial, verdana, sans-serif; font-weight: bold; font-size: 30px;}
    P { font-family: verdana; font-weight: normal; font-size: 12px;}
  </STYLE>
</HEAD>
<BODY>
  <H1> jQuery</H>
  <P>Query is a fast, small, and feature-rich JavaScript library. It makes things like
HTML document traversal and manipulation, event handling, animation, and Ajax much simpler
with an easy-to-use API that works across a multitude of browsers. With a combination of
versatility and extensibility, jQuery has changed the way that millions of people write
JavaScript.
  </P>
</BODY>
</HTML>
```

网页中使用 arial（verdana 和 sans-serif 为备用字体）、加粗、30px 大小的字体作为标题字体，使用 verdana、12px 大小的字体作为正文字体，浏览结果如图 7-4 所示。

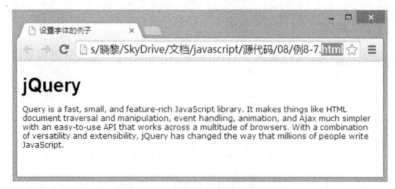

图 7-4　浏览【例 7-7】的结果

7.3.3　设置文本对齐

使用 text-align 属性可以设置元素中文本的水平对齐方式。text-align 属性可以是下面的值。

- left：默认值，左侧对齐。
- right：右侧对齐。
- center：居中对齐。
- inherit：指定应该从父元素继承 text-align 属性的值。

【例 7-8】　演示设置文本对齐的例子。

```
<!DOCTYPE HTML>
<HTML>
<HEAD>
<title>设置文本对齐体的例子</title>
  <STYLE type = "text/css">
    h1 {text-align:center}
    h2 {text-align:left}
    h3 {text-align:right}
  </STYLE>
</HEAD>
<BODY>
  <H1> 标题 1</H1>
  <H2>标题 2</H2>
  <H3>标题 3</H3>
</BODY>
</HTML>
```

浏览【例 7-8】的结果如图 7-5 所示。

图 7-5　浏览【例 7-8】的结果

7.3.4　超链接

超链接是网页中很常用的元素，因此设置超链接的样式关系到网页的整体外观和布局。

可以通过选择器 a 设置超链接的样式，通常是设置超链接的颜色和字体，具体方法前面已经介绍过了。

【例 7-9】　通过选择器 a 设置超链接样式的例子。

```
<!DOCTYPE HTML>
<html>
<head>
<title>设置超链接样式</title>
</head>
<style type="text/css">
a {color: red; font-family: 宋体; font-weight: normal; font-size: 9px;}
</style>
<body>
  <a href="http://www.yourdomain.com">CSS 示例</A>
</body>
</html>
```

网页中定义的超链接的颜色是蓝色，字体是宋体，大小为 9，如图 7-6 所示。

【例 7-10】　通过选择器 a 设置超链接样式，不显示超链接下面的下划线。

```
<!DOCTYPE HTML>
<html>
```

125

```
<head>
<title>【例 7-10】</title>
</head>
<style type="text/css">
a {text-declloration:none;}
</style>
<body>
  <a href="http://www.yourdomain.com">CS110S 示例</A>
</body>
</html>
```

浏览【例 7-10】的结果如图 7-7 所示。

图 7-6 浏览【例 7-9】的结果   图 7-7 浏览【例 7-10】的结果

CSS 还可以在超链接选择器 a 后面使用下面的过滤器，以选择特定的超链接。

（1）a:link：未访问过的超链接。

（2）a:hover：把鼠标放上去、悬停状态时的超链接。

（3）a:active：鼠标单击时的超链接。

（4）a:visited：访问过的超链接。

【例 7-11】 设置各种状态的超链接样式。

```
<!DOCTYPE HTML>
<html>
<head>
<title>【例 7-11】</title>
</head>
<style type="text/css">
a:link {color: red; font-family: 宋体; font-weight: normal; font-size: 9px;}
a:hover {color: orange;
font-style: italic; font-family: 宋体; font-weight: normal; font-size: 9px;}
a:active { background-color: #FFFF00; font-family: 宋体; font-weight: normal; font-size:
9px;}
a: visited{ color: #660099; #FFFF00; font-family: 宋体; font-weight: normal; font-size:
9px;}
</style>
<body>
  <a href="http://www.yourdomain.com">CSS 示例</A>
</body>
</html>
```

7.3.5　列表

在 HTML 中可以使用下面的标签来定义列表。

（1）ul：定义无序列表。

（2）ol：定义有序列表。

（3）li：定义列表项。

在 CSS 中，可以设置列表的样式。

1. 设置列表项标记的类型

可以使用 list-style-type 属性设置列表项标记的类型，其取值如表 7-5 所示。

表 7-5　　　　　　　　　　　　　　　list-style-type 属性的取值

取　　值	说　　明
none	没有标记
disc	默认值，标记是实心圆
circle	标记是空心圆
square	标记是实心方块
decimal	标记是数字
decimal-leading-zero	0 开头的数字标记（01、02、03 等）
lower-roman	小写罗马数字（i、ii、iii、iv、v 等）
upper-roman	大写罗马数字（I、II、III、IV、V 等）
lower-alpha	小写英文字母（a、b、c、d、e 等）
upper-alpha	大写英文字母（A、B、C、D、E 等）
lower-greek	小写希腊字母（α、β、γ 等）
lower-latin	小写拉丁字母（a、b、c、d、e 等）
upper-latin	大写拉丁字母（A、B、C、D、E 等）
hebrew	传统的希伯来编号方式
armenian	传统的亚美尼亚编号方式
georgian	传统的乔治亚编号方式（an、ban、gan 等）
cjk-ideographic	简单的表意数字
hiragana	标记是 a、i、u、e、o、ka、ki 等日文片假名
katakana	标记是 A、I、U、E、O、KA、KI 等日文片假名
hiragana-iroha	标记是 i、ro、ha、ni、ho、he、to 等日文片假名
katakana-iroha	标记是 I、RO、HA、NI、HO、HE、TO 等日文片假名

【例 7-12】　设置无序列表和有序列表样式。

```
<!DOCTYPE HTML>
<html>
<head>
<title>【例 7-12】</title>
</head>
<style type="text/css">
ul {list-style-type: circle}
ol {list-style-type: lower-roman}
</style>
<body>
<ol>
    <li>北京</li>
```

```
    <li>上海</li>
    <li>天津</li>
</ol>

<ul>
    <li>北京</li>
    <li>上海</li>
    <li>天津</li>
</ul>
</body>
</html>
```

图 7-8　浏览【例 7-12】的结果

浏览【例 7-12】的结果如图 7-8 所示。

2. 设置列表项图像

列表项前面除了可以使用标记标明外，还可以使用 list-style-image 属性设置列表项前面的图像。

【例 7-13】　设置无序列表项前面的图像。

```
<DOCTYPE HTML>
<html>
<head>
<title>【例7-13】</title>
</head>
<style type="text/css">
ul {list-style-image: url('01.png')}
</style>
<body>
<ul>
    <li>张三</li>
    <li>李四</li>
    <li>王五</li>
</ul>
</body>
</html>
```

图 7-9　浏览【例 7-13】的结果

浏览【例 7-13】的结果如图 7-9 所示。

7.4　CSS 布局

7.3 节中介绍了使用 CSS 定义网页元素样式的方法，这是细节方面。使用 CSS 还可以设计网页的整体布局。

7.4.1　CSS 布局设计概述

CSS 布局是指利用 div 元素和 CSS 样式表设计网页的框架。常见的网页布局如图 7-10 所示。

页面中的每个部分都可以使用一个 div 元素来定义。

【例 7-14】　图 7-10 所示的网页布局对应的 HTML 代码如下：

```
<!DOCTYPE html>
<html>
<head>
<meta http-equiv="Content-Type" content="text/html; charset=gb2312" />
<title>常见的网页布局</title>
<link href="index.css" rel="stylesheet" type="text/css" />
</head>
<body>
<div id="header">页面头部</div>
<div id="centers">
<div class="c_left">测边条</div>
<div class="c_right">主体内容</div>
</div>
<div id="footer">页面底部</div>
</body>
</html>
```

浏览【例 7-14】的结果如图 7-11 所示。

图 7-10   常见的网页布局

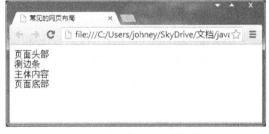

图 7-11   浏览【例 7-14】的结果

这显然不是我们预期的结果，接下来的工作就是使用 CSS 样式定义页面的布局了。本节后面将介绍具体实现方法。

7.4.2   CSS 框模型

每个 HTML 元素都可以定义一个边框，CSS 框模型指定了边框样式、边框大小和内外边距。包含的 CSS 属性如下。

（1）width：指定元素的宽度。

（2）height：指定元素的高度。

（3）margin：指定元素的外边距。

（4）padding：指定元素的内边距。

（5）border：指定元素的边框的样式。

CSS 框模型中各属性的作用如图 7-12 所示。

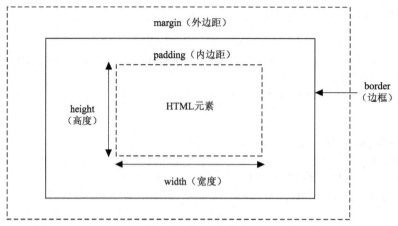

图 7-12　CSS 框模型

1. padding 属性

padding 属性定义元素的内边距，它可以是长度值或百分比值。例如，通过下面的代码可以设置 p 元素的内边距为 10 个像素：

```
p {padding: 10px;}
```

如果使用百分比值，则表示内边距相对于其父元素的 width 的百分比。如果父元素的 width 改变，内边距也会改变。例如，通过下面的代码可以设置 p 元素的内边距为父元素 width 的 10%：

```
p {padding: 10%;}
```

padding 属性对元素的 4 个内边距都有效。也可以使用下面的属性分别设置元素的单个内边距。

- padding-bottom：设置元素的下内边距。
- padding-left：设置元素的左内边距。
- padding-right：设置元素的右内边距。
- padding-top：设置元素的上内边距。

2. margin 属性

使用 margin 属性可以在一个声明中设置所有外边距属性。该属性可以有 1~4 个值。

如果在 margin 属性中使用一个值，则同时指定所有的 4 个外边距。例如，下面的语句可以指定所有的 4 个外边距都是 10 个像素。

```
margin:10px;
```

如果在 margin 属性中使用 2 个值，则第 1 个值指定上外边距和下外边距；第 2 个值指定右外边距和左外边距。例如：

```
margin:10px 5px;
```

如果在 margin 属性中使用 3 个值，则第 1 个值指定上外边距；第 2 个值指定右外边距和左外边距；第 3 个值指定下外边距。

如果在 margin 属性中使用 4 个值，则第 1 个值指定上外边距；第 2 个值指定右外边距；第 3 个值指定下外边距；第 4 个值指定左外边距。

3. border 属性

在 CSS 中可以使用 border 属性为 HTML 元素设置边框。可以按照宽度（border-width）、样式（border-style）和颜色（border-color）的顺序设置 border 属性。例如：

```
p{border:5px solid red; }
```

也可以显式地定义 border 属性，例如：

```
p {border-style: solid; border-width: 5px; border-color: red }
```

（1）边框的宽度

可以直接使用数值来设置边框的宽度，例如 2px（px=像素）和 0.1em（一个 em 表示一种特殊字体的大写字母 M 的高度。在网页中，1em 是网页浏览器的基础文本尺寸的高度，一般情况下等于 16px）。

也可以使用下面的关键字来定义边框宽度。

① thin：定义细边框。

② medium：定义中等边框。

③ thick：定义粗边框。

如果不特殊指定，则定义的是 HTML 元素的 4 个边框的宽度。也可以按下面的顺序分别设置 4 个边框宽度：

```
border-width: 上边框的宽度 右边框的宽度 下边框的宽度 左边框的宽度；
```

例如，下面的代码设置上边框是细边框、右边框是中等边框、下边框是粗边框、左边框是 10px 宽的边框。

```
border-width:thin medium thick 10px;
```

也可以不使用 border-width 属性，而直接使用 border-top-width、border-right-width、border-bottom-width 和 border-left-width 属性设置上边框、右边框、下边框和左边框的宽度。例如：

```
p
  {
  border-style:solid;
  border-top-width: thin;
  border-right-width: medium;
  border-bottom-width: thick;
  border-left-width:15px;
  }
```

（2）边框的样式

border-style 属性的取值如表 7-6 所示。

表 7-6　　　　　　　　　　　　　border-style 属性的取值

取　　值	说　　明
none	定义无边框
hidden	与 "none" 相同
dotted	定义点状边框
dashed	定义虚线边框
solid	定义实线边框
double	定义双线边框
groove	定义 3D 凹槽边框
ridge	定义 3D 垄状边框
inset	定义 3D inset 边框
Outset	定义 3D outset 边框
inherit	规定应该从父元素继承边框样式

【例 7-15】 使用 border 属性设置表格边框的例子。

```
<!DOCTYPE HTML>
<html>
<head>
<title>【例 7-15】</title>
</head>
<style type="text/css">
table,th,td
{
border:4px dotted blue;
}
</style>
<body>
<table>
<tr>
<th width =200>姓名</th>
<th width =200>性别</th>
</tr>
<tr>
<td>张三</td>
<td>男</td>
</tr>
<tr>
<td>李四</td>
<td>女</td>
</tr>
</table>
</body>
</html>
```

图 7-13 浏览【例 7-15】的结果

浏览【例 7-15】的结果如图 7-13 所示。注意，默认情况下，表格采用双线条边框。

4. 定义框的类型

使用 display 属性可以指定元素应该生成的框的类型。display 属性的常用取值如表 7-7 所示。

表 7-7　　　　　　　　　　　　　display 属性的常用取值

取　　值	说　　明
none	此元素不会被显示
block	此元素将显示为块级元素，此元素前后会带有换行符
inline	默认值。此元素会被显示为内联元素，元素前后没有换行符
inline-block	行内块元素，即元素本身呈现为内联元素，元素的内容呈现为块级元素
list-item	此元素会作为列表显示
table	此元素会作为块级表格来显示（类似 <table>），表格前后带有换行符
table-row	此元素会作为一个表格行显示（类似 <tr>）
table-cell	此元素会作为一个表格单元格显示（类似 <td> 和 <th>）

【例 7-16】 使用 display 属性的例子。

```
<html>
<head>
```

```
<style type="text/css">
p
{
display: none
}
span
{
display: block
}
</style>
</head>
<body>

<p>p1</p>
<p>p2</p>
<span>span1</span>
<span>span2</span>

</body>
</html>
```

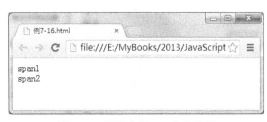

浏览【例 7-16】的结果如图 7-14 所示。

图 7-14 浏览【例 7-16】的结果

因为 p 元素的 display 属性被设置为 none，所以 p 元素被隐藏。因为 span 元素的 display 属性被设置为 block，所以 span 元素前后有换行。

7.4.3 CSS 轮廓

轮廓（outline）是绘制于元素周围的一条线，位于边框边缘的外围，可以起到突出元素的作用。在 CSS 中，可以通过如表 7-8 所示的轮廓属性来设置轮廓的样式、颜色和宽度。

表 7-8   CSS 的轮廓属性

属 性	说 明

outline	在一个声明中设置所有的轮廓属性，轮廓属性的顺序为颜色、样式和宽度。例如，下面代码定义 p 元素的轮廓为红色、点线和粗线
	`p`
	`{`
	`outline:red dotted thick;`
	`}`

outline-color	设置轮廓的颜色。例如，下面代码定义 p 元素的轮廓为红色
	`p`
	`{`
	`outline-color:red;`
	`}`

outline-style	设置轮廓的样式。轮廓样式的可选值与表 7-6 所示的边框样式相同
outline-width	设置轮廓的宽度。轮廓宽度的可选值如表 7-9 所示

表 7-9   轮廓宽度的可选值

可 选 值	说 明
thin	细轮廓
medium	默认值，中等轮廓

可 选 值	说 明
thick	粗轮廓
length	规定轮廓粗细的数值
inherit	规定从父元素继承轮廓宽度

【例 7-17】 设置元素轮廓的例子，代码如下：

```
<!DOCTYPE html>
<html>
<head>
<style type="text/css">
p.one
{
outline-color:red;
outline-style:groove;
outline-width:thick;
}
p.two
{
outline-color:green;
outline-style:outset;
outline-width:5px;
}
</style>
</head>
<body>
<p class="one">3D 凹槽轮廓的效果</p>
<p class="two">3D 凸边轮廓的效果</p>
</body>
</html>
```

【例 7-17】中演示了 3D 凹槽轮廓和 3D 凸边轮廓的效果。浏览结果如图 7-15 所示。

图 7-15　浏览【例 7-17】的结果

7.4.4　浮动元素

浮动是一种网页布局效果，浮动元素可以独立于其他因素，例如，可以实现图片周围包围着文字的效果。在 CSS 中，可以通过 float 属性实现元素的浮动。float 属性的可选值如表 7-10 所示。

表 7-10　　　　　　　　　　　　　　　float 属性的可选值

可 选 值	说 明
left	元素向左浮动
right	元素向右浮动
none	默认值。元素不浮动，并会显示在其在文本中出现的位置
inherit	规定应该从父元素继承 float 属性的值

【例 7-18】 演示浮动图片的效果。

```
<html>
<head>
<style type="text/css">
```

```
img
{
float:left
}
</style>
</head>

<body>
<p>
<img src="mouse.jpg" />
<h1>鼠标</h1>
```

是计算机输入设备的简称，分有线和无线两种，也是计算机显示系统定位纵横坐标的指示器，因形似老鼠而得名"鼠标"。"鼠标"的标准称呼应该是"鼠标器"，英文名"Mouse"。鼠标的使用是为了使计算机的操作更加简便，来代替键盘那繁琐的指令。

滚球鼠标：橡胶球传动之光栅轮带发光二极管及光敏三极管之晶元脉冲信号传感器。

光电鼠标：红外线散射的光斑照射粒子带发光半导体及光电感应器的光源脉冲信号传感器。

无线鼠标：利用 DRF 技术把鼠标在 X 或 Y 轴上的移动、按键按下或抬起的信息转换成无线信号并发送给主机。

鼠标是一种很常用的电脑输入设备，它可以对当前屏幕上的游标进行定位，并通过按键和滚轮装置对游标所经过位置的屏幕元素进行操作。鼠标的"鼻祖"于 1968 年出现，美国科学家道格拉斯·恩格尔巴特（Douglas Englebart）在加利福尼亚制作了第一只鼠标。

```
</body>
</html>
```

代码中使用"float:left"定义图片元素左侧浮动。浏览【例 7-18】的结果如图 7-16 所示。

图 7-16　浏览【例 7-18】的结果

7.4.5　Div+CSS 网页布局实例

本小节介绍通过 CSS 样式设计【例 7-14】网页布局的方法。

【例 7-19】　设计"例 7-19.css"，定义网页布局，代码如下：

```
#header ,#centers ,#footer{ width:100%; margin:0 auto; clear:both;font-size:18px;
line-height:68px; font-weight:bold;}
#header{ height:68px; border:1px solid #CCCCCC; }
#centers{ padding:8px 0;}
#footer{ border-top:1px solid #CCCCCC; background:#F2F2F2;}
```

```
#centers .c_left{ float:left; width:230px;height:600px; border:1px solid #00CC66;
background:#F7F7F7; margin-right:5px; }
      #centers .c_right{ float:left; width:1000px;height:600px;border:1px solid #00CC66;
background:#F7F7F7}
```

代码定义了各 div 元素的框属性，包括宽度、高度、浮动属性、边框类型、边框宽度、边框颜色等。在【例 7-14】网页的基础上增加如下代码，引用"例 7-19.css"，设计"例 7-19.html"。

```
<link href="例 7-19.css" rel="stylesheet" type="text/css" />
```

浏览【例 7-19】得到的结果如图 7-17 所示。可以看到，网页布局已经形成。

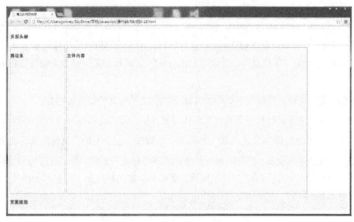

图 7-17　浏览【例 7-19】的结果

接下来只需要在 div 元素中放置相关内容就可以完成网页设计了，也可以使用 Div+CSS 设计子模块的布局。

7.5　CSS3 的新技术

CSS3 是 CSS 的最新升级版本。为了使读者了解最新的 Web 前端开发技术，本节介绍一些 CSS3 的新技术。

7.5.1　实现圆角效果

所有的 HTML 元素边框都是直角的，这虽然整洁、严谨，但用多了，难免显得死板。在 CSS3 中，可以使用 border-radius 属性实现圆角效果，基本语法如下：

```
border-radius: 圆角半径
```

【例 7-20】　使用 border-radius 属性实现圆角效果的例子，代码如下：

```
<html>
<head>
<style type="text/css">
section{
    padding:20px;
    border:3px solid #000;
}
#border-radius{
    border-radius:10px;
```

```
}
</style>
</head>
<body>
<h1>全圆角：</h1>
    <section id="border-radius">
    <pre><code>#border-radius{
    border-radius:10px;
}</code></pre>
    </section>
</body>
</html>
```

在 CSS 样式中定义了 section 元素拥有实线边框，border-radius 类的元素采用圆角边框。在文档中定义了一个 border-radius 类的 section 元素，用于显示使用 border-radius 属性实现的圆角效果。浏览【例 7-20】的结果如图 7-18 所示。

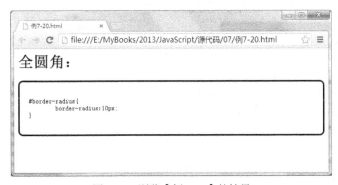

图 7-18　浏览【例 7-20】的结果

可以看到，border-radius 属性实现矩形的全圆角（即 4 个圆角），还可以使用下面的属性定义指定的圆角。

（1）border-top-right-radius：定义右上角的圆角半径。

（2）border-bottom-right-radius：定义右下角的圆角半径。

（3）border-bottom-left-radius：定义坐下角的圆角半径。

（4）border-top-left-radius：定义左上角的圆角半径。

【例 7-21】　实现单个圆角效果的例子，代码如下：

```
<html>
<head>
<style type="text/css">
section{
    padding:20px;
    border:3px solid #000;
}
#border-top-left-radius{
    border-top-left-radius:10px;
}
#border-top-right-radius{
    border-top-right-radius:10px;
}
#border-bottom-right-radius{
    border-bottom-right-radius:10px;
}
```

```
#border-bottom-left-radius{
    border-bottom-left-radius:10px;
}
#border-irregular-radius{
    border-top-left-radius:20px 50px;
}
</style>
</head>
<body>
<h1>左上圆角：</h1>
    <section id="border-top-left-radius">
    <pre><code>#border-top-left-radius{
    border-top-left-radius:10px;
}</code></pre>
    </section>
    <h1>右上圆角：</h1>
    <section id="border-top-right-radius">
    <pre><code>#border-top-right-radius{
    border-top-right-radius:10px;
}</code></pre>
    </section>
    <h1>右下圆角：</h1>
    <section id="border-bottom-right-radius">
    <pre><code>#border-bottom-right-radius{
    border-bottom-right-radius:10px;
}</code></pre>
    </section>
    <h1>左下圆角：</h1>
    <section id="border-bottom-left-radius">
    <pre><code>#border-bottom-left-radius{
    border-bottom-left-radius:10px;
}</code></pre>
    </section>
</body>
</html>
```

浏览【例 7-21】的结果如图 7-19 所示。

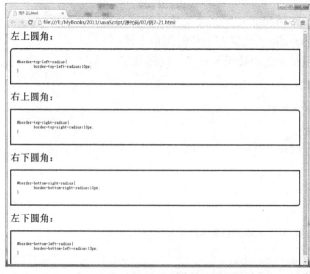

图 7-19　浏览【例 7-21】的结果

7.5.2　多彩的边框

在传统 CSS 中，只能设置简单的边框颜色。而 CSS3 中可以使用多个颜色值设置边框颜色，从而实现过渡颜色的效果。在 CSS3 中，设置边框颜色的属性如下。

（1）border-bottom-colors：定义底边框的颜色。

（2）border-top-colors：定义顶边框的颜色。

（3）border-left-colors：定义左边框的颜色。

（4）border-right-colors:：定义右边框的颜色。

使用这些属性的语法如下：

```
border-bottom-colors: 颜色值 1 颜色值 2 … 颜色值 n
border-top-colors: 颜色值 1 颜色值 2 … 颜色值 n
border-left-colors: 颜色值 1 颜色值 2 … 颜色值 n
border-right-colors: 颜色值 1 颜色值 2 … 颜色值 n
```

每个颜色值代表边框中的一行（列）像素的颜色。例如，如果边框的宽度为 10px，则颜色值 1 指定第 1 行（列）像素的颜色；颜色值 2 指定第 2 行（列）像素的颜色；以此类推。如果指定的颜色值数量小于 10，则其余边框行（列）像素的颜色使用颜色值 n。

在笔者编写此书时，主流浏览器中只有 FireFox 支持设置多彩边框颜色的 CSS3 属性，但是在这些属性的前面增加了一个前缀-moz，具体如下。

（1）-moz-border-bottom-colors：定义底边框的颜色。

（2）-moz-border-top-colors：定义顶边框的颜色。

（3）-moz-border-left-colors：定义左边框的颜色。

（4）-moz-border-right-colors：定义右边框的颜色。

【例 7-22】　使用 CSS3 实现过渡颜色边框的例子，代码如下：

```
<html>
<head>
<style type="text/css">
section{
    padding:20px;
}
#colorful-border{
    border: 10px solid transparent;
    -moz-border-bottom-colors: #303 #404 #606 #808 #909 #A0A;
    -moz-border-top-colors: #303 #404 #606 #808 #909 #A0A;
    -moz-border-left-colors: #303 #404 #606 #808 #909 #A0A;
    -moz-border-right-colors: #303 #404 #606 #808 #909 #A0A;
}
</style>
</head>
<body>
<h1>过渡颜色边框</h1>
    <section id="colorful-border">
    <pre><code>#colorful-border{
    border: 10px solid transparent;
    -moz-border-bottom-colors: #303 #404 #606 #808 #909 #A0A;
    -moz-border-top-colors: #303 #404 #606 #808 #909 #A0A;
```

```
        -moz-border-left-colors: #303 #404 #606 #808 #909 #A0A;
        -moz-border-right-colors: #303 #404 #606 #808 #909 #A0A;
}</code></pre>
    </section>
</body>
</html>
```

在 FireFox 中浏览【例 7-22】的结果如图 7-20 所示。

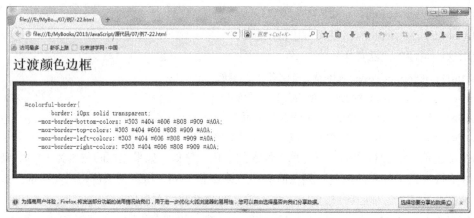

图 7-20　浏览【例 7-22】的结果

7.5.3　阴影

为图像和文字设置阴影可以增加画面的立体感。以前只能使用 Photoshop 来处理阴影，在 CSS3 中，可以使用 box-shadow 属性来设置阴影，语法如下：

`box-shadow: 阴影水平偏移值　阴影垂直偏移值　阴影模糊值　阴影颜色`

在不同的浏览器引擎中，实现 box-shadow 属性的方法略有不同。在 webkit 引擎的浏览器中为-webkit-box-shadow，在 Gecko 引擎的浏览器中为-moz-box-shadow。出于兼容性考虑，建议同时使用 box-shadow、-webkit-box-shadow 和-moz-box-shadow 属性来设置阴影。

【例 7-23】　使用 CSS3 实现阴影的例子，代码如下：

```
<!DOCTYPE html>
<html>
<head>
<title>盒使用 CSS3 实现阴影的例子</title>
<meta charset="gb2312" />
<style>
.box {
    width:300px;
    height:300px;
    background-color:#fff;

    /* 设置阴影 */
    -webkit-box-shadow:1px 1px 3px #292929;
    -moz-box-shadow:1px 1px 3px #292929;
    box-shadow:1px 1px 3px #292929;
}
</style>
```

```
</head>
<body>
<div class="box">
<br /><br /><br /><br />
使用 CSS3 实现阴影的例子。
</div>
</body>
</html>
```

浏览【例 7-23】的结果如图 7-21 所示。可以看到，虽然
没有设置 div 元素的边框，但是因为设置了阴影效果，右侧
和下方看起来也有一个边框。

图 7-21　浏览【例 7-23】的结果

提　示　　如果需要实现左侧和顶部的阴影，可以将阴影水平偏移值和阴影垂直偏移值设置为负值。

7.5.4　透明度

在 CSS3 中，可以使用 opacity 属性定义 HTML 元素的透明度。其取值范围为 0~1，0 表示完
全透明（即不可见），1 表示完全不透明。

【例 7-24】　使用 CSS3 实现不同透明度的图像，代码如下：

```
<!DOCTYPE html>
<html>
<head>
<title>不同透明度的图像</title>
<style>
img.opacity1 { opacity:0.25; width:150px; height:100px; }
img.opacity2 { opacity:0.50; width:150px; height:100px; }
img.opacity3 { opacity:0.75; width:150px; height:100px; }
</style>
</head>
<body>
  <img class='opacity1' src="1.jpg" />
  <img class='opacity2' src="1.jpg" />
  <img class='opacity3' src="1.jpg" />
</body>
</html>
```

浏览【例 7-24】的结果如图 7-22 所示。

图 7-22　浏览【例 7-24】的结果

也可以使用 RGBA 声明定义颜色的透明度。RGBA 声明在 RGB 颜色的基础上增加了一个 A 参数，用于设置该颜色的透明度。与 opacity 一样，A 参数的取值范围也为 0~1，0 表示完全透明（即不可见），1 表示完全不透明。

【例 7–25】 使用 RGBA 声明实现不同透明度的图像，代码如下：

```
<!DOCTYPE html>
<html>
<head>
<title>不同透明度的图像</title>
<style>
div.rgbaL1 { background:rgba(255, 0, 0, 0.2); height:20px; }
div.rgbaL2 { background:rgba(255, 0, 0, 0.4); height:20px; }
div.rgbaL3 { background:rgba(255, 0, 0, 0.6); height:20px; }
div.rgbaL4 { background:rgba(255, 0, 0, 0.8); height:20px; }
div.rgbaL5 { background:rgba(255, 0, 0, 1.0); height:20px; }
</style>
</head>
<body>
  <div class='rgbaL1'></div>
  <div class='rgbaL2'></div>
  <div class='rgbaL3'></div>
  <div class='rgbaL4'></div>
  <div class='rgbaL5'></div>
</body>
</html>
```

浏览【例 7-25】的结果如图 7-23 所示。

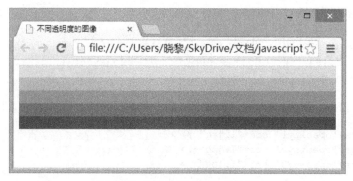

图 7-23　浏览【例 7-25】的结果

7.5.5　旋转

在 CSS3 中，可以使用 transform:rotate()方法将 HTML 元素旋转指定的角度，语法如下：

```
transform:rotate(角度);
```

角度可以是角度值（单位为 deg）、弧度值（单位为 rad）和梯度（单位为 gard）。

在不同的浏览器引擎中，实现 transform:rotate()方法的方式略有不同。在 webkit 引擎的浏览器中为-webkit-transform:rotate()，在 Gecko 引擎的浏览器中为-moz-transform:rotate()。出于兼容性考虑，建议同时使用-webkit-transform:rotate()和-moz-transform:rotate()来设置旋转效果。

【例 7–26】 使用 CSS3 实现旋转 HTML 元素，代码如下：

```
<!DOCTYPE html>
```

```
<html>
<head>
<title>旋转 HTML 元素</title>
<style>
.rotate_clockwise{
    -webkit-transform:rotate(45deg);
    -moz-transform:rotate(45deg);
    position:absolute;
    left:10px;
    top:80px;
}
.rotate_anticlockwise{
    -webkit-transform:rotate(-45deg);
    -moz-transform:rotate(-45deg);
    position:absolute;
    left:200px;
    top:80px;
}
</style>
</head>
<body>
  <div class="demo_box rotate_clockwise">顺时针旋转 45 度</div>
<div class="demo_box rotate_anticlockwise">逆时针旋转 45 度</div>
</body>
</html>
```

浏览【例 7-26】的结果如图 7-24 所示。

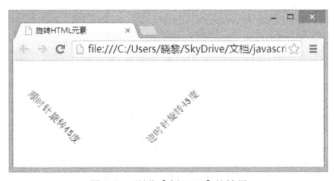

图 7-24　浏览【例 7-26】的结果

7.6　JavaScript CSS 编程

前面介绍了使用 CSS 定义网页样式的方法。本节介绍使用 JavaScript 程序动态改变 CSS 样式的方法，从而动态改变网页的显示模式。

7.6.1　使用 JavaScript 修改 CSS 样式表的属性

在 CSS 样式表中可以定义一系列样式规则，这些规则定义了一些 CSS 属性的值。在 JavaScript 程序中可以对这些 CSS 属性的值进行设置。

document.styleSheets 数组中包含页面中的所有 CSS 样式表，document.styleSheets 数组的元素是 CSSStyleSheet 对象，可以通过 document.styleSheets[n] 获取网页中第 n+1 个 CSS 样式表。

不同的浏览器对 CSSStyleSheet 对象的实现也不同。对于 IE 等浏览器，CSSStyleSheet 对象的 rules 数组中包含样式表中的样式规则；而 FireFox 等浏览器使用 cssRules 数组包含样式表中的样式规则。可以通过下面的代码获取各种浏览器的第 n+1 个 CSS 样式表的样式规则数组：

```
var rules;
if (document.styleSheets[i].cssRules) {
rules = document.styleSheets[i].cssRules;
} else {
rules = document.styleSheets[i].rules;
}
```

规则数组的元素是规则对象，可以通过下面的方法访问规则中的属性。

规则对象. Style.属性名

例如，有下面的样式表：

```
<style type="text/css">
#div1{width:100%;height:400px; background:red;}
</style>
```

假定规则数组是 rules，可以使用下面的语句将背景色设置为黄色（yellow）。

```
rules[0].style.background="yellow";
```

【例 7-27】 使用 JavaScript 修改 CSS 样式表属性的例子，代码如下：

```
<!DOCTYPE html PUBLIC "-//W3C//DTD XHTML 1.0 Transitional//EN" "http://www.
w3.org/TR/xhtml1/DTD/xhtml1-transitional.dtd">
<html xmlns="http://www.w3.org/1999/xhtml">
<head>
<meta http-equiv="Content-Type" content="text/html; charset=gb2312" />
<title>css rules</title>
<style type="text/css">
#div1{width:100%;height:400px; background:red;}
</style>
<script>
    function setcss(){
        var ocssRules=document.styleSheets[0].cssRules || document.styleSheets[0].
rules || window.CSSRule.STYLE_RULE;
        var theEl=document.getElementById("div1");
        ocssRules[0].style.background="yellow";
//      alert(ocssRules[0].style.background);
    }


</script>
</head>

<body>
<div id="div1"></div>
<button onclick='setcss()'>黄色背景</button>
</body>
</html>
```

网页中定义了一个 div 元素和一个按钮。使用 CSS 样式表将 div 元素的背景色设置为红色。单击按钮会调用 setcss()函数，将样式表中第一个规则的 background 属性值设置为"yellow"。

7.6.2　使用 JavaScript 修改 HTML 元素的样式属性

使用 JavaScript 也可以直接修改 HTML 元素的样式属性，方法如下：

```
DOM 对象.style.属性名 = 值;
```

这种方法可以修改单个 HTML 元素的 CSS 属性，而不会影响其他元素的 CSS 属性值，也不会影响该元素上的其他 CSS 属性值。

【例 7-28 】　使用 JavaScript 修改 HTML 元素样式属性的例子，代码如下：

```
<div id="t2">JavaScript+CSS</div>
<p><button onclick="setSize()">大小</button>
<button onclick="setColor()">颜色</button>
<button onclick="setbgColor()">背景</button>
<button onclick="setBorder()">边框</button>
</p>
<script type="text/javascript">
function setSize()
{
document.getElementById( "t2" ).style.fontSize = "30px";
}
function setColor()
{
document.getElementById( "t2" ).style.color = "red";
}
function setbgColor()
{
document.getElementById( "t2" ).style.backgroundColor = "blue";
}
function setBorder ()
{
document.getElementById( "t2" ).style.border = "3px solid #FA8072";
}
</script>
```

网页中定义了一个 div 元素和"大小"、"颜色"、"背景"、"边框"4 个按钮，单击按钮会修改 div 元素的对应 CSS 属性值。

浏览【例 7-28 】的结果如图 7-25 所示。

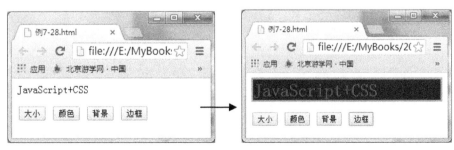

图 7-25　浏览【例 7-28 】的结果

练 习 题

一、单项选择题

1. 设置所有链接的字体都显示为红色的 CSS 代码为（   ）。

    A. p {color: red}   B. a {red}

    C. a {color: red}   D. a {background-color: red}

2. 在 HTML 文档中，可以使用（   ）元素引用外部样式表。

    A. link   B. css

    C. style   D. outer-style

3. 用于指定平铺背景图像的 CSS 属性为（   ）。

    A. background-color   B. background-image

    C. background-attachment   D. background-repeat

4. 用于设置文本的字体的 CSS 属性为（   ）。

    A. font   B. font-family

    C. font-size   D. font-style

二、填空题

1. CSS 是_____的缩写，它可以扩展 HTML 的功能，重新定义 HTML 元素的显示方式。

2. 在 CSS3 中，可以使用_____属性实现圆角效果。

3. 在 CSS3 中，可以使用_____属性设置阴影。

4. 在 JavaScript 中，_____数组中包含页面中的所有 CSS 样式表。

三、问答题

1. 试述什么是 CSS。

2. 试述 CSS3 中用于设置边框颜色的属性。

第8章
Ajax 编程

Ajax 是 Asynchronous JavaScript and XML（异步的 JavaScript 和 XML）的缩写，它由一组相互关联的 Web 开发技术组成，用于在客户端创建异步的 Web 应用程序。当发出一个异步调用请求后，调用者如果不能立刻得到结果，则不需要等待处理结果；实际处理这个调用的部件在完成后，通过状态、通知和回调函数等方式来通知调用者。因此，使用 Ajax 开发的 Web 应用程序可以在不刷新页面的情况下，与 Web 服务器进行通信，并在获得数据后，再将结果显示在页面中。JavaScript 提供了很多与 Ajax 技术相关的 API，可以很方便地实现 Ajax 的功能。

8.1　Ajax 编程基础

在 Ajax 中，可以使用 XMLHttpRequest 对象与服务器进行通信。XMLHttpRequest 是一个浏览器接口，开发者可以使用它提出 HTTP 和 HTTPS 请求，而且不用刷新页面就可以修改页面的内容。使用 XMLHttpRequest 对象可以实现下面的功能：

（1）在不重新加载页面的情况下更新网页；

（2）在页面已加载后从服务器请求数据；

（3）在页面已加载后从服务器接收数据；

（4）在后台向服务器发送数据。

8.1.1　创建 XMLHttpRequest 对象

对于不同的浏览器，创建 XMLHttpRequest 对象的方法也可能不同。在 IE 浏览器中可以使用 Active 对象创建 XMLHttpRequest 对象，方法如下：

```
xmlhttp=new ActiveXObject("Microsoft.XMLHTTP");
```

当 window.ActiveXObject 等于 True 时，可以使用这种方法。

在其他浏览器中可以使用下面的代码创建 XMLHttpRequest 对象：

```
xxmlhttp=new XMLHttpRequest();
```

当 window.XMLHttpRequest 等于 True 时，可以使用这种方法。

综上所述，在各种浏览器中创建 XMLHttpRequest 对象的代码如下：

```
var xmlHttp;
if(window.XMLHttpRequest){
  xmlHttp = new XMLHttpRequest();
}else if(window.ActiveXObject){
```

```
xmlHttp = new ActiveXObject("Microsoft.XMLHTTP");
}
```

8.1.2 发送 HTTP 请求

在发送 HTTP 请求之前，需要调用 open()方法初始化 HTTP 请求的参数，语法如下：

```
open(method, url, async, username, password)
```

参数说明如下。

（1）method：用于请求的 HTTP 方法，值包括 GET、POST 和 HEAD。

（2）url：所调用的服务器资源的 URL。

（3）async：布尔值，指示这个调用使用异步还是同步，默认为 true（即异步）。

（4）username：可选参数，为 url 所需的授权提供认证用户。

（5）password：可选参数，为 url 所需的授权提供认证密码。

例如，使用 GET 方法以异步形式请求访问 url 的代码如下：

```
xmlhttp.open("GET",url,true);
```

open()方法只是初始化 HTTP 请求的参数，并不真正发送 HTTP 请求。可以调用 send()方法发送 HTTP 请求，语法如下：

```
send(body)
```

如果调用的 open()方法指定的 HTTP 方法是 POST 或 GET，则 body 参数指定了请求体，它可以是一个字符串或者 Document 对象。如果不需要指定请求体，则可以将这个参数设置为 null。

当 XMLHttpRequest 对象把一个 HTTP 请求发送到服务器时将经历若干种状态，XMLHttpRequest 对象的 ReadyState 属性可以表示请求的状态，它的取值如表 8-1 所示。

表 8-1　　　　　　　　　　　　　　ReadyState 属性的取值

值	具 体 说 明
0	表示已经创建一个 XMLHttpRequest 对象，但是还没有初始化，即还没有调用 open()方法
1	表示正在加载，此时对象已建立，已经调用 open()方法，但还没有调用 send()方法
2	表示请求已发送，即方法已调用 send()，但服务器还没有响应
3	表示请求处理中，此时，已经接收到 HTTP 响应头部信息，但是消息体部分还没有完全接收结束
4	表示请求已完成，即数据接收完毕，服务器的响应完成

关于调用 open()方法和 send()方法发送 HTTP 请求的实例将在 8.1.3 小节中介绍。

8.1.3 从服务器接收数据

发送 HTTP 请求之后，就要准备从服务器接收数据了。首先要指定响应处理函数。定义响应处理函数后，将函数名赋值给 XMLHttpRequest 对象的 onreadystatechange 属性即可，例如：

```
xmlHttp.onreadystatechange = callback

//指定响应函数
function callBack(){
    //函数体
    ......
}
```

提示

响应处理函数没有参数，指定时也不带括号。

也可以不定义响应处理函数的函数名，直接定义函数体，例如：

```
request.onreadystatechange = function() {
    //函数体
    ......
}
```

当 readyState 属性值发生改变时，XMLHttpRequest 对象会触发一个 readystatechange 事件，此时会调用响应处理函数。

响应处理函数通常会根据 XMLHttpRequest 对象的 ReadyState 属性和其他属性决定对接收数据的处理。除了 ReadyState 属性外，XMLHttpRequest 的常用属性如表 8-2 所示。

表 8-2　　　　　　　　　　　　　　XMLHttpRequest 的常用属性

属　　性	具　体　说　明
responseText	包含客户端接收到的 HTTP 响应的文本内容。当 readyState 的属性值为 0、1 或 2 时，responseText 属性为一个空字符串；当 readyState 的值为 3 时，responseText 属性为还未完成的响应信息；当 readyState 的值为 4 时，responseText 属性为响应信息
responseXML	用于当接收到完整的 HTTP 响应时（readyState 为 4）描述 XML 响应。如果 readyState 的值不为 4，那么 responseXML 的值为 null
status	用于描述 HTTP 状态代码，其类型为 short。仅当 readyState 的值为 3 或 4 时，status 属性才可用
statusText	用于描述 HTTP 状态代码文本。仅当 readyState 的值为 3 或 4 时才可用

常用的响应处理函数框架如下：

```
function callBack(){
    if(request.readyState ==4) { // 服务器已经响应
        if(request.status == 200) // 请求成功
            // 显示服务器响应
            ......
        }
    }
}
```

request.status 等于 200 表示请求成功。

【例 8-1】　在网页中定义一个按钮，单击此按钮时，使用 XMLHttpRequest 对象从服务器获取并显示一个 XML 文件的内容。

定义 3 个<span>标签，用来显示服务器的响应数据，定义代码如下：

```
<p><b>Status:</b>
<span id="A1"></span>
</p>
<p><b> statusText:</b>
<span id="A2"></span>
</p>
<p><b> responseText:</b>
<br /><span id="A3"></span>
</p>
```

A1 用于显示 status 属性值，A2 用于显示 statusText 属性值，A3 用于显示 responseText 属性值。

按钮的定义代码如下：

```
<button onclick="loadXMLDoc('example.xml')">获取 XML 文件</button>
```

单击此按钮，可以调用 loadXMLDoc()函数，获取并显示一个 XML 文件的内容，代码如下：

```
function loadXMLDoc(url)
{
if (window.XMLHttpRequest)
  {// code for IE7, Firefox, Opera, etc.
  xmlhttp=new XMLHttpRequest();
  }
else if (window.ActiveXObject)
  {// code for IE6, IE5
  xmlhttp=new ActiveXObject("Microsoft.XMLHTTP");
  }
if (xmlhttp!=null)
  {
  xmlhttp.onreadystatechange=state_Change;
  xmlhttp.open("GET",url,true);
  xmlhttp.send(null);
  }
else
  {
  alert("您的浏览器不支持 XMLHTTP.");
  }
}
```

程序首先创建一个 XMLHttpRequest 对象，然后指定响应处理函数为 state_Change，定义代码如下：

```
function state_Change()
{
if (xmlhttp.readyState==4)  // 服务器已经响应
  {
  if (xmlhttp.status==200)  // 请求成功
    {
    // 显示服务器的响应数据
    document.getElementById('A1').innerHTML=xmlhttp.status;
    document.getElementById('A2').innerHTML=xmlhttp.statusText;
    document.getElementById('A3').innerHTML=xmlhttp.responseText;
    }
  else
    {
    alert("接收 XML 数据时出现问题:" + xmlhttp.statusText);
    }
  }
}
```

因为 XMLHttpRequest 是与 Web 服务器进行通信的接口，所以要查看【例 8-1】的运行效果就需要搭建一个 Web 服务器，可以使用 IIS 或 Apache。搭建成功后，将【例 8-1】的网页和请求的 example.xml 文件复制到网站的根目录下，然后在浏览器中访问 Web 服务器的【例 8-1】网页。单击按钮的结果如图 8-1 所示。

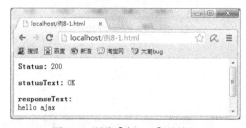

图 8-1　浏览【例 8-1】的结果

8.1.4 进行 HTTP 头（HEAD）请求

在 HTTP 协议中，客户端从服务器获取某个网页的时候，必须发送一个 HTTP 协议的头文件，告诉服务器客户端要下载什么信息以及相关的参数。

XMLHttpRequest 对象可以发送和获取 HTTP 头（HEAD）。使用抓包工具可以捕获 HTTP 头数据。例如，访问百度时的 HTTP 头数据如下：

```
GET /home/nplus/data/remindnavs?asyn=1&t=1352251149566 HTTP/1.1
Host: www.baidu.com
Connection: keep-alive
X-Requested-With: XMLHttpRequest
User-Agent: Mozilla/5.0 (Windows NT 6.1) AppleWebKit/537.4 (KHTML, like Gecko)
Chrome/22.0.1229.94 Safari/537.4
Accept: */*
Referer: http://www.baidu.com/
Accept-Encoding: gzip,deflate,sdch
Accept-Language: zh-CN,zh;q=0.8
Accept-Charset: GBK,utf-8;q=0.7,*;q=0.3
Cookie:                         BAIDUID=45488416120A54CDDC1054B167D328BD:FG=1;
BDUSS=WxsZTdRUWpMV2xvcmRNWXIyRWR3SXFQQTlBZHdWV0FZWVY3bTV3bGx4ZGNNYSE5SQVFBQUFBJCQAAAAAA
AAAAoawBf5Ow4iemhhbmdkZGRzaW5hAAAAAAAAAAAAAAAAAAAAAAACAYIArMAAAAOCK5G4AAAAAeGlDAAA
AAAAxMC4yMy4yNNFwOhlBcDoZQZ; BDUT=psnp1B83539D0D8B8D7493095ED53845FD2113a7434386cf0
```

常见的 HTTP 头说明如下。

（1）Host：初始 URL 中的主机和端口。

（2）Connection：表示是否需要持久连接。如果值为"Keep-Alive"，或者请求使用的是 HTTP 1.1（HTTP 1.1 默认进行持久连接），就可以利用持久连接的优点，当页面中包含多个元素（图片或多媒体等）时，可以显著地减少下载所需的时间。

（3）User-Agent：浏览器类型。

（4）Accept：浏览器可接受的 MIME 类型。MIME 的英文全称是"Multipurpose Internet Mail Extensions"多功能 Internet 邮件扩充服务，它是一种多用途的网际邮件扩充协议。MIME 类型就是设定某种扩展名的文件用一种应用程序来打开的方式类型，当该扩展名文件被访问的时候，浏览器会自动使用指定的应用程序来打开，多用于指定一些客户端自定义的文件名，以及一些媒体文件的打开方式。常见的 MIME 类型包括超文本标记语言文本（.html、.html text/html）、普通文本(txt text/plain)、RTF 文本(.rtf application/rtf)、GIF 图形（.gif image/gif）、PEG 图形（.jpeg、.jpg image/jpeg）、au 声音文件（.au audio/basic）、MIDI 音乐文件（mid、.midi audio/midi、audio/x-midi）、RealAudio 音乐文件（.ra、.ram audio/x-pn-realaudio）、MPEG 文件（.mpg、.mpeg video/mpeg）、AVI 文件（.avi video/x-msvideo）等。

（5）Referer：包含一个 URL，用户从该 URL 代表的页面出发访问当前请求的页面。

（6）Accept-Encoding：浏览器能够进行解码的数据编码方式。

（7）Accept-Language：浏览器可接受的语言种类。

（8）Accept-Charset：浏览器可接受的字符集。

（9）Last-Modified：文档的最后改动时间。

下面就介绍使用 XMLHttpRequest 对象发送和获取 HTTP 头（HEAD）的方法。

1. 设置 HTTP 头

调用 setRequestHeader()方法可以向 Web 服务器发送一个 HTTP 头的名称和值，从而设置 HTTP

头，语法如下：

```
setRequestHeader(name, value)
```

参数 name 是要设置的 HTTP 头的名称，这个参数不应该包括空白、冒号或换行；参数 value 是 HTTP 头的值，这个参数不应该包括换行。

应在调用 open()方法之后，在调用 send()方法之前，来调用 setRequestHeader()方法。

例如，在采用 POST 提交方式模拟表单提交数据时，应该执行下面的语句：

```
xmlhttp.setRequestHeader("Content-Type","application/x-www-form-urlencoded");
```

2. 进行头请求

可以调用 getResponseHeader()方法从响应信息中获取指定的 HTTP 头，语法如下：

```
trValue = XMLHttpRequest.getResponseHeader(bstrHeader);
```

参数 bstrHeader 指定请求的 HTTP 头名，getResponseHeader()方法返回请求的 HTTP 头的值。

【例 8-2】 在网页中定义一个按钮，单击此按钮时，使用 XMLHttpRequest 对象从服务器获取并显示一个 XML 文件的最后修改日期。

定义一个<p>标签，用来显示获取的 XML 文件的最后修改日期，定义代码如下：

```
<p id="p1">演示 getResponseHeader()方法的使用.</p>
```

按钮的定义代码如下：

```
<button onclick="loadXMLDoc('example.xml')">获取 XML 文件的最后修改日期</button>
```

单击此按钮，可以调用 loadXMLDoc()函数，获取一个 XML 文件的内容。loadXMLDoc()函数的代码与【例 8-1】中相同，请参照理解。

loadXMLDoc()函数首先创建一个 XMLHttpRequest 对象，然后指定响应处理函数为 state_Change，定义代码如下：

```
function state_Change()
{
if (xmlhttp.readyState==4)
  {// 4 = "loaded"
  if (xmlhttp.status==200)
    {// 200 = "OK"
    document.getElementById('p1').innerHTML="XML 文件的最后修改日期: " + xmlhttp.get
ResponseHeader('Last-Modified');
    }
  else
    {
    alert("获取数据时出现错误:" + xmlhttp.statusText);
    }
  }
}
```

因为 XMLHttpRequest 是与 Web 服务器进行通信的接口，所以要查看【例 8-2】的运行效果就需要搭建一个 Web 服务器，可以使用 IIS 或 Apache。搭建成功后，将【例 8-2】的网页和请求的 example.xml 文件复制到网站的根目录下，然后在浏

图 8-2 浏览【例 8-2】的结果

览器中访问 Web 服务器的【例 8-2】网页。单击按钮的结果如图 8-2 所示。

也可以调用 getAllResponseHeaders()方法获取完整的 HTTP 响应头部，语法如下：

```
strValue = oXMLHttpRequest.getAllResponseHeaders();
```

getAllResponseHeaders()方法返回请求的完整的 HTTP 头的值。

【例 8-3】　演示使用 getAllResponseHeaders()方法获取完整的 HTTP 响应头部的值。改进【例 8-2】，将响应处理函数 state_Change 修改如下：

```
function state_Change()
{
if (xmlhttp.readyState==4)
  {// 4 = "loaded"
  if (xmlhttp.status==200)
    {// 200 = "OK"
    document.getElementById('p1').innerHTML="HTTP头: " + xmlhttp.getAllResponseHeaders();
    }
  else
    {
    alert("获取数据时出现错误:" + xmlhttp.statusText);
    }
  }
}
```

单击按钮的结果如图 8-3 所示。

图 8-3　浏览【例 8-3】的结果

8.1.5　超时控制

与服务器通信有时很耗时，可能由于网络原因或服务器响应等因素导致用户长时间等待，而且等待时间是不可预知的。

XMLHttpRequest Level 2 中增加了 timeout 属性，可以设置 HTTP 请求的时限，单位为 ms（毫秒）。例如：

```
xhr.timeout = 5000;
```

上面的语句将最长等待时间设为 5000ms（5s），超过了这个时限，就自动停止 HTTP 请求。还可以通过 timeout 事件来指定回调函数，例如：

```
xhr.ontimeout = function(event){
alert('请求超时! ');
}
```

8.1.6　使用 FormData 对象向服务器发送数据

在 MLHttpRequest Level 2 中，可以使用 FormData 对象模拟表单向服务器发送数据。

1. 创建 FormData 对象

可以使用两种方法创建 FormData 对象，一种是使用 new 关键字创建，方法如下：

```
var formData = new FormData();
```

另一种方法是调用表单对象的 getFormData()方法获取表单对象中的数据，方法如下：

```
var formElement = document.getElementById("myFormElement");
formData = formElement.getFormData();
```

2. 向 FormData 对象中添加数据

可以使用 append()方法向 FormData 对象中添加数据，语法如下：

```
formData.append(key, value);
```

FormData 对象中的数据是键值对格式的，参数 key 为数据的键，参数 value 为数据的值。例如：

```
formData.append('username', 'lee');
formData.append('num', 123);
```

3. 向服务器发送 FormData 对象

可以使用 XMLHttpRequest 对象的 send()方法向服务器发送 FormData 对象，语法如下：

```
xmlhttp.send(formData);
```

在发送 FormData 对象之前，也需要调用 open()方法设置提交数据的方式以及接收和处理数据的服务器端脚本，例如：

```
xmlhttp.open('POST', "ShowInfo.php");
```

4. 在服务器端接收和处理表单数据

XMLHttpRequest 是一个浏览器接口，它只工作在浏览器端，在服务器端通常由 PHP、ASP 等脚本语言来接收和处理表单数据。这个话题本不在本书讨论的范围内，但为了演示向服务器发送 FormData 对象的效果，这里以 PHP 为例介绍在服务器端接收和处理表单数据的方法。

表单提交数据的方式可以分为 GET 和 POST 两种。在 PHP 程序中，可以使用 HTTP GET 变量$_GET 读取使用 GET 方式提交的表单数据，具体方法如下：

```
参数值 = $_GET[参数名]
```

可以使用 HTTP POST 变量$_POST 读取使用 POST 方式提交的表单数据，具体方法如下：

```
参数值 = $_POST[参数名]
```

【例 8-4】 演示使用 FormData 对象向服务器发送数据的方法。

在网页中定义一个<span>标签，用来显示服务器的响应数据，定义代码如下：

```
<p><span id="A1"></span></p>
```

在网页中定义一个按钮，单击此按钮时，使用 FormData 对象向服务器发送姓名和年龄数据。按钮的定义代码如下：

```
<button onclick="sendformdata()">发送数据</button>
```

单击此按钮，调用 sendformdata()函数，代码如下：

```
<script type="text/javascript">
var xmlhttp;
function sendformdata()
{
if (window.XMLHttpRequest)
  {// code for IE7, Firefox, Opera, etc.
  xmlhttp=new XMLHttpRequest();
  }
else if (window.ActiveXObject)
  {// code for IE6, IE5
  xmlhttp=new ActiveXObject("Microsoft.XMLHTTP");
```

```
    }
if (xmlhttp!=null)
    {
    xmlhttp.onreadystatechange=state_Change;
    var formData = new FormData();
    formData.append('name', 'lee');
    formData.append('city', 'beijing');
    xmlhttp.open('POST', "ShowInfo.php");
    xmlhttp.send(formData);
    }
else
    {
    alert("您的浏览器不支持 XMLHTTP.");
    }
}
</script>
```

程序首先创建一个 XMLHttpRequest 对象 xmlhttp，然后指定 xmlhttp 对象的响应处理函数为 state_Change，并调用 xmlhttp.open()方法设置提交数据的方式为 POST、接收和处理数据的服务器端脚本为 ShowInfo.php，最后调用 xmlhttp.send()方法将 FormData 对象发送至 Web 服务器。

xmlhttp 对象的响应处理函数 state_Change()的定义代码如下：

```
function state_Change()
{
if (xmlhttp.readyState==4) // 服务器已经响应
    {
    if (xmlhttp.status==200)  // 请求成功
        {
        // 显示服务器的响应数据
        document.getElementById('A1').innerHTML=xmlhttp.responseText;
        }
    else
        {
        alert("接收 XML 数据时出现问题:" + xmlhttp.statusText);
        }
    }
}
```

服务器端脚本 ShowInfo.php 的代码如下：

```
<meta http-equiv="Content-Type" content="text/html; charset=gb2312" />
<?PHP
        echo("username: " . $_POST['name'] . "<BR>");
        echo("city: " . $_POST['city'] . "<BR>");
?>
```

"<?PHP"标识 PHP 程序的开始，"?>"标识 PHP 程序的结束。在开始标记和结束标记之间的代码将被作为 PHP 程序执行。echo 就是一条 PHP 语句，用于在网页中输出指定的内容。使用 echo 语句除了可以输出字符串，还可以在网页中输出 HTML 标记，例如，本例中用于输出 HTML 换行标记
。"."是 PHP 的字符串连接符。

PHP 作为 Web 应用程序的开发语言时，通常选择 Apache 作为 Web 服务器应用程序。因为它们都是开放源代码和支持跨平台的产品，可以很方便地在 Windows 和 Unix（Linux）操作系统之间整体移植。本书不介绍 PHP 和 Apache 等软件的安装和配置情况，有兴趣的读者可以查阅相关资料来了解。

将【例 8-4】的 HTML 文件和 ShowInfo.php 都上传至 Apache 网站的根目录，例如 C:\Program Files\Apache Software Foundation\Apache2.2\htdocs，然后浏览【例 8-4】的 HTML 文件，单击按钮的结果如图 8-4 所示。

图 8-4　浏览【例 8-4】的结果

8.2　Ajax 应用实例

本节介绍几个 Ajax 应用实例，使读者对 Ajax 编程有更直观的理解和认识。

8.2.1　自动刷新局部页面

有时需要不刷新整个页面的情况下从服务器读取数据，并自动刷新局部页面。例如，自动显示服务器的时间、即时新闻信息和股票信息等。

本小节介绍一个自动显示服务器的时间的实例。本实例包含 2 个文件：8.2.1.html 和 auto.php。

1．8.2.1.html

8.2.1.html 是本例的主页面，其中定义了一个表格用于显示服务器时间，代码如下：

```
<body onload =sendRequest()>
<table style="BORDER-COLLAPSE: collapse" borderColor=#5555555 cellSpacing=0 cellPadding=
0 width=400    border=0>
  <TR>
    <TD align=middle bgColor=#abc2d0 height=19 colspan="2"><B>欢迎光临</B> </TD>
  </TR>
  <tr>
    <td height="20"> 现在是</td>
    <td height="20" id="date1"> </td>
  </tr>

</table>
</body>
```

id="date1"的单元格（td 元素）用于显示服务器时间。在 body 元素中，使用 onload 属性指定加载页面时调用 sendRequest()函数。sendRequest()函数用于向服务器发送 Ajax 请求，代码如下：

```
function sendRequest() {
  createXMLHttpRequest();
      var url = "auto.php";
  XMLHttpReq.open("POST", url, true);
  XMLHttpReq.onreadystatechange = processResponse;//指定响应函数
  XMLHttpReq.send(null);  // 发送请求
  }
```

程序向 auto.php 发送 POST 请求，关于 auto.php 的内容，将在稍后介绍。Ajax 请求的响应函数为 processResponse()。

createXMLHttpRequest()函数用于创建 XMLHttpRequest 对象，代码如下：

```
var XMLHttpReq;
 //创建 XMLHttpRequest 对象
   function createXMLHttpRequest() {
 if(window.XMLHttpRequest) { //FireFox 浏览器
  XMLHttpReq = new XMLHttpRequest();
 }
 else if (window.ActiveXObject) { // IE 浏览器
   XMLHttpReq = new ActiveXObject("Microsoft.XMLHTTP");
 }
 }
```

响应函数 processResponse()的代码如下：

```
// 处理返回信息函数
  function processResponse() {
  if (XMLHttpReq.readyState == 4) { // 判断对象状态
     if (XMLHttpReq.status == 200) { // 信息已经成功返回，开始处理信息
  DisplayTime();
  setTimeout("sendRequest()", 1000);
     } else { //页面不正常
        window.alert("您所请求的页面有异常。");
     }
  }
 }
```

如果信息成功返回，则程序调用 DisplayTime()函数显示接收到的数据，然后调用 setTimeout()函数每秒钟调用一次 sendRequest()函数，以实现定期更新时间的功能。DisplayTime()函数的代码如下：

```
function DisplayTime() {
    document.getElementById("date1").innerHTML = XMLHttpReq.responseText;
}
```

程序将接收到的服务器时间显示在 id="date1"的单元格（td 元素）中。

2. auto.php

auto.php 用于获取并返回服务器时间，代码如下：

```
<?PHP
 date_default_timezone_set('PRC');
 echo date("Y-m-d H:i:s");
?>
```

date_default_timezone_set()函数用于设置时区，date()函数用于获取当前的系统时间，参数"Y-m-d H:i:s"指定返回时间的格式为"年-月-日 时:分:秒"。

执行 PHP 脚本需要在 Web 服务器上安装和配置 PHP 和 Apache，具体方法请查阅相关资料。将 8.2.1.html 和 auto.php 上传至 Web 服务器，然后浏览 8.2.1.html，如图 8-5 所示。

图 8-5　浏览本小节实例的结果

在不刷新整个页面的情况下，可以动态显示服务器的时间。

8.2.2 使用 FormData 对象上传文件

可以使用 append() 方法向 FormData 对象中添加文件数据，语法如下：

```
formData.append(key, File 对象);
```

参数 key 为数据的键，File 对象是 FileList 数组的元素，用于代表用户选择的文件数据。File 对象的主要属性如下。

（1）name：返回文件名，不包含路径信息。

（2）lastModifiedDate：返回文件的最后修改日期。

（3）size：返回 File 对象的大小，单位是字节。

（4）type：返回 File 对象媒体类型的字符串。

例如，使用下面的 input 元素选择文件：

```
<input type="file" name="fileToUpload" id="fileToUpload"  multiple="multiple" />
```

向 FormData 对象中添加文件数据的代码如下：

```
var fd = new FormData();
fd.append("fileToUpload", document.getElementById('fileToUpload').files[0]);
```

与发送普通数据一样，可以使用 XMLHttpRequest 对象的 send() 方法向服务器发送包含文件数据的 FormData 对象。在发送 FormData 对象之前，也需要调用 open() 方法来设置提交数据的方式以及接收和处理数据的服务器端脚本。具体方法请参照 8.1.2 小节。

XMLHttpRequest Level 2 中还提供了一组与传送数据相关的事件，如表 8-3 所示。

表 8-3　　　　　　　　　　　XMLHttpRequest Level 2 中与传送数据相关的事件

事　　件	具　体　说　明
progress	在传送数据的过程中会定期触发，用于返回传送数据的进度信息。在 progress 事件的处理函数中可以使用该事件的属性来计算并显示传送数据的百分比。progress 事件的属性如下： • lengthComputable，布尔值，表明是否可以计算传送数据的长度。如果 lengthComputable 等于 True，则可以计算传送数据的百分比；否则就不用计算了 • loaded，已经传送的数据量 • total，需要传送的总数据量
load	传送数据成功完成
abort	传送数据被中断
error	传送过程中出现错误
loadstart	开始传送数据

【例 8-5】　使用 FormData 对象实现可以显示进度的文件上传。

1．上传文件的网页设计

假定上传文件的网页为 upload.html，用于上传文件的表单 form1 的定义如下：

```
<form id="form1" enctype="multipart/form-data" >
<h1 align="center">上传文件的演示实例</h1>
<p align="center">选择上传的文件</p>
<table width="80%" border="0" align=center>
<tr><td align ="center"> <input type="file" name="fileToUpload" id="fileToUpload"
multiple="multiple" onchange="fileSelected();" /></td></tr>
```

```
<tr><td align=center><input type="button" onclick="uploadFile()" value="上传文件"/></td></tr>
<tr><td align=center>

    <div id="fileName">
    </div>
    <div id="fileSize">
    </div>
    <div id="fileType">
    </div>
    <progress id="progress" value="0" max="100"></progress>
    <div id="divprogress">
    </div>
</td></tr>
</table>
</form>
```

表单的 enctype 属性被设置为 "multipart/form-data"，这是使用表单上传文件的固定编码格式。表单中包含的元素如表 8-4 所示。

表 8-4 　　　　　　　　　　　　　【例 8-5】的表单中包含的元素

元 素 类 型	元 素 名 称	具 体 说 明
type="file"的 input 元素	fileToUpload	用于选择上传文件
type="button"的 input 元素		上传文件的按钮
div	fileName	用于显示上传文件名
div	fileSize	用于显示上传文件的大小
div	fileType	用于显示上传文件的类型
div	divprogress	用于显示上传文件的进度
progress	progress	用于显示上传文件的进度条

在定义用于选择上传文件的 input 元素 fileToUpload 时，指定 onchange 事件的处理函数为 fileSelected()，即当用户选择文件时调用 fileSelected()函数。fileSelected()函数的代码如下：

```
function fileSelected() {
  var file = document.getElementById('fileToUpload').files[0];
  if (file) {
    var fileSize = 0;
    if (file.size > 1024 * 1024)
      fileSize = (Math.round(file.size * 100 / (1024 * 1024)) / 100).toString() + 'MB';
    else
      fileSize = (Math.round(file.size * 100 / 1024) / 100).toString() + 'KB';
    document.getElementById('fileName').innerHTML = '文件名: ' + file.name;
    document.getElementById('fileSize').innerHTML = '文件大小: ' + fileSize;
    document.getElementById('fileType').innerHTML = '文件类型: ' + file.type;
  }
}
```

程序将选择文件的文件名、文件大小和文件类型显示在对应的 div 元素中。

在定义上传文件的按钮时，指定 onclick 事件的处理函数为 uploadFile()，即当用户单击按钮时调用 uploadFile()函数。uploadFile()函数的代码如下：

```
function uploadFile() {
```

```
    var fd = new FormData();
    fd.append("fileToUpload", document.getElementById('fileToUpload').files[0]);
    var xhr;
    if(window.XMLHttpRequest){
      xhr = new XMLHttpRequest();
    }else if(window.ActiveXObject){
      xhr = new ActiveXObject("Microsoft.XMLHTTP");
    }
    xhr.upload.addEventListener("progress", uploadProgress, false);
    xhr.addEventListener("load", uploadComplete, false);
    xhr.addEventListener("error", uploadFailed, false);
    xhr.addEventListener("abort", uploadCanceled, false);
    xhr.open("POST", "upfile.php");
    xhr.send(fd);
```

程序定义了一个 FormData 对象 fd 用于上传文件，传输数据由 XMLHttpRequest 对象 xhr 完成。程序还为 XMLHttpRequest 对象 xhr 指定了与传送数据相关的事件的处理函数。程序还指定了处理上传文件的服务器端脚本为 upfile.php。

（1）progress 事件

progress 事件的处理函数为 uploadProgress()，代码如下：

```
function uploadProgress(evt) {
    if (evt.lengthComputable) {
        var percentComplete = Math.round(evt.loaded * 100 / evt.total);
        document.getElementById('divprogress').innerHTML = percentComplete.toString() + '%';
        document.getElementById('progress').value = percentComplete;
    }
    else {
        document.getElementById('divprogress').innerHTML = 'unable to compute';
    }
}
```

参数 evt 中包含 progress 事件的属性，属性的具体含义参见表 8-4。程序根据 progress 事件的属性计算出传送数据的百分比，并赋值到显示进度的 div 元素和 progress 元素中。

（2）load 事件

load 事件的处理函数为 uploadComplete ()，代码如下：

```
function uploadComplete(evt) {
    document.write(evt.target.responseText)
}
```

参数 evt 中包含服务器传回的数据（evt.target.responseText）。程序将其显示在页面中。

（3）abort 事件

abort 事件的处理函数为 uploadCanceled()，代码如下：

```
function uploadCanceled(evt) {
    alert("上传过程被取消。");
}
```

（4）error 事件

error 事件的处理函数为 uploadFailed ()，代码如下：

```
function uploadFailed(evt) {
    alert("上传过程中出现错误。");
}
```

2. 服务器端处理上传文件的脚本设计

在服务器端如何处理上传文件并不是本书要介绍的内容，因为这不是 HTML 的任务，而是由服务器端脚本程序完成。不同的服务器端脚本语言处理上传文件的方法也不尽相同。为了保证实例的完整性，下面以 PHP 为例，介绍服务器端是如何处理上传文件的。

接收上传文件的工作一般由 Web 应用服务器完成。与 PHP 配合的 Web 应用服务器通常会选择 Apache。Apache 自动接收上传的文件，并将其保存在系统临时目录下（例如 C:\Windows\Temp），然后执行表单提交的处理脚本（PHP 文件）。在处理脚本中，可以使用全局变量$_FILES 来获取上传文件的信息。$FILES 是一个数组，它可以保存所有上传文件的信息。如果上传文件的文本框名称为 "fileToUpload"，则可以使用 $_FILES['fileToUpload'] 来访问此上传文件的信息。$_FILES['fileToUpload']也是一个数组，数组元素是上传文件的各种属性，具体说明如下：

（1）$_FILES['fileToUpload']['Name']，客户端上传文件的名称。

（2）$_FILES['fileToUpload']['type']，文件的 MIME 类型，需要浏览器提供对此类型的支持，例如 image/gif 等。

（3）$_FILES['fileToUpload']['size']，已上传文件的大小，单位是字节。

（4）$_FILES['fileToUpload']['tmp_name']，文件被上传后，在服务器端保存的临时文件名。

（5）$_FILES['fileToUpload']['error']，上传文件过程中出现的错误号，错误号是一个整数。

本例中处理上传文件的服务器端脚本 upfile.php 的代码如下：

```php
<?PHP
    // 检查上传文件的目录
    $upload_dir = getcwd() . "\\upload\\";
    $newfile = $upload_dir . $_FILES['fileToUpload']['name'];
    // 如果目录不存在，则创建
    if(!is_dir($upload_dir))
        mkdir($upload_dir);
    if(file_exists($_FILES['fileToUpload']['tmp_name'])) {
        move_uploaded_file($_FILES['fileToUpload']['tmp_name'], $newfile);
    }
    else
    {
        echo("Failed...");
    }
    echo("newfile:" . $newfile . "<BR>");
    echo("filename1:" .  $_FILES['fileToUpload']['name'] . "<BR>");
    echo("filetype:" . $_FILES['fileToUpload']['type'] . "<BR>");
    echo("filesize:" . $_FILES['fileToUpload']['size'] . "<BR>");
    echo("tempfile:" . $_FILES['fileToUpload']['tmp_name'] . "<BR>");
?>
```

本实例指定保存上传文件的目录为 upload。getcwd()函数用于返回当前的工作目录。程序使用 is_dir()函数判断保存上传文件的目录 images 是否存在，如果不存在，则使用 mkdir()创建之。

接下来，程序调用 file_exists()函数判断$_FILES['file1']['tmp_name']中保存的临时文件是否存在，如果存在，则表示服务器已经成功接收到了上传的文件，并保存在临时目录下，然后调用 move_uploaded_file()函数将上传文件移动至\images 目录下。

file_exists()函数的语法如下：

```
bool file_exists( string $filename )
```

如果由 filename 指定的文件或目录存在，则返回 True，否则返回 False。

move_uploaded_file()函数的语法如下：

```
bool move_uploaded_file( string $filename, string $destination )
```

函数检查并确保由 filename 指定的文件是合法的上传文件（即通过 PHP 的 HTTP POST 上传机制所上传的）。如果文件合法，则将其移动到由 destination 指定的文件位置。

如果 filename 不是合法的上传文件，则不会出现任何操作，move_uploaded_file()将返回 False。

如果 filename 是合法的上传文件，但由于某些原因无法移动，也不会出现任何操作，move_uploaded_file()将返回 False。

如果文件移动成功，则返回 True。

将 upload.html 和 upfile.php 上传至 Web 服务器上的 Apache 网站根目录中，然后在浏览器中访问 upload.html，单击"上传文件"按钮，开始上传文件。上传文件的界面如图 8-6 所示。

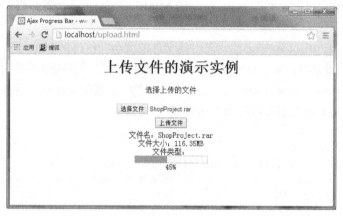

图 8-6　上传文件的界面

上传成功后，请到 Web 服务器上的 Apache 网站根目录下 upload 目录下确认上传文件是否存在。

 如果客户端和 Web 服务器之间的网速很快，则很难看到进度信息。为了体验上传过程中显示进度信息的情况，可以上传一个相对较大的文件。但是使用 PHP 上传较大的文件时，则需要修改配置文件 php.ini，否则，在 upload 目录下可能找不到上传的文件。修改配置文件 php.ini 的具体方法请查阅相关资料，这里就不详细介绍了。

练 习 题

一、单项选择题

1. 在 IE 浏览器中可以使用（　　　）方法创建 XMLHttpRequest 对象。

    A.　xmlhttp=new ActiveXObject("Microsoft.XMLHTTP")

    B.　xxmlhttp=new XMLHttpRequest()

    C.　A 和 B 都可以

    D.　A 和 B 都不可以

2. 在 XMLHttpRequest 对象发送 HTTP 请求之前，需要调用（　　　）方法初始化 HTTP 请求的参数。

A.　req ()
B.　open()

C.　post()
D.　http()

3. XMLHttpRequest 对象的 ReadyState 属性可以表示请求的状态。下面（　　）表示请求已发送。

A.　1
B.　2

C.　3
D.　4

4. 在 XMLHttpRequest Level 2 中，可以使用（　　）对象模拟表单向服务器发送数据。

A.　FormData
B.　AjaxData

C.　Request
D.　Form

二、填空题

1. 在 Ajax 中，可以使用_____对象与服务器进行通信。

2. 使用 XMLHttpRequest 对象从服务器接收数据时，首先要指定响应处理函数。定义响应处理函数后，将函数名赋值给 XMLHttpRequest 对象的_____属性即可。

3. 可以调用_____方法从响应信息中获取指定的 HTTP 头。

4. XMLHttpRequest Level 2 中增加了_____属性，可以设置 HTTP 请求的时限，单位为 ms。

三、问答题

1. 试述使用 XMLHttpRequest 对象可以实现的功能。

2. 在发送 HTTP 请求之前，需要调用 open()方法初始化 HTTP 请求的参数，语法如下：

```
open(method, url, async, username, password)
```

试述参数的含义。

第 9 章
JavaScript HTML5 编程

HTML5 是最新的 HTML 标准。之前的版本 HTML4.01 于 1999 年发布。10 多年过去了，互联网已经发生了翻天覆地的变化，原有的标准已经不能满足各种 Web 应用程序的需求。目前 HTML5 的标准草案已进入了 W3C 制定标准的 5 大步骤的第 1 步，预期要到 2022 年才会成为 W3C 推荐标准。因此 HTML5 无疑会成为未来 10 年最热门的互联网技术。HTML5 提供的 API 需要在 JavaScript 程序中调用才能应用到网页中。

HTML5 包含很多实用的新技术，由于篇幅所限，本章不可能一一介绍，只能选择介绍拖放功能、使用 Canvas API 画图和获取地理位置信息等几个具有代表性的实用新技术。

9.1　HTML5 的新特性

HTML5 在语法上与 HTML4 是兼容的，同时也增加了很多新特性，从而使得使用 HTML5 设计网页更加方便、简单和美观。

9.1.1　简化的文档类型和字符集

<!DOCTYPE> 声明位于 HTML 文档中的最前面的位置，它位于 <html> 标签之前。该标签告知浏览器文档所使用的 HTML 或 XHTML 规范。

在 HTML4 中，<!DOCTYPE>标签可以声明 3 种 DTD 类型，分别表示严格版本（Strict）、过渡版本（Transitional）和基于框架（Frameset）的 HTML 文档。

下面是在 HTML4 中使用<!DOCTYPE>标签的例子。

```
<!DOCTYPE html
PUBLIC "-//W3C//DTD XHTML 1.0 Strict//EN"
"http://www.w3.org/TR/xhtml1/DTD/xhtml1-strict.dtd">
```

在上面的声明中，声明了文档的根元素是 html，具体情况在公共标识符为 "-//W3C//DTD XHTML 1.0 Strict//EN" 的 DTD 中进行了定义。浏览器将明白如何寻找匹配此公共标识符的 DTD。如果找不到，浏览器将使用公共标识符后面的 URL 作为寻找 DTD 的位置。

对于初学者而言，前面的内容也许有些复杂，不好理解。不过，好在 HTML5 对<!DOCTYPE>标签进行了简化，只支持 HTML 一种文档类型。定义代码如下：

```
<!DOCTYPE HTML>
```

之所以这么简单，是因为 HTML5 不再是 SGML（Standard Generalized Markup Language，标准通用标记语言，是一种定义电子文档结构和描述其内容的国际标准语言，是所有电子文档标记语言的起源）的一部分，而是独立的标记语言。这样，设计 HTML 文档时就不需要考虑文档类型了。

HTML4 的字符集包括 ASCII、ISO-8859-1、Unicode 等很多类型。HTML5 的字符集也得到了简化，只需要使用 UTF-8 即可，使用一个<meta>标签就可以指定 HTML5 的字符集，代码如下：

```
<meta charset="UTF-8">
```

9.1.2　HTML5 的新结构

HTML5 的设计者们认为网页应该像 XML 文档和图书一样有结构。通常，网页中有导航、网页体内容、工具栏、页眉和页脚等结构。HTML5 中增加了一些新的 HTML 标签以实现这些网页结构，这些新标签及其定义的网页布局如图 9-1 所示。

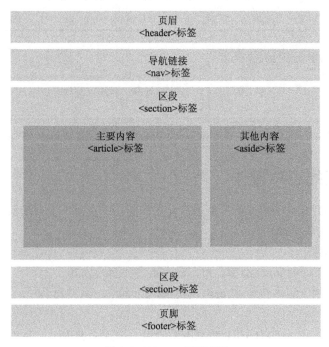

图 9-1　HTML5 网页布局

HTML5 定义网页布局的标签如表 9-1 所示。

表 9-1　　　　　　　　　　　　　　　基本的 HTML5 布局标签

标　　签	具 体 描 述
<section>	用于定义文档中的区段，例如章节、页眉、页脚或文档中的其他部分
<header>	用于定义文档的页眉（介绍信息）
<footer>	用于定义区段（section）或文档的页脚。通常，该元素包含作者的姓名、文档的创作日期或者联系方式等信息
<nav>	用于定义导航链接
<article>	用于定义文章或网页中的主要内容
<aside>	用于定义主要内容之外的其他内容
<figure>	用于定义独立的流内容（图像、图表、照片、代码等）

9.1.3　HTML5 的新增内联元素

HTML5 新增了几个内联元素（inline element），如表 9-2 所示。内联元素一般都是基于语义级的基本元素。内联元素只能容纳文本或者其他内联元素。

表 9-2　　　　　　　　　　　　　　　HTML5 新增的内联元素

标　　签	具 体 描 述
<mark>	用于定义带有记号的文本
<time>	用于定义公历的时间（24 小时制）或日期、时间和时区
<meter>	用于定义度量。仅用于已知最大和最小值的度量。浏览器会使用图形方式表现 meter 标签，例如，在 Google Chrome 中<meter>标签的表现如图 9-2 所示
<progress>	用于定义一个进度条，例如，在 Google Chrome 中<progress>标签的表现如图 9-3 所示

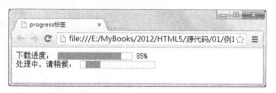

图 9-2　在 Google Chrome 中< meter >标签的表现　　　图 9-3　在 Google Chrome 中< progress >标签的表现

9.1.4　全新的表单设计

HTML5 支持 HTML4 中定义的所有标准输入控件，而且新增了大量新的输入控件，从而使 HTML5 实现了全新的表单设计。

1. 新的 input 类型

HTML 5 新增了下面的 input 类型，可以输入更多类型的数据。

（1）mail 类型：用于应该包含 E-mail 地址的输入域。在提交表单时，会自动验证 E-mail 域的值。

（2）url 类型：用于应该包含 URL 地址的输入域。在提交表单时，会自动验证 URL 域的值。

（3）number 类型：用于应该包含数值的输入域。

（4）date 类型：用于应该包含日期值的输入域，可以通过一个下拉日历来选择年/月/日。

（5）month 类型：用于选取月和年。

（6）week 类型：用于选取周和年。

（7）time 类型：用于选取时间（小时和分钟）。

（8）datetime 类型：用于选取时间、日、月、年（UTC 时间）。

（9）datetime-local 类型：用于选取时间、日、月、年（本地时间）。

2. 新的表单元素

HTML 5 还新增了下面的表单元素。

（1）datalist 元素用于定义输入域的选项列表。定义 datalist 元素的语法如下：

```
<datalist id="…">
<option label="…" value="…" />
<option label="…" value="…" />
…
```

```
</datalist>
```

option 元素用于创建 datalist 元素中的选项列表。label 属性用于定义列表项的显示标签，value 属性用于定义列表项的值。

在<input>标签中可以使用 list 属性引用 datalist 的 id。

（2）keygen 元素提供了一种验证用户的可靠方法。它是一个密钥对生成器，当提交表单时，会生成两个密匙，一个是私钥（private key），另一个是公钥（public key）。私钥存储于客户端，公钥则被发送到服务器。公钥可用于验证用户的客户端证书。

定义 keygen 元素的语法如下：

```
<keygen name="…">
```

（3）output 元素用于显示不同类型的输出，例如计算或脚本的结果输出。定义 output 元素的语法如下：

```
<output id="…" onforminput="…"></output>
```

onforminput 指定当表单获得用户输入时的运行脚本，此时可以将结果显示在 output 元素中。

3. form 元素的新增属性

在 HTML 5 中，form 元素的新增属性如表 9-3 所示。

表 9-3　　　　　　　　　　　　　　　form 元素的新增属性

属　　性	具　体　描　述
autocomplete	规定表单中的元素是否具有自动完成功能。所谓自动完成功能就是表单会记忆用户在表单元素中输入数据的历史记录，下次输入时会根据用户输入的字头提示匹配的历史数据，帮助用户完成输入。autocomplete="on"表示启用自动完成功能；autocomplete="off"表示停用自动完成功能。例如： 　　`<form action="demo_form.asp" method="get" autocomplete="on">`
novalidate	规定在提交表单时不验证数据，例如： 　　`<form action="demo_form.asp" method="get" novalidate>` 如果不使用 novalidate，则会验证数据

form 元素的属性对表单内的所有元素都有效。

9.1.5　强大的绘图和多媒体功能

HTML4 几乎没有绘图的功能，通常只能显示已有的图片；而 HTML5 则集成了强大的绘图功能。在 HTML5 中可以通过下面的方法进行绘图：

（1）使用 Canvas API 动态地绘制各种效果精美的图形；

（2）绘制可伸缩矢量图形（SVG）。

借助 HTML5 的绘图功能，既可以美化网页界面，也可以实现专业人士的绘图需求。

HTML4 在播放音频和视频时都需要借助 Flash 等第三方插件。而 HTML5 新增了 audio 和 video 元素，可以不依赖任何插件地播放音频和视频，以后用户就不需要安装和升级 Flash 插件了，这当然更方便了。

9.1.6　打造桌面应用的一系列新功能

在传统的 Web 应用程序中，数据存储和数据处理都有服务器端脚本（例如 ASP、ASP.NET 和 PHP 等）完成，客户端的 HTML 语言只负责显示数据，几乎没有处理能力。因此，使用 HTML4

打造桌面应用是不可能的。而 HTML5 新增了一系列数据存储和数据处理的新功能，大大增强了客户端的处理能力，这能力足以颠覆传统 Web 应用程序的设计和工作模式。甚至使用 HTML5 打造桌面应用也不再是天方夜谭。

HTML5 新增的与数据存储和数据处理相关的新功能如下。

（1）Web 通信。在 HTML4 中，出于安全考虑，一般不允许一个浏览器的不同框架、不同标签页、不同窗口之间的应用程序互相通信，以防止恶意攻击。如果要实现跨域通信只能通过 Web 服务器作为中介。但在桌面应用中，经常需要进行跨域通信。HTML5 提供了这种跨域通信的消息机制。

（2）本地存储。HTML4 的存储能力很弱，只能使用 Cookie 存储很少量的数据，比如用户名和密码。HTML5 扩充了文件存储的能力，可以存储多达 5MB 的数据，而且还支持 WebSQL 和 IndexedDB 等轻量级数据库，大大增强了数据存储和数据检索能力。

（3）离线应用。传统 Web 应用程序对 Web 服务器的依赖程度非常高，离开 Web 服务器几乎什么都做不了。而使用 HTML5 可以开发支持离线的 Web 应用程序，在连接不上 Web 服务器时，可以切换到离线模式，等到可以连接 Web 服务器时，再进行数据同步，把离线模式下完成的工作提交到 Web 服务器。

9.1.7　获取地理位置信息

越来越多的 Web 应用需要获取地理位置信息，例如在显示地图时标注自己的当前位置。在 HTML4 中，获取用户的地理位置信息需要借助第三方地址数据库或专业的开发包（例如，Google Gears API）。HTML5 新增了 Geolocation API 规范，可以通过浏览器获取用户的地理位置，这无疑给有相关需求的用户提供了很大的方便。

9.1.8　支持多线程

提到多线程，大多数人都会想到 C++、C#和 Java 等高级语言。传统的 Web 应用程序都是单线程的，完成一项任务才去执行下面的工作。这样的应用程序效率自然不会高，甚至会出现网页没有响应的情况。HTML 5 新增了 Web Workers 对象，使用 Web Workers 对象可以后台运行 JavaScript 程序，也就是支持多线程，从而提高了新一代 Web 应用程序的效率。

9.1.9　浏览器对 HTML5 的支持

尽管 HTML5 还只是草案，但它已经引起了业内的广泛重视，对 HTML5 的支持程度已经成为衡量一个浏览器的重要指标。

目前绝大多数主流浏览器都支持 HTML5，只是支持的程度不同。访问下面的网址就可以测试当前浏览器对 HTML5 的支持程度，例如使用 Chrome 28.0 进行测试得分为 463（满分为 500），如图 9-4 所示。

http://html5test.com/

笔者使用目前国外厂商的主流浏览器进行测试的结果如表 9-4 所示。

图 9-4　使用 Chrome 28.0 进行 HTML5 测试的得分

表 9-4　　　　　　　　国外厂商的主流浏览器对 HTML5 支持程度的测试结果

浏 览 器	版 本	得 分
Google Chrome	26.0.1410.43 m	468
Opera	16.0	442
Firefox	23.0.1	414
Internet Explorer	10	320
苹果浏览器 Safari for Windows	5.1.7	278

可以看到，目前对 HTML5 支持最好的国外厂商主流浏览器是 Google Chrome。

笔者也对目前国内厂商的主流浏览器进行了测试，结果如表 9-5 所示。

表 9-5　　　　　　　　国内厂商的主流浏览器对 HTML5 支持程度的测试结果

浏 览 器	版 本	得 分
360 极速浏览器	7.3.0.146	455
360 安全浏览器	6.2.1.198	450
傲游云浏览器	4.1.2.4000（测试时显示为 I Maxthon 4.1.2）	476
猎豹浏览器	4.0.23.5095	446
搜狗高速浏览器	4.1.3.9297	436
百度浏览器	5.0	401
QQ 浏览器	7.4.14018.400	319

相信所有的主流浏览器厂商都会越来越重视 HTML5，这个测试的结果也是动态变化的。读者在阅读本书时也可以亲自做一下测试。

9.2　HTML5 拖放功能

拖放是一种常见的操作，也就是用鼠标抓取一个对象，将其拖放到另一个位置。例如，在 Windows 中，可以将一个对象拖放到回收站中。过去，在 Web 应用程序中实现拖放的应用并不多。在 HTML5 中，拖放已经是标准的一部分，任何元素都能够被拖放，可以拖放网页中的元素，也可以从桌面拖放到网页中。使用拖放特性实现的网页将更新颖、更方便，比如直接从桌面向网页中拖放文件以上传文件。

9.2.1　什么是拖放

拖放可以分为两个动作，即拖曳（drag）和放开（drop）。拖曳就是移动鼠标到指定对象，按下左键，然后按住左键拖动对象；放开就是放开鼠标左键，放下对象。当开始拖曳时，系统可以提供如下信息。

（1）被拖曳的数据：这可以是多种不同格式的数据，例如，包含字符串数据的文本对象。

（2）在拖曳过程中显示在鼠标指针旁边的反馈图像：用户可以自定义此图像，但大多数时候只能使用默认图像。默认图像将基于按下鼠标时鼠标指针指向的元素。

（3）拖曳效果：可以是以下 3 种拖曳效果。

• copy：指被拖曳的数据将从当前位置复制到放开的位置；

- move：指被拖曳的数据将从当前位置移动到放开的位置；
- link：指在源位置和放开的位置之间将建立某种关系或连接。

在拖曳操作的过程中，也可以修改拖曳效果，以表明在某个特定的位置允许某种拖曳效果。

9.2.2　设置元素为可拖放

首先要定义网页中的元素可以被拖放，可以通过将元素的 draggable 属性设置为 true 实现此功能。

【例 9-1】　在网页中定义一个可拖放的图片，代码如下：

```
<!DOCTYPE html>
<html>
<body>
<img src="Water lilies.jpg" draggable="true" />
</body>
</html>
```

浏览此网页，确认可以使用鼠标拖曳网页中的图片。

9.2.3　拖放事件

当拖放一个元素时，会触发一系列事件。对这些事件进行处理就可以实现各种拖放效果。拖放事件如表 9-6 所示。

表 9-6　　　　　　　　　　　　　　　拖放事件

事　　件	说　　明	作 用 对 象
dragstart	开始拖动对象时触发	被拖动对象
dragenter	当对象第一次被拖动到目标对象上时触发，同时表示该目标对象允许执行"放"的动作	目标对象
dragover	当对象拖动到目标对象时触发	当前目标对象
dragleave	在拖动过程中，当被拖动对象离开目标对象时触发	先前目标对象
drag	每当对象被拖动时就会触发	被拖动对象
drop	每当对象被放开时就会触发	当前目标对象
dragend	在拖放过程中，松开鼠标时触发	被拖动对象

当拖放一个元素时，拖放事件被触发的顺序为 dragstart→dragenter→dragover→drop→dragend。

在定义元素时，可以指定拖放事件的处理函数。例如，在网页中定义一个可拖放的图片，并指定其 dragstart 事件的处理函数为 drag(event)代码如下：

```
<img src="Water lilies.jpg" draggable="true" ondragstart="drag(event)" />
```

drag(event)函数的格式如下：

```
<script type="text/javascript">
function drag(ev)
{
    // 处理 dragstart 事件的代码
}
</script>
```

每个拖放事件的处理函数都有一个 Event 对象作为参数。Event 对象代表事件的状态，比如发生事件中的元素、键盘按键的状态、鼠标的位置、鼠标按钮的状态。关于 Event 对象的具体情况已经在第 5 章中介绍了，请参照理解。

9.2.4　传递拖曳数据

仅仅将网页中的元素设置为可拖放是不够的，在实际应用中还需要实现拖曳数据的传递，可以使用 dataTransfer 对象来实现此功能。dataTransfer 对象是 Event 对象的一个属性。

1. dataTransfer 对象的属性

dataTransfer 对象包含 dropEffect 和 effectAllowed 两个属性。

dropEffect 属性用于获取和设置拖放操作的类型以及光标的类型（形状）。dropEffect 属性的可能取值如表 9-7 所示。

表 9-7　　　　　　　　　　　　　　dropEffect 属性的可能取值

取　　值	说　　明
copy	显示 copy 光标
link	显示 link 光标
move	显示 move 光标
none	默认值，即没有指定光标

effectAllowed 属性用于获取和设置对被拖放的源对象允许执行何种数据传输操作。effectAllowed 属性的可能取值如表 9-8 所示。

表 9-8　　　　　　　　　　　　　effectAllowed 属性的可能取值

取　　值	说　　明
copy	允许执行复制操作
link	将源对象链接到目的地
move	将源对象移动到目的地
copyLink	可以是 copy 或 link，取决于目标对象的默认值
copyMove	可以是 copy 或 move，取决于目标对象的默认值
linkMove	可以是 link 或 move，取决于目标对象的默认值
all	允许所有数据传输操作
none	没有数据传输操作，即放开（drop）时不执行任何操作
uninitialized	默认值，表明没有为 effectAllowed 属性设置值，执行默认的拖放操作

2. dataTransfer 对象的方法

dataTransfer 对象包含 getData()、setData()和 clearData()3 个方法。

getData()方法用于从 dataTransfer 对象中以指定的格式获取数据，语法如下：

```
sretrievedata = object.getdata(sdataformat)
```

参数 sdataformat 是指定数据格式的字符串，可以是下面的值。

（1）Text：以文本格式获取数据。

（2）URL：以 URL 格式获取数据。

getData()方法的返回值是从 dataTransfer 对象中获取的数据。

setData ()方法用于以指定的格式设置 dataTransfer 对象中的数据，语法如下：

```
bsuccess = object.setdata(sdataformat, sdata)
```

参数 sdataformat 是指定数据格式的字符串，可以是下面的值。

（1）Text：以文本格式保存数据。

（2）URL：以 URL 格式保存数据。

参数 sdata 是指定要设置的数据的字符串。

如果设置数据成功，则 setData ()方法返回 True；否则返回 False。

ClearData()方法用于从 dataTransfer 对象中删除数据，语法如下：

```
pret = object.cleardata( [sdataformat])
```

参数 sdataformat 是指定要删除的数据格式的字符串，可以是下面的值。

（1）Text：删除文本格式数据。

（2）URL：删除 URL 格式数据。

（3）File：删除文件格式数据。

（4）HTML：删除 HTML 格式数据。

（5）Image：删除图像格式数据。

如果不指定参数 sdataformat，则清空 dataTransfer 对象中的所有数据。

9.2.5　HTML5 拖放的实例

本小节介绍几个 HTML5 拖放的实例，包括拖放 HTML 元素和拖放文件，帮助读者更直观地了解 HTML5 的拖放特性。

1．拖放 HTML 元素

这里介绍一个拖放 img 元素的实例。

【例 9-2】　在网页中定义一个可拖放的图片，代码如下：

```
<img id="drag1" src="1.jpg" width="150" height="150" draggable="true" ondragstart=
"drag(event)" />
```

当开始拖动对象时，触发 ondragstart 事件，处理函数为 drag()，代码如下：

```
function drag(ev)
{
ev.dataTransfer.setData("Text",ev.target.id);
}
```

参数 ev 为 Event 对象。ev.target 表示被拖动的 HTML 元素。ev.target.id 表示被拖动的 HTML 元素的 ID。程序调用 ev.dataTransfer.setData()方法将 ev.target.id 以文本格式保存在 dataTransfer 对象中，以便在放开 HTML 元素时获取被拖动的 HTML 元素的 ID。

定义一个 div 元素，用于接收被拖动的 img 元素，代码如下：

```
<div id="div1" ondrop="drop(event)" ondragover="allowDrop(event)"></div>
```

当对象被拖动到 div 元素时触发 dragover 事件，处理函数为 allowDrop()，代码如下：

```
function allowDrop(ev)
{
ev.preventDefault();
}
```

程序阻止了事件的默认动作。默认的动作为不允许放开鼠标，鼠标指针为 。调用 ev.preventDefault()后，不再显示 指针，表示可以在此处放开鼠标。

当对象被放开时会触发 drop 事件，处理函数为 drop()，代码如下：

```
function drop(ev)
```

```
{
ev.preventDefault();
var data=ev.dataTransfer.getData("Text");
ev.target.appendChild(document.getElementById(data));
}
```

程序首先阻止事件的默认动作，然后从 ataTransfer 对象中以文本格式获取拖动对象时保存的 HTML 元素的 ID。

在这里参数 ev 为 Event 对象。ev.target 表示放开鼠标时的目标 HTML 元素（本例中为 div 元素）。调用 ev.target.appendChild()方法可以将被拖动的 img 元素添加到 div 元素中。拖动图片之前的网页如图 9-5 所示。将图片拖动到 div 元素中，并放开鼠标后的网页如图 9-6 所示。

图 9-5　拖动图片之前的网页

图 9-6　将图片拖动到 div 元素中并放开鼠标后的网页

2. 拖放文件

这里介绍一个拖放文件的实例。被拖放的文件对象保存在 event. dataTransfer.files 中，可以同时拖动多个文件。

【例 9-3】　拖放文件的实例。

在网页中定义一个 div 元素，用于接收被拖动的文件，代码如下：

```
<div id="dropArea" ondrop="drop(event)" ondragover="allowDrop(event)">请把文件拖放到这</div>
```

当对象拖动到 div 元素时触发 dragover 事件，处理函数为 allowDrop()，代码如下：

```
function allowDrop(ev)
{
ev.preventDefault();
document.getElementById('dropArea').className = 'hover';
}
```

程序阻止了事件的默认动作，并将 div 元素 dropArea 的 ClassName 设置为"hover"，这是为了在对象拖动到 div 元素时改变其背景色。dropArea. hover 的 CSS 样式代码如下：

```
#dropArea.hover {
        background-color: yellow;
    }
```

默认的 dropArea 的 CSS 样式代码如下：

```
#dropArea
{
    width:150px;
    height: 20px;
    padding:10px;
```

```
      border:3px solid #ff0000;
      background-color: #EEEEEE;
  }
```

当文件被放开时会触发 drop 事件，处理函数为 drop()，代码如下：

```
function drop(ev)
{
    ev.preventDefault();
    document.getElementById('dropArea').className = "";
    document.getElementById('fileinfo').innerHTML = "共选择了" + ev.dataTransfer.
files.length.toString() + "个文件";
    for(var  i=0;i< ev.dataTransfer.files.length;i++)
    {
        document.getElementById('fileinfo').innerHTML += "<br>文件名:" + ev.data
Transfer.files[i].name + "; 文件大小:"+ev.dataTransfer.files[i].size + "字节";
    }
}
```

程序首先阻止事件的默认动作，将 div 元素 dropArea 的 ClassName 设置为""（目的是恢复其背景色），然后从 event. dataTransfer.files 中获取拖动的文件信息。dataTransfer.files 是 FileList 的接口（选中的单个文件组成的数组）。FileList 数组的元素是一个 File 对象。关于 File 对象的基本情况已经在8.2.2 小节介绍了，请参照理解。

程序将选择文件的信息显示在 div 元素 fileinfo 中。fileinfo 的定义代码如下：

```
<div id="fileinfo" ></div>
```

拖动文件并放开鼠标后的网页如图 9-7 所示。

图 9-7 【例 9-3】拖放文件的页面

9.3 无插件播放多媒体

在 HTML5 之前，要在网页中播放多媒体，需要借助于 Flash 插件。浏览器需要安装 Flash 插件才能播放多媒体。使用 HTML5 提供的新标签<audio>和<video>可以很方便地在网页中播放音频和视频。

9.3.1 HTML5 音频

HTML5 提供了在网页中播放音频的标准，支持<audio>标签的浏览器可以不依赖其他插件即可播放音频。本小节介绍在 HTML5 中播放音频的具体方法。

1. <audio>标签

在 HTML5 中，可以使用<audio>标签定义一个音频播放器，语法如下：

```
<audio src="音频文件">...</audio>
```

src 属性用于指定音频文件的 url。<audio>标签支持的音频文件类型包括.wav、.mp3 和.ogg 等。< audio >和</ audio >之间的字符串指定当浏览器不支持<audio>标签时显示的字符串。

【例 9-4】 在 HTML 文件中定义一个<audio>标签，用于播放 music.wav，代码如下：

```
<html>
<head>
```

```
        <title>使用 audio 标签播放音频</title>
    </head>
    <body>
        <h1>Audio 标签的例子</h1>
        <audio src="music.wav" controls>
            您的浏览器不支持 audio 标签。
        </audio>
    </body>
</html>
```

controls 属性指定在网页中显示控件，比如播放按钮等。在 Google Chrome 中浏览【例 9-4】的结果如图 9-8 所示。可以看到，音频播放器中包括播放/暂停按钮、进度条、进度滑块、播放秒数、音量/静音控件。

图 9-8　在 Google Chrome 中浏览【例 9-4】的结果

 不同浏览器的音频播放器控件的外观也不尽相同。Internet Explorer 8 及其之前版本不支持<audio>标签。

除了前面用到的 src 和 controls 属性，<audio>标签还包括如表 9-9 所示的主要属性。

表 9-9　　　　　　　　除了 src 和 controls 外<audio>标签还包括的主要属性

属　　性	值	具 体 描 述
autoplay	true 或 false	如果是 true，则音频在就绪后马上播放
end	数值	定义播放器在音频流中的何处停止播放，默认会播放到结尾
loop	true 或 false	如果是 true，则音频会循环播放
loopend	数值	定义在音频流中循环播放停止的位置，默认为 end 属性的值
loopstart	数值	定义在音频流中循环播放开始的位置，默认为 start 属性的值
playcount	数值	定义音频片断播放多少次，默认为 1
start	数值	定义播放器在音频流中开始播放的位置，默认从开头播放

2.　播放背景音乐

给自己的网页增加一段悠扬的背景音乐，这是很多网页设计者的希望。使用前面介绍的 HTML5 的<audio>标签可以很轻松地实现此功能。

播放背景音乐时通常不需要显示播放控件，因此在定义<audio>标签时可以将 controls 属性设置为 false（或不使用 controls 属性）。播放背景音乐时需要自动、循环播放，因此在定义<audio>标签时可以将 autoplay 属性和 loop 属性设置为 true。

【例 9-5】　在 HTML 文件中定义一个<audio>标签，用于播放背景音乐 music.wav，代码如下：

```
<html>
<head>
    <title>使用 audio 标签播放背景音乐</title>
</head>
<body>
    <h1>播放背景音乐的例子</h1>
    <audio src="music.wav" autoplay loop>
        您的浏览器不支持 audio 标签。
    </audio>
</body>
</html>
```

3. 设置替换音频源

前面已经介绍了<audio>标签支持.wav、.mp3 和.ogg 等多种类型的音频文件，但是并不是所有浏览器都支持每种类型的音频文件。如果只指定一种类型的音频文件，则很可能在使用某些浏览器时不能正常播放。

在<audio>标签中，可以使用<source>标签指定多个要播放的音频文件。语法如下：

```
<audio>
    <source src="音频文件 1">
    <source src="音频文件 2">
    <source src="音频文件 3">
    ……
</audio>
```

【例 9-6】 改进【例 9-5】，增加替换音频源 music.mp3，代码如下：

```
<html>
<head>
    <title>使用 audio 标签播放音频</title>
</head>
<body>
    <h1>Audio 标签的例子</h1>
    <audio src="music.wav" controls>
    <source src=" music.wav">
    <source src=" music.mp3">
        您的浏览器不支持 audio 标签。
    </audio>
</body>
</html>
```

4. 检测浏览器是否支持<audio>标签

在 JavaScript 程序中操作 audio 对象之前，通常需要检测浏览器是否支持<audio>标签。如果支持，则可以对 audio 对象进行操作。

可以通过 window.HTMLAudioElement 属性判断浏览器是否支持<audio>标签。如果 window.HTMLAudioElement 等于 true，则表示浏览器支持<audio>标签，否则表示不支持。

【例 9-7】 在网页中定义一个按钮，单击此按钮时，会检测浏览器是否支持<audio>标签。定义按钮的代码如下：

```
<button id="check" onclick="check();">检测浏览器是否支持 audio 标签</button>
```

单击按钮 check 将调用 check()函数。check()函数的定义代码如下：

```
<script type="text/javascript">
function check(){
```

```
if(window.HTMLAudioElement){
  alert("您的浏览器支持 audio 标签。");
}
else{
  alert("您的浏览器不支持 audio 标签。");
}
}
</script>
```

5. 在 JavaScript 程序中获得 audio 对象

在 JavaScript 程序中有下面 2 种方法可以获得 audio 对象。

（1）使用 new 关键字创建 audio 对象，例如：

```
media = new Audio("music.wav");
```

（2）首先在 HTML 网页中定义一个<audio>标签，然后调用 document.getElementById()函数获取对应的 audio 对象。例如定义<audio>标签的代码如下：

```
<audio id = "audio1" src="music.wav" autoplay loop>
    您的浏览器不支持 audio 标签。
</audio>
```

获取对应的 audio 对象的代码如下：

```
var media = document.getElementById('audio1');
```

6. audio 对象的属性

audio 对象的常用属性如表 9-10 所示。

表 9-10　　　　　　　　　　　　　　　　audio 对象的常用属性

属　　性	具 体 描 述
currentTime	设置或返回音频文件开始播放的位置，以"秒"为单位
duration	返回播放音频的长度
src	音频文件的 url
volume	设置或返回音频文件的音量
networkState	当前的网络状态。0 表示尚未初始化，1 表示正常但没有使用网络，2 表示正在下载数据，3 表示没有找到资源
paused	是否暂停
ended	是否结束
autoPlay	是否自动播放
loop	是否循环播放
controls	是否显示默认控制条
muted	是否静音

【例 9-8】　演示 currentTime 属性的使用。

在网页中定义一个<audio>标签，代码如下：

```
<audio id="audio1" src="music.wav" controls>您的浏览器不支持 audio 标签。</audio>
```

定义一个"快进"按钮，定义按钮的代码如下：

```
<button id="foward" onclick="foward();">快进</button>
```

单击按钮 foward 将调用 foward ()函数。foward ()函数的定义代码如下：

```
<script type="text/javascript">
function foward (){
  if(window.HTMLAudioElement){
      var media = document.getElementById('audio1');
    media. currentTime += 1;
  }
}
</script>
```

程序首先通过 window.HTMLAudioElement 判断浏览器是否支持 audio 标签，如果支持，则获取 audio 对象 media，然后将 media. currentTime 加 1。

再定义一个"倒回"按钮，定义按钮的代码如下：

```
<button id="rewind" onclick="rewind();">倒回</button>
```

单击按钮 rewind 将调用 rewind ()函数。rewind ()函数的定义代码如下：

```
<script type="text/javascript">
function rewind(){
  if(window.HTMLAudioElement){
      var media = document.getElementById('audio1');
    media. currentTime = 0;
  }
}
</script>
```

程序首先通过 window.HTMLAudioElement 判断浏览器是否支持<audio>标签，如果支持，则获取<audio>对象 media，然后将 media. currentTime 设置为 0。

【例 9-8】定义的网页如图 9-9 所示。

图 9-9　【例 9-8】定义的网页

7. audio 对象的方法

audio 对象的常用方法如表 9-11 所示。

表 9-11　　　　　　　　　　　　　　　audio 对象的常用方法

方　　法	具　体　描　述
canPlayType	是否能播放指定格式的资源
load	加载 src 属性指定的资源
play	播放
pause	暂停

【例 9-9】　在网页中定义一个按钮，单击此按钮时，会播放 music.wav。定义按钮的代码如下：

```
<button id="play" onclick="playAudio();">播放</button>
```

单击按钮 play 将调用 playAudio()函数。playAudio()函数的定义代码如下：

```
<script type="text/javascript">
```

```
function playAudio(){
  if(window.HTMLAudioElement){
    media = new Audio("music.wav");
    media.controls = false;
    media.play();
  }
}
</script>
```

程序首先通过 window.HTMLAudioElement 判断浏览器是否支持<audio>标签，如果支持，则创建一个<audio>对象 media，默认的音频文件为 music.wav；然后将 media.controls 设置为 false，指定不显示默认控制条；最后调用 media.play()方法播放音频文件。

【例 9-10】　改进【例 9-9】，播放音频后，将“播放”按钮改为“暂停”按钮，单击“暂停”按钮后，暂停播放，并将按钮改为“播放”按钮。

因为要对同一个音频进行播放和暂停两种操作，所以不能像【例 9-9】那样在每次操作时创建 audio 对象。需要在网页中定义一个音频播放器，代码如下：

```
<audio id="audio1" src="music.wav"> 您的浏览器不支持 audio 标签。</audio>
```

定义“播放／暂停”按钮的代码如下：

```
<button id="play" onclick="playAudio();">播放</button>
```

初始时按钮标题为“播放”，单击按钮 play 将调用 playAudio()函数。playAudio()函数的定义代码如下：

```
<script type="text/javascript">
function playAudio(){
  if(window.HTMLAudioElement){
    var media = document.getElementById('audio1');
    var btn = document.getElementById('play');
    if (media.paused) {
      media.play();
      btn.textContent = "暂停";
    }
    else {
      media.pause();
      btn.textContent = "播放";
    }
  }
}
</script>
```

程序根据 media.paused 属性判断当前的播放状态。当 media.paused 等于 true 时，单击按钮会播放音频，并将按钮标题设置为“暂停”；否则，单击按钮会暂停播放音频，并将按钮标题设置为“播放”。

按钮控件的 textContent 属性用于返回和设置按钮的标题。

8. audio 对象的事件

audio 对象的常用事件如表 9-12 所示。

表 9-12　　　　　　　　　　　　　　　audio 对象的常用事件

方　　法	具　体　描　述
loadstart	开始申请数据
progress	正在申请数据

方　　法	具 体 描 述
suspend	延迟下载
play	播放时触发
pause	暂停时触发
ended	播放结束
volumechange	改变音量

【例 9-10】还存在一个问题：当播放完音频后，"播放"按钮依旧显示为"暂停"，这不符合逻辑。

【例 9-11】 改进【例 9-10】，当播放完音频后，将按钮标题改为 "播放"。

在 playAudio()函数中添加如下代码：

```
media.addEventListener("ended", playend, true);
```

即指定 media 对象的 ended 事件触发时调用 playend()函数。playend()函数的定义代码如下：

```
function playend(){
    var btn = document.getElementById('play');
    btn.textContent = "播放";
}
```

9.3.2　HTML5 视频

HTML5 提供了在网页中播放视频的标准，支持<video>标签的浏览器可以不依赖其他插件播放视频。本小节介绍在 HTML5 中播放视频的具体方法。

1．<video>标签

在 HTML5 中，可以使用<video>标签定义一个视频播放器，语法如下：

```
<video src="视频文件">…</video>
```

src 属性用于指定视频文件的 url。<video>标签支持的视频文件格式包括 Ogg、MPEG 4 和 WebM 等。< video>和</ video>之间的字符串指定当浏览器不支持<video>标签时显示的字符串。

<video>标签的主要属性如表 9-13 所示。

表 9-13　　　　　　　　　　　　　<video>标签的主要属性

属　　性	值	具 体 描 述
autoplay	true 或 false	如果是 true，则视频在就绪后马上播放
controls	true 或 false	如果是 true，则向用户显示视频播放器控件，比如播放按钮
end	数值	定义播放器在视频流中的何处停止播放，默认会播放到结尾
height	数值	视频播放器的高度，单位为像素
loop	True 或 false	如果是 true，则视频会循环播放
loopend	数值	定义在视频流中循环播放停止的位置，默认为 end 属性的值
loopstart	数值	定义在视频流中循环播放开始的位置，默认为 start 属性的值
playcount	数值	定义视频片断播放多少次，默认为 1
poster	url	在视频播放之前所显示的图片的 URL
src	url	要播放的视频的 URL
start	数值	定义播放器在视频流中开始播放的位置，默认从开头播放
width	数值	视频播放器的宽度，单位为像素

【例 9-12】　在 HTML 文件中定义一个<video>标签，用于播放指定的在线 mp4 文件，代码如下：

```
<html>
<head>
    <title>使用 video 标签播放视频</title>
</head>
<body>
    <h1> video 标签的例子</h1>
    <video src="http://ie.sogou.com/lab/inc/BigBuckBunny.mp4" controls>
        您的浏览器不支持 video 标签。
    </video>
</body>
</html>
```

在 Google Chrome 中浏览【例 9-12】的结果如图 9-10 所示。可以看到，音频播放器中包括播放/暂停按钮、进度条、进度滑块、播放秒数、音量/静音、全屏按钮等控件。

图 9-10　在 Google Chrome 中浏览【例 9-12】的结果

　　　不同浏览器的视频播放器控件的外观也不尽相同。Internet Explorer 8 及其之前版本不支持<video>标签。

与<audio>标签一样，在<video>标签中，也可以使用<source>标签指定多个要播放的视频文件。语法如下：

```
<video>
    <source src="视频文件 1">
    <source src="视频文件 2">
    <source src="视频文件 3">
    ……
</video>
```

【例 9-13】　改进【例 9-12】，增加替换视频源，代码如下：

```
<html>
<head>
    <title>使用 video 标签播放视频</title>
</head>
```

```
<body>
    <h1>Audio 标签的例子</h1>
    <video controls="controls">
      <source src="http://ie.sogou.com/lab/inc/BigBuckBunny.mp4" type="video/mp4"/>
      <source src="http://ie.sogou.com/lab/inc/BigBuckBunny.ogv" type="video/ogg"/>
</video>
</body>
</html>
```

2. 检测浏览器是否支持<video>标签

在 JavaScript 程序中操作 video 对象之前，通常需要检测浏览器是否支持<video>标签。如果支持，则可以对 video 对象进行操作。

可以通过 document.createElement()方法创建一个 video 对象，如果成功则表示浏览器支持<video>标签，否则表示不支持。

【例 9-14】 在网页中定义一个按钮，单击此按钮时，会检测浏览器是否支持<video>标签。定义按钮的代码如下：

```
<button id="check" onclick="check();">检测浏览器是否支持 video 标签</button>
```

单击按钮 check 将调用 check()函数。check()函数的定义代码如下：

```
<script type="text/javascript">
function check(){
  if(supports_video()){
    alert("您的浏览器支持 video 标签。");
  }
  else{
    alert("您的浏览器不支持 video 标签。");
  }
}
</script>
```

supports_video()函数用于检测浏览器是否支持<video>标签，代码如下：

```
function supports_video(){
    return !!document.createElement('video').canPlayType;
}
```

程序调用 document.createElement('video') 方法创建一个 video 对象，然后调用该 video 对象的 canPlayType 方法，并借此判断浏览器是否支持<video>标签。使用"!!"操作符的目的是将结果转换为布尔类型。

3. 在 JavaScript 程序中获得 video 对象

与 audio 对象不同，video 对象在任何情况下都是可见的。因此不需要使用 new 关键字创建 video 对象。

一般在需要 HTML 网页中定义一个<video>标签，然后调用 document.getElementById()函数获取对应的 audio 对象。例如定义<video>标签的代码如下：

```
<video id = " video1" src="http://ie.sogou.com/lab/inc/BigBuckBunny.mp4" controls>
        您的浏览器不支持 video 标签。
    </video>
```

获取对应的 video 对象的代码如下：

```
var media = document.getElementById('video1');
```

4. video 对象的属性

video 对象的常用属性如表 9-14 所示。

表 9-14　　　　　　　　　　　　　　　　video 对象的常用属性

属　　性	具 体 描 述
autoplay	设置或返回是否在加载完成后随即播放音频/视频
controls	设置或返回是否显示视频控件
currentSrc	返回当前视频的 URL
currentTime	设置或返回视频文件开始播放的位置，返回值以"秒"为单位
duration	返回播放视频在某秒上的播放长度
ended	是否结束
height	视频的高度
loop	是否循环播放
muted	是否静音
networkState	当前的网络状态。0 表示尚未初始化，1 表示正常但没有使用网络，2 表示正在下载数据，3 表示没有找到资源
paused	是否暂停
played	是否已播放
preload	设置或返回视频是否应该在页面加载后进行加载
src	设置或返回视频元素的当前来源
volume	设置或返回视频文件的音量
videoWidth	原始视频的宽度
videoHeight	原始视频的高度
width	视频的宽度

【例 9-15】　演示 width 属性和 videoWidth 属性的使用。

在网页中定义一个<video>标签，代码如下：

```
<video id = "video1" src="http://ie.sogou.com/lab/inc/BigBuckBunny.mp4" controls>
        您的浏览器不支持 video 标签。
    </video>
```

定义一个"小"按钮，定义按钮的代码如下：

```
<button id="MakeSmall" onclick=" MakeSmall ();">小</button>
```

单击按钮 MakeSmall 将调用 MakeSmall ()函数。MakeSmall ()函数的定义代码如下：

```
<script type="text/javascript">
function supports_video(){
   return !!document.createElement('video').canPlayType;
}
function MakeSmall(){
  if(supports_video()){
     var media = document.getElementById('video1');
    media.width = media.videoWidth/2;
  }
}
</script>
```

程序首先通过 supports_video()判断浏览器是否支持<video>标签，如果支持，则获取 video 对象 media，然后将 media. width 设置为原始视频宽度的一半（media.videoWidth/2）。

再定义一个"正常"按钮，定义按钮的代码如下：

```
<button id="normal" onclick="MakeNormal();">正常</button>
```

单击按钮 normal 将调用 MakeNormal()函数。MakeNormal()函数的定义代码如下：

```
function MakeNormal(){
  if(supports_video()){
     var media = document.getElementById('video1');
    media.width = media.videoWidth;
  }
}
```

程序将 media. width 设置为原始视频宽度（media.videoWidth）。

最后定义一个"大"按钮，定义按钮的代码如下：

```
<button id="Big" onclick="MakeBig();">大</button>
```

单击按钮 Big 将调用 Make Big()函数。MakeBig()函数的定义代码如下：

```
function MakeBig(){
  if(supports_video()){
     var media = document.getElementById('video1');
    media.width = media.videoWidth*2;
  }
}
```

程序将 media. width 设置为原始视频宽度的 2 倍（media.videoWidth*2）。

【例 9-15】定义的网页如图 9-11 所示。单击"小"按钮，会缩小视频的大小，如图 9-12 所示。

图 9-11　【例 9-15】定义的网页　　　　　图 9-12　单击"小"按钮，会缩小视频的大小

单击"大"按钮，会放大视频的大小，如图 9-13 所示。

图 9-13　单击"大"按钮，会放大视频的大小

5. video 对象的方法

video 对象的常用方法如表 9-15 所示。

表 9-15　　　　　　　　　　　　　　　　　video 对象的常用方法

方　　法	具 体 描 述
canPlayType	判断是否能播放指定格式的资源
load	加载 src 属性指定的资源
play	播放
pause	暂停

【例 9-16】　定义一个<video>标签，用于播放指定的在线 mp4 文件。单击视频画面则播放视频，再次单击则会暂停播放。

定义一个视频播放器的代码如下：

```
<video   id="video1"   src="http://ie.sogou.com/lab/inc/BigBuckBunny.mp4"   controls
onclick="playvideo();">
        您的浏览器不支持 video 标签。
    </video>
```

onclick 事件指定单击视频画面时调用的函数为 playvideo()。playvideo()函数的定义代码如下：

```
<script type="text/javascript">
function supports_video(){
   return !!document.createElement('video').canPlayType;
}
function playvideo(){
  if(supports_video()){
    var media = document.getElementById('video1');
    if (media.paused) {
     media.play();
    }
    else {
     media.pause();
    }
  }
}
</script>
```

程序根据 media.paused 属性判断当前的播放状态。当 media.paused 等于 true 时，会播放视频；否则，会暂停播放。

6. video 对象的事件

video 对象的常用事件如表 9-16 所示。

表 9-16　　　　　　　　　　　　　　　　　video 对象的常用事件

事　　件	具 体 描 述
canplay	当浏览器可以播放音频/视频时
loadeddata	当浏览器已加载视频的当前帧时
loadstart	开始申请数据
progress	正在申请数据
suspend	延迟下载

续表

事　件	具　体　描　述
play	播放时触发
pause	暂停时触发
ended	播放结束
volumechange	改变音量
waiting	当视频由于需要缓冲下一帧而停止

【例 9-17】　在网页中定义 2 个视频播放器，当播放视频 1 时，就暂停视频 2；当暂停视频 1 时，就播放视频 2。网页代码如下：

```
<video id="video1" src="http://ie.sogou.com/lab/inc/BigBuckBunny.mp4" controls >
        您的浏览器不支持 video 标签。
    </video>
<video id="video2" src="http://ie.sogou.com/lab/inc/BigBuckBunny.ogv" controls>
        您的浏览器不支持 video 标签。
    </video>
<script type="text/javascript">
function register() {
  var media1 = document.getElementById('video1');

  media1.addEventListener("play", pauseVideo2, true);
  media1.addEventListener("pause", playVideo2, true);
}
function pauseVideo2(){
  var media2 = document.getElementById('video2');
   media2.pause();
}
function playVideo2(){
  var media2 = document.getElementById('video2');
   media2.play();
}
window.addEventListener("load", register, true);
</script>
```

程序使用 window.addEventListener()函数指定加载网页（load 事件）时调用 register()函数。register()函数用于定义视频 1 的事件处理函数，play 事件的处理函数为 pauseVideo2()，pause 事件的处理函数为 playVideo2()。

9.4　获取浏览器的地理位置信息

　　有些应用程序需要获取用户的地理位置信息，比较经典的例子就是在显示地图时标注自己的当前位置。过去，获取用户的地理位置信息需要借助第三方地址数据库或专业的开发包（例如，Google Gears API）。HTML 5 定义了 Geolocation API 规范，可以通过浏览器获取用户的地理位置，这无疑给有相关需求的用户提供了很大的方便。本节介绍使用 HTML5 Geolocation API 获取用户的地理位置信息的方法。

9.4.1 什么是浏览器地理位置

浏览器的地理位置实际上就是安装浏览器的硬件设备的位置，例如经纬度。位置信息的来源通常包括如下 6 个方面。

（1）GPS（全球定位系统）：这种方式可以提供很精确的定位，但需要专门的硬件设备，定位效率也不高。

（2）IP 地址：多用于计算机设备，定位并不准确。

（3）RFID（Radio Frequency Identification，无线射频标签）：可以通过读卡器的信号、报文到达时间或定位器等数据确定标签的位置。

（4）WiFi：无线上网时，可以通过 WiFi 热点（AP 或无线路由器）来定位客户端设备。

（5）GSM/CDMA 小区标识码：可以根据手机用户的基站数据定位手机设备。

（6）用户输入：除了以上方法外，还可以允许用户自定义位置信息。

通过不同渠道获得的浏览器的地理位置信息是有误差的，因此并不能保证 Geolocation API 返回的是设备的实际位置。

9.4.2 浏览器对获取地理位置信息的支持情况

在 JavaScript 中可以使用 navigator.geolocation 属性检测浏览器对获取地理位置信息的支持情况。如果 navigator.geolocation 等于 True，则表明当前浏览器支持获取地理位置信息；否则表明不支持。

【例 9-18】 在网页中定义一个按钮，单击此按钮时，会检测浏览器是否支持获取地理位置信息。定义按钮的代码如下：

```
<button id="check" onclick="check();">检测浏览器是否支持获取地理位置信息</button>
```

单击按钮 check 将调用 check()函数。check()函数的定义代码如下：

```
<script type="text/javascript">
function check(){
  if(navigator.geolocation){
    alert("您的浏览器支持获取地理位置信息。");
  }
  else{
    alert("您的浏览器不支持获取地理位置信息。");
  }
}
</script>
```

各主流浏览器对获取地理位置信息的支持情况如表 9-17 所示。

表 9-17　　　　　　　各主流浏览器对获取地理位置信息的支持情况

浏　览　器	对获取地理位置信息的支持情况
Chrome	5.0 及以后的版本支持
Firefox	3.5 及以后的版本支持
Internet Explorer	9.0 及以后的版本支持
Opera	10.6 及以后的版本支持
Safari	5.0 及以后的版本支持

另外，安装下面操作系统的手机设备也支持获取地理位置信息：

（1）Android 2.0+

（2）iOS 3.0+

（3）Opera Mobile 10.1+

（4）Symbian (S60 3rd & 5th generation)

（5）Blackberry OS 6

（6）Maemo

9.4.3　获取地理位置信息

本小节介绍使用 Geolocation API 获取地理位置信息的具体方法。

1.　getCurrentPosition()方法

调用 getCurrentPosition()方法可以获取地理位置信息，也就是经纬度。getCurrentPosition()方法的语法如下：

```
var retval = geolocation.getCurrentPosition(successCallback, errorCallback, options);
```

参数说明如下。

（1）successCallback：当成功获取地理位置信息时调用的回调函数句柄。

回调函数 successCallback 有一个参数 position 对象，其中包含获取到的地理位置信息。position 对象包含 2 个属性，如表 9-18 所示。

表 9-18　position 对象的属性

属　　性	说　　明
coords	包含地理位置信息的 coordinates 对象。coordinates 对象包含 7 个属性，如表 9-19 所示
timestamp	获取地理位置信息的时间

表 9-19　coordinates 对象的属性

属　　性	说　　明
accuracy	latitude 和 longitude 属性的精确性，单位是米
altitude	海拔
altitudeAccuracy	altitude 属性的精确性
heading	朝向，即设备正北顺时针前进的方位
latitude	纬度
longitude	经度
speed	设备外部环境的移动速度，单位是 m/s

（2）errorCallback：可选参数，当获取地理位置信息失败时调用的回调函数句柄。回调函数 errorCallback 包含一个 positionError 对象参数，positionError 对象也包含 2 个属性，如表 9-20 所示。

表 9-20　positionError 对象的属性

属　　性	说　　明
code	整数，错误编号
message	错误描述

如果不处理错误，则可以在调用 getCurrentPosition()方法时，在 errorCallback 参数的位置处使用 null。

（3）options：可选参数，包含一个 positionOptions 对象，用于获取用户位置信息的配置参数。positionOptions 对象的数据格式为 JSON，有 3 个可选的属性，如表 9-21 所示。

表 9-21 positionOptions 对象的属性

属 性	说 明
enableHighAcuracy	布尔值：表示是否启用高精确度模式。如果启用这种模式，浏览器在获取位置信息时可能需要耗费更多的时间
timeout	整数，超时时间，单位为 ms，表示浏览器需要在指定的时间内获取位置信息，如果超时则会触发 errorCallback
maximumAge	整数，表示浏览器重新获取位置信息的时间间隔

【例 9-19】 使用 getCurrentPosition()方法获取地理位置信息的实例。

```
<!DOCTYPE html>
<html>
<body>
<p id="demo">单击按钮获取您的位置信息</p>
<button onclick="getLocation()">获取您的位置信息</button>
<script>
var x=document.getElementById("demo");
function getLocation()
  {
  if (navigator.geolocation)
    {
    navigator.geolocation.getCurrentPosition(showPosition);
    }
  else{x.innerHTML="您的浏览器不支持Geolocation API。";}
  }
function showPosition(position)
  {
  x.innerHTML="纬度: " + position.coords.latitude +
  "<br>经度: " + position.coords.longitude;
  }
</script>
</body>
</html>
```

程序定义了一个按钮，单击该按钮时调用自定义函数 getLocation()来获取地理位置信息。getLocation()函数在调用 getCurrentPosition()方法时指定回调函数 successCallback 为 showPosition (position)。showPosition()函数用于显示获取到的位置信息。

浏览此页面的结果如图 9-14 所示。

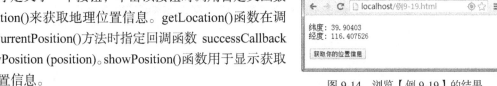

图 9-14 浏览【例 9-19】的结果

 需要将网页上传至 Web 服务器，然后浏览，才能够获得地理位置信息。直接双击网页会被拒绝获得地理位置信息。

单击按钮时浏览器会询问用户是否允许该网站获取你的位置信息，单击允许才可以成功获取地理位置信息。具体情况将在 9.4.4 小节中介绍。

显示经纬度很不直观，非专业人士很难直接定位，可以利用 Google 地图来显示当前位置的地图，这就直观多了。可以借助下面的链接显示以指定经纬度为中心的 Google 地图：

`http://maps.googleapis.com/maps/api/staticmap?center=<纬度数值>,<纬度数值>&size=<宽`

>x<高>&zoom=<缩进参数>& sensor=true_or_false

参数说明如下。

（1）center：指定地图中心的经纬度，格式为 center=<纬度数值>，<纬度数值>。

（2）size：指定地图的大小，格式为 size=<宽>x<高>。

（3）zoom：指定地图的缩进程度，格式为 zoom =<整数>。如果不缩进，则显示一个完整的世界地图。

（4）sensor：指定是否使用传感器来确定用户位置，格式为 sensor=true_or_false。使用计算机浏览 Google 地图的用户可以将此参数设置为 false，因为计算机上通常是没有地理位置传感器的。

【例 9-20】 改进【例 9-19】，使用 Google 地图显示当前位置。在【例 9-19】的网页中增加一个 div 标签，用于显示地图，代码如下：

```
<div id="mapholder"></div>
```

改进 getLocation ()函数，代码如下：

```
function getLocation()
 {

  if (navigator.geolocation)
    {
    navigator.geolocation.getCurrentPosition(showPosition);
    }
  else{
    x.innerHTML="您的浏览器不支持 Geolocation API。";

  }
```

程序调用 navigator.geolocation.getCurrentPosition()方法获取地理位置信息，成功后调用回调函数 showPosition()，使用 Google 地图显示当前位置，代码如下：

```
function showPosition(position)
  {
var latlon=position.coords.latitude+","+position.coords.longitude;

var img_url="http://maps.googleapis.com/maps/api/staticmap?center="
+latlon+"&zoom=14&size=400x300&sensor=false";
document.getElementById("mapholder").innerHTML="<img src='"+img_url+"'>";
}
```

将网页上传至 Web 服务器，然后浏览。单击按钮的结果如图 9-15 所示。

图 9-15　浏览【例 9-20】的结果

2. watchPosition()方法

调用 watchPosition()方法可以监听和跟踪客户端的地理位置信息。watchPosition()方法的语法如下：

```
var watchId = geolocation.watchPosition(successCallback, errorCallback, options);
```

watchPosition()方法的参数与 getCurrentPosition()方法的参数相同，请参照理解。watchPosition()方法和 getCurrentPosition()方法的主要区别是前者会持续告诉用户位置的改变，所以基本上它一直在更新用户的位置。当用户在移动的时候，这个功能会非常有利于追踪用户的位置。

【例 9-21】 使用 watchPosition()方法获取地理位置信息的实例。

```
<!DOCTYPE html>
<html>
<body>
<p id="demo">单击按钮获取你的位置信息</p>
<button onclick="getLocation()">获取您的位置信息</button>
<script>
var x=document.getElementById("demo");
function getLocation()
  {
  if (navigator.geolocation)
    {
    navigator.geolocation.watchPosition(showPosition);
    }
  else{x.innerHTML="您的浏览器不支持 Geolocation API。";}
  }
function showPosition(position)
  {
  x.innerHTML="纬度: " + position.coords.latitude +
  "<br>经度: " + position.coords.longitude;
  }
</script>
</body>
</html>
```

程序的界面与【例 9-19】相同。

3. clearWatch()方法

调用 clearWatch()方法可以停止监听和跟踪客户端的地理位置信息，通常与 watchPosition()方法结合使用。clearWatch 的语法如下：

```
var retval = geolocation.clearWatch(watchId);
```

参数 watchId 通常是 watchPosition()方法的返回值，用于停止 watchPosition()方法对地理位置信息的监听和跟踪。

9.4.4 数据保护

地理位置信息属于个人隐私，很多人可能不希望自己的位置被别人获取。因此，当获取浏览器地理位置时，浏览器会做一定的数据保护措施。本小节就介绍几个主流浏览器在被获取地理位置时采取的数据保护措施。

1. 在 Internet Explorer 11 中配置共享地理位置

当 Internet Explorer 11 被获取浏览器地理位置时，会询问用户需要跟踪你的实际位置，是否允许，如图 9-16 所示。

图 9-16　Internet Explorer 11 询问用户是否允许跟踪物理位置

提示

只有从 Web 站点上的网页获取地理位置信息时才会显示"用于此站点的选项"按钮。如果双击打开 HTML 文件，则只能看到"允许一次"按钮。

单击"用于此站点的选项"按钮可以选择用于此站点共享地理位置的选项，如图 9-17 所示。

如果选择"总是允许"，则会将该站点添加到信任站点中。下次该站点再获取浏览器地理位置时，将不再询问用户，直接允许。如果选择"总是拒绝且不通知我"，则下次该站点再获取浏览器地理位置时，将不再询问用户，直接拒绝。

图 9-17　询问用户是否允许跟踪物理位置

打开 Internet Explorer 11 的"Internet 选项"对话框，切换到"隐私"选项卡，如图 9-18 所示。

选中"从不允许网站请求你的物理位置"复选框，则会拒绝所有网站获取本机的地理位置。单击后面的"清除站点"按钮，会删除所有的信任站点。单击"设置"按钮，可以管理允许获取本机地理位置的信任站点。

2．在 Chrome 中配置共享地理位置

当 Chrome 被获取浏览器地理位置时，也会询问用户"网站想要使用您的计算机的所在位置，是否允许？"如图 9-19 所示。

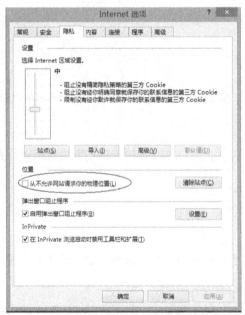

图 9-18　在"Internet 选项"对话框中配置地理位置选项　图 9-19　Chrome 询问用户是否允许跟踪物理位置

只有从 Web 站点上的网页获取地理位置信息时才会显示提示条。如果双击打开 HTML 文件，则会被直接拒绝。

拒绝获取地理位置时，在地址栏的右端会出现一个图标。单击此图标，会弹出提示对话框，如图 9-20 所示。单击"清除这些设置以便日后访问"超链接，可以清除以前关于地理位置的设置。单击"管理位置设置"超链接，可以打开"内容设置"页面，配置地理位置例外情况如图 9-21 所示。

图 9-20　提示跟踪物理位置

图 9-21　配置地理位置例外情况

在 Chrome 的设置页面中可以找到"隐私设置"栏目，如图 9-22 所示。

单击"内容设置"按钮，可以打开"内容设置"页面，找到"位置"栏目，如图 9-23 所示。

图 9-22　Chrome 设置页面中的"隐私设置"栏目

图 9-23　"内容设置"页面

可以选择以下选项。

（1）允许所有网站跟踪我的地理位置。

（2）网站尝试跟踪我的地理位置时询问我（推荐）。

（3）不允许任何网站跟踪我的地理位置。

单击"管理例外情况"按钮，可以打开前面已经介绍过的配置地理位置例外情况页面，与图 9-21 相同。

3. 在 Firefox 中配置共享地理位置

当 Firefox 被获取浏览器地理位置时，也会询问用户是否与当前站点共享位置信息，如图 9-24 所示。

图 9-24　Firefox 询问用户是否与当前站点共享位置信息

直接单击"共享位置信息"按钮，可以允许本次获取地理位置；单击右侧的▾按钮可以选择"总是共享位置"、"总不共享位置"和"暂不操作"等选项。

单击地址栏前面的🌐图标，会弹出提示对话框，如图 9-25 所示。单击"更多信息"按钮，可以打开"页面信息"对话框，单击"权限"按钮，如图 9-26 所示。

图 9-25　站点提示对话框

图 9-26　"页面信息"对话框

在这里可以配置共享方位信息（Access Your Location），可以选择总是询问（Always Ask）、允许（Allow）或阻止（Block）。

练 习 题

一、单项选择题

1. dataTransfer 对象的（　　）方法用于从 dataTransfer 对象中以指定的格式获取数据。
   A. getData()
   B. getItem()
   C. getText()
   D. Get()
2. dataTransfer 对象的（　　）方法用于从 dataTransfer 对象中删除数据格式。

A. Delete   B. Remove

C. ClearData()   D. Drop

3. 每当对象被拖动时就会触发（　　　）事件。

A. dragstart   B. dragenter   C. Dragleave   D. Drag

4. 可以通过（　　　）判断浏览器是否支持<audio>标签。

A. window.AudioElement 属性   B. supportAudio()函数

C. window.HTMLAudioElement 属性   D. detectAudio()函数

5. 用于返回原始视频宽度的 video 对象属性是（　　　）。

A. videoWidth   B. width   C. videoHeight   D. Height

6. 用于设置或返回音频文件开始播放的位置的 audio 对象属性是（　　　）。

A. currentTime   B. time   C. playTime   D. currentPlayTime

二、填空题

1. 拖放可以分为两个动作，即_____和_____。

2. 仅仅将网页中的元素设置为可拖放是不够的，在实际应用中还需要实现拖曳数据的传递，可以使用_____对象来实现此功能。

3. HTML5 新增了_____规范，可以通过浏览器获取用户的地理位置。

4. 在 HTML5 中，可以使用_____标签定义一个音频播放器。

5. <audio>标签的_____属性用于定义是否循环播放。

6. <audio>标签的 playcount 属性用于指定音频片断播放多少次，其默认值为_____。

7. 在<audio>标签中，可以使用_____标签指定多个要播放的音频文件。

三、问答题

1. 试列举 HTML5 新增的内联元素及其功能。

2. 试列举 HTML5 中的绘图方法。

3. 试述位置信息的来源通常包括哪些。

四、练习题

1. 参照 9.1.9 小节测试目前国外厂商的主流浏览器对 HTML5 的支持情况，并填写表 9-22，也可以测试其他你喜欢的国外厂商浏览器。

表 9-22   国外厂商的主流浏览器对 HTML5 支持程度的测试结果

浏 览 器	版 本	得 分
Chrome		
Opera Next		
Firefox		
苹果浏览器 Safari for Windows		
Internet Explorer		

2. 参照 9.1.9 小节测试目前国内厂商的主流浏览器对 HTML5 的支持情况，并填写表 9-23，也可以测试其他你喜欢的国内厂商浏览器。

表 9-23　　　　　　　　　国内厂商的主流浏览器对 HTML5 支持程度的测试结果

浏 览 器	版 本	得 分
360 极速浏览器		
QQ 浏览器		
搜狗高速浏览器		
猎豹浏览器		
360 安全浏览器		
傲游浏览器		
百度浏览器		

第10章
最流行的 JavaScript 脚本库 jQuery

jQuery 是一个开源的、轻量级的 JavaScript 脚本库，它将一些工具方法或对象方法封装在类库中，并提供了强大的功能函数和丰富的用户界面设计能力。近来 jQuery 在 Web 前端开发技术中已经广为人知、大有愈演愈烈之势。本章介绍 jQuery 的概况和应用实例。

10.1　jQuery 基础

本节首先介绍下载和配置 jQuery 的方法，让 jQuery 工作起来。然后通过简单的实例让读者直观地认识和理解 jQuery。

10.1.1　下载 jQuery

在 JavaScript 程序中，可以引用本地的 jQuery 脚本。本小节介绍下载 jQuery 脚本文件。

jQuery 的官方网址为 http://www.jquery.com。可以访问下面的 URL 下载最新版本的 jQuery 脚本库。

http:// www.jquery.com/download

拉动滚动条至 "Past Releases"，可以看到曾经发布的版本，如图 10-1 所示。在笔者编写本书时，最新版本的 jQuery 是 2.0.2 版。单击后面的超链接可以下载对应版本的 jQuery 脚本库。每个发布的版本都有两种脚本库可供下载，即 Minified 版和 Uncompressed 版。Minified 版是经过压缩处理的，文件较小，适合项目使用，但不便于调试；Uncompressed 版是未经压缩处理的版本，体积较大，但便于调试和阅读。

图 10-1　下载 jQuery

jQuery 脚本库实际上就是一个 js 文件。单击 2.0.2 版本后面的 Minified 超链接，可以下载得到 jquery-2.0.2.min.js；单击 2.0.2 版本后面的 Uncompressed 超链接，可以下载得到 jquery-2.0.2.js。这里使用 jquery-2.0.2.js，为了统一用法，将其重命名为 jquery.js，并复制到网站的根目录下。

10.1.2 初识 jQuery

配置 jQuery 环境的方法很简单，在有的情况下甚至不需要做任何配置。配置 jQuery 环境的目的就是使程序可以引用到 jQuery 脚本文件。可以通过下面两种方法引用 jQuery 脚本文件。

1. 引用 jQuery 官网的在线最新脚本

jQuery 官网提供的在线最新 jQuery 的地址如下：

```
http://code.jquery.com/jquery-latest.js
```

引用 jQuery 官网在线最新脚本的方法如下：

```
<script src="http://code.jquery.com/jquery-latest.js "></script>
<script>
  // jQuery 程序
  ……
</script>
```

使用这种方法不需要在本地做任何配置，而且可以自动引用最新版本的 jQuery 脚本。

2. 引用本地的 jQuery 脚本

在下面的情况下，引用在线 jQuery 脚本会出现问题。

（1）Web 服务器不能访问互联网。例如，出于安全考虑，一些企业或机构的内部网站与外网是物理隔离的。

（2）jQuery 官网有时也可能会出现掉线的情况（尽管目前出现这种情况的概率很低）。

总之，如果无法访问 jQuery 官网，第 1 种方法就是无效的。引用本地 jQuery 脚本就不存在此问题。

为了在 JavaScript 程序中引用 jQuery 库，可以在<script>标签中使用 src 属性指定 10.1.1 小节下载得到的 jQuery 脚本库文件的位置，例如：

```
<script src="jquery.js"></script>
<script>
  // jQuery 程序
  ……
</script>
```

此时需要将 jquery.js 放置在与引用它的网页相同的目录下。也可以指定 jquery.js 所在的目录，例如：

```
<script src="..\jquery.js"></script>
```

或者

```
<script src="jquery\jquery.js"></script>
```

下面通过一个简单的实例，使读者初识 jQuery，理解 jQuery 编程的基本要点。

【例 10-1】 一个 jQuery 编程的简单实例，代码如下：

```
<html>
<head>
<script type="text/javascript" src="jquery.js"></script>
<script type="text/javascript">
$(document).ready(function(){
  $("p").click(function(){
```

```
  $(this).hide();
  });
});
</script>
</head>
<body>
<p>单击我，我就会消失。</p>
</body>
</html>
```

实例说明如下。

（1）$()是 jQuery()的缩写，它可以在 DOM（Document Object Model，文档对象模型）中搜索与指定的选择器（将在 10.2 节中介绍）匹配的元素，并创建一个引用该元素的 jQuery 对象。

（2）$(document)是 jQuery 的常用对象，表示 HTML 文档对象。$(document).ready()方法指定 $(document)的 ready 事件处理函数。当文档对象（document）就绪的时候 ready 事件被触发。

（3）$("p")是 jQuery 的一个选择器，用于选择网页中所有的<p>元素，$("p").click 方法指定<p>元素的 click 事件处理函数。当用户单击<p>元素对象的时候 click 事件被触发。

（4）$(this)是一个 jQuery 对象，表示当前引用的 HTML 元素对象（这里指<p>元素）。hide()方法用于隐藏当前引用的 HTML 元素对象。

（5）【例 10-1】首先在网页中使用 p 元素定义了一个字符串"单击我，我就会消失。"。然后通过 jQuery 编程指定单击 p 元素时执行$(this).hide()方法隐藏 p 元素。关于.hide()方法的具体情况将在 10.6 小节中介绍。

　　　　浏览本例时应将网页文件和 jQuery 脚本库文件 jquery.js 放置在相同目录下。

10.2　jQuery 选择器

在 jQuery 中可以通过选择器来选取 HTML 元素，并对其应用效果。

10.2.1　基础选择器

本小节介绍几个基础的 jQuery 选择器。在 jQuery 程序中经常使用这些基础选择器选取 HTML 元素。

1．#Id

每个 HTML 元素都有一个 id，可以根据 id 选取对应的 HTML 元素。例如，使用$("#divId")可以选取 ID 为 divId 的元素。

【例 10-2】　使用 Id 选择器选取 HTML 元素的简单实例，代码如下：

```
<html>
<head>
<script type="text/javascript" src="jquery.js"></script>
<script type="text/javascript">
$(document).ready(function(){
  $("#button1").click(function(){
    alert("hello");
  });
```

```
});
</script>
</head>
<body>
<button id="button1">单击我</button>
</body>
</html>
```

网页中定义了一个 id 为 button1 的按钮,并使用$("#button1").click()方法定义单击该按钮的处理函数,指定单击该按钮时弹出一个 hello 对话框。.click()方法用于指定单击 HTML 元素的处理函数。关于 jQuery 事件处理的具体情况将在 10.5 小节中介绍。

2. 使用标签名

使用标签名可以选取网页中所有该类型的元素。例如,使用$("div")可以选取网页中所有的 div 元素;使用$("a")可以选取网页中所有的 a 元素;使用$("p")可以选取网页中所有的 p 元素;使用$(document.body)可以选取网页中的 body 元素。【例 10-1】已经演示了使用$("p")选取网页中所有 p 元素的方法。

3. 根据元素的 CSS 类进行选择

使用$(".ClassName")可以选取网页中所有应用了指定 CSS 类（类名为 ClassName）的 HTML 元素。

【例 10-3】 根据元素的 CSS 类选取 HTML 元素的简单实例,代码如下:

```
<!doctype html>
<html>
<head>
<script type="text/javascript" src="jquery.js"></script>
  <script>
  $(document).ready(function(){
    $(".myClass").css("border","3px solid red");
  });
  </script>
  <style>
  div,span {
    width: 150px;
    height: 60px;
    float:left;
    padding: 10px;
    margin: 10px;
    background-color: #EEEEEE;
  }
  </style>
</head>
<body>
  <div class="notMe">div class="notMe"</div>
  <div class="myClass">div class="myClass"</div>
  <span class="myClass">span class="myClass"</span>
</body>
</html>
```

网页中定义了 2 个 div 元素和 1 个 span 元素,其中 1 个 div 元素和 span 元素应用了 CSS 类 myClass。在 jQuery 程序中使用$(".myClass")选择器选取网页中所有应用了 CSS 类（类 myClass）的 HTML 元素,然后调用 css()方法设置选取的 HTML 元素的 CSS 样式,为选取的 HTML 元素加一个红色的边框。

关于 css()方法的具体用法将在 10.3 节中介绍。

浏览【例 10-3】的结果如图 10-2 所示。

4. 选取所有 HTML 元素

使用$("*")可以选取网页中所有的 HTML 元素。

【例 10-4】　选取所有 HTML 元素的简单实例，代码如下：

```
<!doctype html>
<html>
<head>
<script type="text/javascript" src="jquery.js"></script>
  <script>
  $(document).ready(function(){
    $("*").css("border","3px solid red");
  });
  </script>
  <style>
  div,span {
    width: 150px;
    height: 60px;
    float:left;
    padding: 10px;
    margin: 10px;
    background-color: #EEEEEE;
  }
  </style>
</head>
<body>
  <div>DIV</div>
  <span>SPAN</span>
  <p>P <button>Button</button></p>
</body>
</html>
```

网页中定义了 1 个 div 元素、1 个 span 元素、1 个 p 元素和 1 个 button 元素。在 jQuery 程序中使用$("*")选择器选取网页中所有的 HTML 元素，然后调用 css()方法设置选取的 HTML 元素的 CSS 样式，为选取的 HTML 元素加一个红色的边框。浏览【例 10-4】的结果如图 10-3 所示。

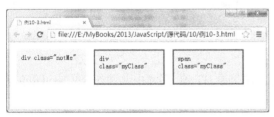
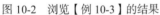

图 10-2　浏览【例 10-3】的结果

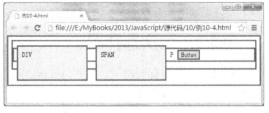

图 10-3　浏览【例 10-4】的结果

5. 同时选取多个 HTML 元素

使用$(selector1, selector2, selectorN)可以同时选取网页中的多个 HTML 元素。

【例 10-5】　同时选取多个 HTML 元素的简单实例，代码如下：

```
<!doctype html>
<html>
<head>
<script type="text/javascript" src="jquery.js"></script>
  <script>
  $(document).ready(function(){
```

```
    $("div, span").css("border","3px solid red");
  });
  </script>
  <style>
  div,span {
    width: 150px;
    height: 60px;
    float:left;
    padding: 10px;
    margin: 10px;
    background-color: #EEEEEE;
  }
  </style>
</head>
<body>
 <div>DIV</div>
  <span>SPAN</span>
  <p>P <button>Button</button></p>
</body>
</html>
```

网页中定义了 1 个 div 元素、1 个 span 元素、1 个 p 元素和 1 个 button 元素。在 jQuery 程序中使用$("div, span")选择器选取网页中的 div 元素和 span 元素，然后调用 css()方法设置选取的 HTML 元素的 CSS 样式，为选取的 HTML 元素加一个红色的边框。浏览【例 10-5】的结果如图 10-4 所示。

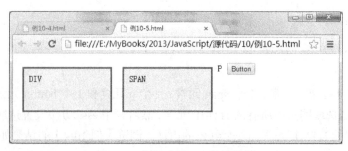

图 10-4　浏览【例 10-5】的结果

10.2.2　层次选择器

HTML 元素是有层次的，有些 HTML 元素包含在其他 HTML 元素中。例如表单中可以包含各种用于输入数据的 HTML 元素

1. ancestor descendant（祖先 后代）选择器

ancestor descendant 选择器可以选取指定祖先元素的所有指定类型的后代元素。例如，使用$("form input")可以选取表单中的所有 input 元素。

【例 10–6】 使用 ancestor descendant 选择器选取表单中所有 input 元素的简单实例，代码如下：

```
<!DOCTYPE HTML PUBLIC "-//W3C//DTD HTML 4.01 Transitional//EN"
                "http://www.w3.org/TR/html4/loose.dtd">
<html>
<head>
  <script src=" jquery.js"></script>

  <script>
```

```
$(document).ready(function(){
  $("form input").css("border", "2px dotted green");
});
</script>
<style>
form { border:2px red solid;}
</style>
</head>
<body>
<form>
用户名：　　<input name="txtUserName" type="text" value="" /> <br>
密码：　　<input name="txtUserPass" type="password" /> <br>
</form>
b 表单外的文本框: <input name="none" />
</body>
</html>
```

网页中定义了 1 个表单，表单中包含 2 个 input 元素，在表单外也定义了 1 个 input 元素。在 jQuery 程序中使用$(" form input ")选择器选取表单中所有的 input 元素，然后调用 css()方法设置选取的 input 元素的 CSS 样式，为选取的 input 元素加一个绿色的点线（dotted）边框。为了区分表单内外的 input 元素，网页中使用 CSS 样式为表单加了一个红色的边框。浏览【例 10-6】的结果如图 10-5 所示。

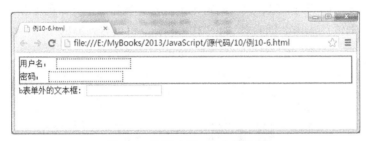

图 10-5　浏览【例 10-6】的结果

2.　parent > child（父 > 子）选择器

parent > child 选择器可以选取指定父元素的指定子元素，子元素必须包含在父元素中。例如，使用$("form > input")可以选取表单中的所有 input 元素。

【例 10-7】　使用 parent > child 选择器选取 span 元素中所有元素的简单实例，代码如下：

```
<!DOCTYPE HTML PUBLIC "-//W3C//DTD HTML 4.01 Transitional//EN"
               "http://www.w3.org/TR/html4/loose.dtd">
<html>
<head>
  <script src="jquery.js"></script>

  <script>
  $(document).ready(function(){
    $("#main > *").css("border", "3px double red");
  });
  </script>
  <style>
  body { font-size:14px; }
  span#main { display:block; background:yellow; height:110px; }
  button { display:block; float:left; margin:2px;
```

```
                font-size:14px; }
        div { width:90px; height:90px; margin:5px; float:left;
            background:#bbf; font-weight:bold; }
        div.mini { width:30px; height:30px; background:green; }
        </style>
    </head>
    <body>
      <span id="main">
        <div></div>
        <button>Child</button>
        <div class="mini"></div>
        <div>
          <div class="mini"></div>
          <div class="mini"></div>
        </div>
        <div><button>Grand</button></div>
        <div><span>A Span <em>in</em> child</span></div>
        <span>A Span in main</span>
      </span>
    </body>
    </html>
```

网页中定义了 1 个 id 为 main 的 span 元素，span 元素中包含 5 个 div 元素、1 个按钮和 1 个 span 元素。在 div 元素中也定义了按钮和 span 元素。在 jQuery 程序中使用$("#main > *")选择器选取 span 元素 main 中的所有元素，然后调用 css()方法设置选取的元素的 CSS 样式，为选取的子元素加一个边框。浏览【例 10-7】的结果如图 10-6 所示。可以看到，div 元素中定义的按钮和 span 元素并没有红色边框，因为它们不是 span 元素 main 中的子元素。

图 10-6　浏览【例 10-7】的结果

parent > child（父 > 子）选择器与 ancestor descendant（祖先 后代）选择器的区别在于：前者只选择父元素（在 ancestor descendant 选择器中被称为祖先元素）的直接子元素，如果子元素中还包含子元素，则不会被选择；而后者会选择祖先元素的所有后代元素。

从【例 10-7】的结果中可以看到，使用 parent > child（父 > 子）选择器只选择了 id 为 main 的 span 元素的直接子元素，虽然有的子元素还包含子元素（后代元素），但后代元素并没有被选择。

【例 10-8】　使用 ancestor descendant(祖先 后代)选择器改造【例 10-7】，以比较 parent > child （父 > 子）选择器与 ancestor descendant（祖先 后代）选择器的区别。代码如下：

```
<!DOCTYPE HTML PUBLIC "-//W3C//DTD HTML 4.01 Transitional//EN"
                "http://www.w3.org/TR/html4/loose.dtd">
<html>
<head>
  <script src="jquery.js"></script>
```

```
<script>
$(document).ready(function(){
  $("#main *").css("border", "3px double red");
});
</script>
<style>
body { font-size:14px; }
span#main { display:block; background:yellow; height:110px; }
button { display:block; float:left; margin:2px;
        font-size:14px; }
div { width:90px; height:90px; margin:5px; float:left;
     background:#bbf; font-weight:bold; }
div.mini { width:30px; height:30px; background:green; }
</style>
</head>
<body>
  <span id="main">
    <div></div>
    <button>Child</button>
    <div class="mini"></div>
    <div>
      <div class="mini"></div>
      <div class="mini"></div>
    </div>
    <div><button>Grand</button></div>
    <div><span>A Span <em>in</em> child</span></div>
    <span>A Span in main</span>
  </span>
</body>
</html>
```

【例 10-8】与【例 10-7】的区别很小，只是将$("#main > *")改为$("#main *")。浏览【例 10-8】的结果如图 10-7 所示。

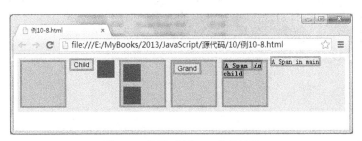

图 10-7　浏览【例 10-8】的结果

可以看到，id 为 main 的 span 元素的所有后代元素都被选择了。

3. prev + next（前 + 后）选择器

prev + next 选择器可以选取紧接在指定的 prev 元素后面的 next 元素。例如，使用$("label + input")可以选取所有紧接在 label 元素后面的 input 元素。

【例 10-9】　使用 prev + next 选择器的简单实例，代码如下：

```
<!DOCTYPE html>
<html>
<head>
  <script src="jquery.js"></script>
```

```
</head>
<body>
  <form>
    <label>Name:</label>
    <input name="name" />
    <fieldset>
      <label>Newsletter:</label>
      <input name="newsletter" />
    </fieldset>
  </form>
  <input name="none" />
<script>$("label + input").css("border", "2px dotted green")</script>
</body>
</html>
```

网页中定义了 3 个 input 元素，其中 2 个紧接在 label 元素后面。在 jQuery 程序中使用$(" label
+ input ")选择器选取所有紧接在 label 元素后面的 input 元素，然后调用 css()方法设置选取的元素
的 CSS 样式，为选取的元素加一个绿色的点线（dotted）边框。浏览【例 10-9】的结果如图 10-8
所示。

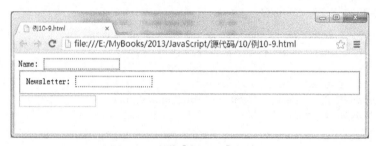

图 10-8　浏览【例 10-9】的结果

4. prev ~ siblings（前 ~ 兄弟）选择器

prev ~ siblings 选择器可以选取指定的 prev 元素后面根据 siblings 过滤的元素。例如，使用
$("#prev ~ div")可以选取所有紧接在 id 为 prev 的元素后面的 div 元素。

【例 10–10】　使用 prev ~ siblings 选择器的简单实例，代码如下：

```
<!DOCTYPE html>
<html>
<head>
  <style>
  div,span {
    display:block;
    width:80px;
    height:80px;
    margin:5px;
    background:#bbffaa;
    float:left;
    font-size:14px;
  }
  div#small {
    width:60px;
    height:25px;
    font-size:12px;
    background:#fab;
  }
```

```
    </style>
    <script src="jquery.js"></script>
</head>
<body>
    <div>div (doesn't match since before #prev)</div>
    <span id="prev">span#prev</span>
    <div>div sibling</div>
    <div>div sibling <div id="small">div niece</div></div>
    <span>span sibling (not div)</span>
    <div>div sibling</div>
<script>$("#prev ~ div").css("border", "3px groove blue");</script>
```

网页中定义了 1 个 id 为 prev 的 span 元素, span 元素前面定义了 1 个 div 元素, span 元素后面定义了 3 个 div 元素和 1 个 span 元素。在后面的 1 个 div 元素中定义了 1 个 span 元素。在 jQuery 程序中使用$("#prev ~ div")选择器选取 span 元素 prev 后面的所有的 div 元素, 然后再调用 css()方法设置选取的元素的 CSS 样式, 为选取的 div 元素加一个蓝色的边框。浏览【例 10-10】的结果如图 10-9 所示。可以看到, span 元素 prev 后面的所有的 div 元素都加了边框, 而后面的 span 元素和 div 元素里面的 div 元素并没有边框。

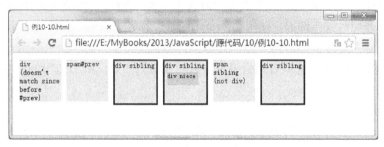

图 10-9 浏览【例 10-10】的结果

10.2.3 基本过滤器

在 jQuery 中可以通过过滤器对选取的数据进行过滤, 从而选择更明确的元素。本小节介绍 jQuery 的基本过滤器。

1. :first

使用:first 过滤器可以匹配找到的第一个元素。例如, 使用$(" tr:first")可以选择表格的第 1 行。

【例 10-11】 使用:first 过滤器的简单实例, 代码如下:

```
<!DOCTYPE html>
<html>
<head>
    <script src="jquery.js"></script>
</head>
<body>
    <table>
        <tr><td>第 1 行</td></tr>
        <tr><td>第 2 行</td></tr>
        <tr><td>第 3 行</td></tr>
    </table>
    <script>
    $(document).ready(function(){
        $("tr:first").css("font-style", "italic");
```

```
        });
    </script>
</body>
</html>
```

网页中定义了一个包含 3 行的表格，在 jQuery 程序中使用$(" tr:first")选择器选取表格的第 1 行，然后调用 css()方法设置选取的元素的 CSS 样式，设置第 1 行表格使用斜体字。浏览【例 10-11】的结果如图 10-10 所示。

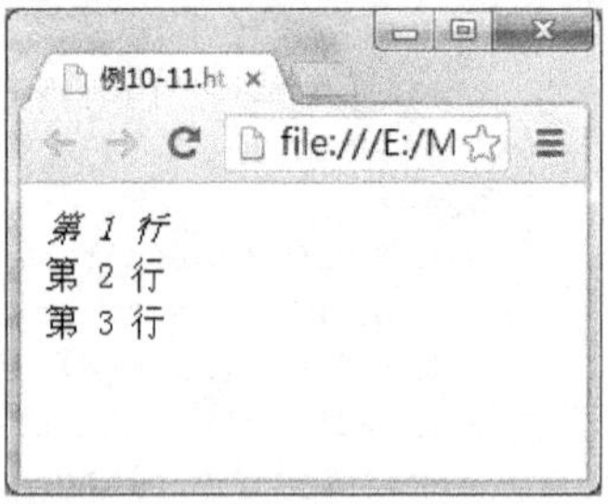

图 10-10　浏览【例 10-11】的结果

2.　:last

使用:last 过滤器可以匹配找到的最后一个元素。例如，使用$(" tr:last")可以选择表格的最后 1 行。其用法与:first 过滤器相同。

3.　:not(<选择器>)

使用 :not(<选择器>)过滤器可以去除所有与给定选择器匹配的元素。例如，使用$("input:not(:checked) ")可以选择所有未被选中的 input 元素。

4.　:even

使用:even 过滤器可以匹配所有索引值为偶数的元素。注意，索引值是从 0 开始计数的，而用户的习惯是从 1 开始计数。例如，使用$(("tr:even")可以选择表格的奇数行（索引值为偶数）。

5.　:odd

使用:odd 过滤器可以匹配所有索引值为奇数的元素。例如，使用$(("tr:odd")可以选择表格的偶数行（索引值为奇数）。

6.　:eq(index)

使用:eq(index)过滤器可以匹配索引值为 index 的元素。例如，使用$(("tr:eq(1)")可以选择表格的第 1 行。

7.　:gt(index)

使用:gt(index)过滤器可以匹配索引值大于 index 的元素。例如，使用$(("tr:gt(1)")可以选择表格第 1 行后面的行。

8.　:lt(index)

使用:lt(index)过滤器可以匹配索引值小于 index 的元素。例如，使用$(("tr:lt(2)")可以选择表格的第 1、2 行（索引值为 0、1）。

9.　:header

使用: header 过滤器可以选择所有 h1、h2、h3 类别的 header 标签。

【例 10-12】　使用: header 过滤器的简单实例，代码如下：

```
<!DOCTYPE html>
<html>
<head>
  <script src="jquery.js"></script>
</head>
<body>
    <h1>标题 1</h1>
   <p>内容 1</p>
   <h2>标题 2</h2>
   <p>内容 2</p>
  <script>
```

```
$(document).ready(function(){
    $(":header").css({              background:'#CCC',
color:'blue' });
    });
    </script>
</body>
</html>
```

图 10-11　浏览【例 10-12】的结果

在 jQuery 程序中使用$(": header ")过滤器选取所有 header 元素，然后调用 css()方法设置选取的元素的 CSS 样式，设置背景色为#CCC、前景色为蓝色。浏览【例 10-12】的结果如图 10-11 所示。

10. : animated

使用:animated 过滤器可以匹配所有正在执行动画效果的元素。关于使用 jQuery 实现动画的方法将在 10.6 节中介绍。

10.2.4　内容过滤器

内容过滤器可以根据元素的内容过滤所选择的元素。

1. :contains()

使用:contains()过滤器可以匹配包含指定文本的元素。例如，使用$("div:contains(HTML)")可以选择内容中包含"HTML"的 div 元素。

【例 10-13】　使用:contains()过滤器的简单实例，代码如下：

```
<!DOCTYPE html>
<html>
<head>
  <script src="jquery.js"></script>
</head>
<body>
    <div>HTML4</div>
  <div>HTML5</div>
  <div>CSS3</div>
  <div>jQuery</div>
  <script>
  $(document).ready(function(){
      $("div:contains(HTML)").css({ background:'yellow', color:'blue' });
  });
  </script>
</body>
</html>
```

网页中定义了 4 个 div 元素，在 jQuery 程序中使用$(" div:contains(HTML)")选取内容中包含"HTML"的 div 元素，然后调用 css()方法设置选取的元素的背景色为黄色、前景色为蓝色。浏览【例 10-13】的结果如图 10-12 所示。

图 10-12　浏览【例 10-13】的结果

2. :empty()

使用:empty()过滤器可以匹配不包含子元素或文本为空的元素。例如，使用$("td:empty")可以选择内容为空的表格单元格。

3. :has()

使用:has()过滤器可以匹配包含指定子元素的元素。例如，使用$("div:has(p)")可以选择包含 p

元素的 div 元素。

4. :parent()

:parent ()过滤器与:empty()过滤器的作用正好相反,使用它可以匹配包含子元素或文本不为空的元素。例如,使用$("td:parent")可以选择所有含有子元素或者文本的 td 元素。

【**例 10-14**】 使用: parent()过滤器的简单实例,代码如下:

```html
<!doctype html>
<html lang="en">
<head>
  <meta charset="utf-8">
  <title>parent demo</title>
  <style>
  td {
    width: 40px;
  }
  </style>
  <script src="http://code.jquery.com/jquery-1.9.1.js"></script>
</head>
<body>

<table border="1">
  <tr><td>Value 1</td><td></td></tr>
  <tr><td>Value 2</td><td></td></tr>
</table>

<script>
$( "td:parent" ).css({ background:'yellow',
color:'blue' });;
</script>

</body>
</html>
```

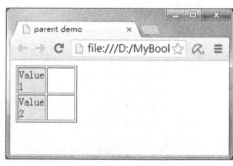

网页中定义了一个表格,在 jQuery 程序中使用$("td:parent")选取含有子元素或者文本的 td 元素,然后调用 css()方法设置选取的元素的背景色为黄色、前景色为蓝色。浏览【例 10-14】的结果如图 10-13 所示。

图 10-13 浏览【例 10-14】的结果

10.2.5 可见性过滤器

使用可见性过滤器可以根据元素的可见性对元素进行过滤。jQuery 包含:hidden 和:visible 两个可见性过滤器, :hidden 可以匹配所有的不可见元素; :visible 可以匹配所有的可见元素。例如,$("input:hidden")可以匹配所有不可见的 input 元素。

【**例 10-15**】 使用:hidden 过滤器的简单实例,代码如下:

```html
<!DOCTYPE html>
<html>
<head>
  <script src="jquery.js"></script>
</head>
<body>
  <span></span>
  <form>
    <input type="hidden" />
```

```
    <input type="hidden" />
    <input type="hidden" />
  </form>
  <script>
  $(document).ready(function(){
    $("span:first").text("共发现 " + $("input:hidden").length +
                      " 个隐藏的 input 元素");  });
    </script>
</body>
</html>
```

网页中定义了一个包含 3 个 hidden 类型的 input 元素，在
jQuery 程序中使用$("input:hidden")选择隐藏的 input 元素，并输
出数量。浏览【例 10-15】的结果如图 10-14 所示。

图 10-14　浏览【例 10-15】的结果

10.2.6　属性过滤器

使用属性过滤器可以根据元素的属性或属性值对元素进行过滤。

1. [属性名]

可以使用$([属性名])过滤器匹配包含指定属性名的元素。例如，$("div[id]")可以匹配所有包
含 id 属性的 div 元素。

【例 10-16】　使用$([属性名])过滤器的简单实例，代码如下：

```
<!DOCTYPE html>
<html>
<head>
  <script src="jquery.js"></script>
</head>
<body>
  <div>no id</div>
  <div id="id1">id1</div>

  <div id="id2">id2</div>
  <div>no id</div>
  <script>
  $(document).ready(function(){
    $('div[id]').css("border", "2px dotted green");
    });
    </script>
</body>
</html>
```

网页中定义了 4 个 div 元素，其中 2 个定义了 id 属性。在 jQuery 程序中使用$('div[id]')选择
器选取所有包含 id 属性的 div 元素，然后调用 css()方法设置选取的 div 元素的 CSS 样式，为选取
的 div 元素加一个绿色的点线（dotted）边框。浏览【例 10-16】的结果如图 10-15 所示。

2. [属性名=值]

可以使用$([属性名=值])过滤器匹配指定属性等于指定值的元素。例如，$("div[id=id1]")可以
匹配所有 id 属性等于 id1 的 div 元素。

【例 10-17】　使用$([属性名=值])过滤器的简单实例，代码如下：

```
<!DOCTYPE html>
<html>
<head>
```

```
  <script src="jquery.js"></script>
</head>
<body>
  <div>no id</div>
  <div id="id1">id1</div>

  <div id="id2">id2</div>
  <div>no id</div>
 <script>
 $(document).ready(function(){
    $('div[id=id1]').css("border", "2px dotted green");
    });
    </script>
</body>
</html>
```

网页中定义了 4 个 div 元素。在 jQuery 程序中使用$('div[id=id1]')选择器选取 id 属性等于 id1 的 div 元素，然后调用 css()方法设置选取的 div 元素的 CSS 样式，为选取的 input 元素加一个绿色的点线（dotted）边框。浏览【例 10-17】的结果如图 10-16 所示。

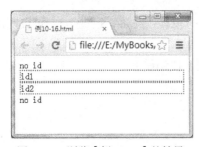
图 10-15　浏览【例 10-16】的结果

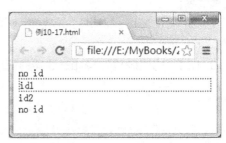
图 10-16　浏览【例 10-17】的结果

3. [属性名!=值]

可以使用$([属性名!=值])过滤器匹配指定属性不等于指定值的元素。例如，$("div[id!=id1]")可以匹配所有 id 属性不等于 id1 的 div 元素。

4. [属性名^=值]

可以使用$([属性名^=值])过滤器匹配指定属性值以指定值开始的元素。例如，$("input[name^='news']")可以匹配所有 name 属性值以"news"开始的 input 元素。

5. [属性名$=值]

可以使用$([属性名$=值])过滤器匹配指定属性值以指定值结尾的元素。例如，$("input[name$='news']")可以匹配所有 name 属性值以"news"结尾的 input 元素。

6. [属性名*=值]

可以使用$([属性名*=值])过滤器匹配指定属性值中包含指定值的元素。例如，$("input[name*='news']")可以匹配所有 name 属性值中包含"news"的 input 元素。

7. 复合属性过滤器

可以使用$([属性过滤器 1][属性过滤器 2] [属性过滤器 n])格式的复合属性过滤器匹配满足多个属性过滤器的元素。例如，$("input[id][name*='news']")可以匹配所有包含 id 属性且 name 属性值中包含"news"的 input 元素。

10.2.7　子元素过滤器

使用子元素过滤器可以根据元素的子元素对元素进行过滤。

1．:nth-child(index/even/odd/equation)

可以使用:nth-child(index/even/odd/equation)过滤器匹配指定父元素下的一定条件的索引值的子元素。例如，$("ul li:nth-child(2)")可以匹配 ul 元素中的第 2 个 li 子元素，$("ul li:nth-child(even)")可以匹配 ul 元素中的第偶数个 li 子元素，$("ul li:nth-child(odd)")可以匹配 ul 元素中的第奇数个 li 子元素。

【例 10-18】　使用:nth-child(index/even/odd/equation)过滤器的简单实例，代码如下：

```
<!DOCTYPE html>
<html>
<head>
  <script src="jquery.js"></script>
</head>
<body>
  <ul>
    <li>北京</li>
    <li>上海</li>
    <li>天津</li>
    <li>重庆</li>
  </ul>
  <script>
  $(document).ready(function(){
      $("ul li:nth-child(even)").css("border", "2px solid red");
      });
      </script>
</body>
</html>
```

网页中定义了一个 ul 列表，其中包含 4 个 li 子元素。在 jQuery 程序中使用$("ul li:nth-child(even)")选择器选取所有索引为偶数的 li 子元素，然后调用 css()方法设置选取的 li 元素的 CSS 样式，为选取的 li 元素加一个红色的实线（dotted）边框。浏览【例 10-18】的结果如图 10-17 所示。

图 10-17　浏览【例 10-18】的结果

2．:first-child

可以使用:first-child 过滤器匹配第 1 个子元素。例如，$("ul li:first-child")可以匹配 ul 列表中的第一个 li 子元素。

3．:last-child

可以使用:last-child 过滤器匹配最后 1 个子元素。例如，$("ul li:last-child")可以匹配 ul 列表中的最后一个 li 子元素。

4．:only-child

可以使用:only-child 过滤器匹配父元素的唯一子元素。例如，$("ul li:only-child")可以匹配 ul 列表中的唯一 li 子元素（如果 ul 列表中包含多个 li 子元素，则没有子元素被选中）。

10.3 设置 HTML 元素的属性与 CSS 样式

每个 HTML 元素都有一组属性，通过这些属性可以设置 HTML 元素的外观和特性，也可以通过 CSS 样式来设置 HTML 元素的显示风格。jQuery 可以很方便地设置 HTML 元素的属性和 CSS 样式。

10.3.1 设置 HTML 元素的属性

在 jQuery 中，可以通过 DOM 对象设置 HTML 元素的属性，也可以通过一些函数直接设置 HTML 元素的属性。

1. 通过 DOM 对象访问 HTML 元素的属性

在浏览网页时，浏览器可以将 HTML 元素解析成 DOM 对象，HTML 元素的属性也就被解析成 DOM 对象的属性。

可以使用 each()方法遍历所有匹配的元素，并对每个元素执行指定的回调函数。each()方法的语法如下：

```
each(回调函数)
```

通常回调函数有一个整数参数，用于表示遍历元素的索引，可以在回调函数中设置 DOM 对象的属性值。

通常可以使用 10.2 节中介绍的 jQuery 选择器来调用 each()方法，例如，$("div").each()可以遍历所有的 div 元素。

【例 10-19】 使用 each()方法遍历 DOM 对象并设置属性值的实例，代码如下：

```
<!DOCTYPE html>
<html>
<head>
  <script src="jquery.js"></script>
</head>
<body>
    <div>北京</div>
    <div>上海</div>
    <div>天津</div>
<script>
 $(document).ready(function(){
    $(document.body).click(function () {
      $("div").each(function (i) {
        if (this.style.color != "blue") {
         this.style.color = "blue";
        } else {
         this.style.color = "";
        }
      });
    });
    });
    </script>
</body>
</html>
```

网页中定义了 3 个 div 元素，并使用$(document.body).click()方法定义了单击 body 元素（网页内容）的处理函数。在处理函数中使用$("div").each()方法遍历网页中所有的 div 元素，在 each()方法的回调函数中使用 this 指针代表匹配的 DOM 对象。使用 this.style.color 可以设置匹配的 DOM 对象的颜色。本例中在单击 body 元素（网页内容）时会将所有 div 元素的颜色设置为蓝色；如果已经为蓝色，则将 this.style.color 设置为""，即将 div 元素的颜色恢复为默认色（黑色）。

2. 使用 attr()方法访问 HTML 元素的属性

使用 attr()方法可以访问匹配的 HTML 元素的指定属性，语法如下：

```
attr(属性名)
```

attr()方法的返回值就是 HTML 元素的属性值。

【例 10–20】　使用 attr()方法访问 HTML 元素属性的实例，代码如下：

```
<!DOCTYPE html>
<html>
<head>
  <script src="jquery.js"></script>
</head>
<body>
  <img id="div_img" src="01.jpg">
<script>
 $(document).ready(function(){
   $("#div_img").click(function() {
    alert($("#div_img").attr("src"));
    });
  });
    </script>
</body>
</html>
```

网页中定义了一个 img 元素（id 为 div_img），然后使用$(#div_img).click()方法定义了单击 img 元素（图片）的处理函数。在处理函数中弹出对话框并显示$("#div_img").attr("src")属性值，即图片的文件名。

attr()方法的使用方法如表 10-1 所示。

表 10-1　　　　　　　　　　　　　　　attr()方法的使用方法

用　　法	说　　　明

attr(properties)	以键/值对的形式设置匹配元素的一组属性。例如，可以使用下面的代码设置所有 img 元素的 src、title 和 alt 属性。
	<pre>$("img").attr({
	        src: "/images/hat.gif",
	        title: "jQuery",
	        alt: "jQuery Logo"
	    });</pre>

attr(key, value)	以键/值对的形式设置匹配元素的指定属性，key 指定属性名，value 指定属性值。例如，可以使用下面的代码禁用所有按钮。 <pre>$("button").attr("disabled","disabled");</pre>

attr(key, fn)	以回调函数的形式设置匹配元素的指定属性为计算值，key 指定属性名，fn 指定返回属性值的函数。例如：
	<pre>$("img").attr("src", function() {
	        return "/images/" + this.title;
	        });</pre>

3. 使用 removeAttr()方法删除 HTML 元素的属性

removeAttr()方法的语法如下：

removeAttr(属性名)

【例 10-21】 使用 removeAttr()方法删除 HTML 元素属性的实例，代码如下：

```
<!DOCTYPE html>
<html>
<head>
  <script src="jquery.js"></script>
<script>
 $(document).ready(function(){
    $("button").click(function () {
     $(this).next().removeAttr("disabled")
           .focus()
           .val("现在可以编辑了。");
    });
    });
  });
    </script>
</head>
<body>
   <button>启用</button>
   <input type="text" disabled="disabled" value="现在还不可以编辑" />
</body>
</html>
```

网页中定义了一个 button 元素，其后定义了一个文本框。文本框在初始状态下具有 disable 属性，即不可编辑。jQuery 程序中使用$("button").click()方法定义了单击 button 元素的处理函数。在处理函数中使用$(this).next().removeAttr("disabled")方法删除了按钮后面的文本框的 disable 属性，此时就可以编辑文本框中的内容了。

4. 使用 text()方法设置 HTML 元素的文本内容

text ()方法的语法如下：

text(文本内容)

【例 10-22】 使用 text ()方法设置 HTML 元素文本内容的实例，代码如下：

```
<!DOCTYPE html>
<html>
<head>
  <script src="jquery.js"></script>
<script>
 $(document).ready(function(){
    $("#id_img").click(function() {
     $("#div_filename ").text($("#id_img").attr("src"));
    });
  });
    </script>
</head>
<body>
   <img id="id_img" src="01.jpg">
   <div id="div_filename">div_filename</div>
</body>
```

网页中定义了一个 img 元素（id 属性为 div_img）和一个 div 元素（id 属性为 div_filename），

并使用$(#div_img).click()方法定义了单击 img 元素（图片）的处理函数。在处理函数中使用$("#div_img").attr("src")属性值作为参数调用$("#div_filename ").text()方法，即将图片的文件名显示在 div 元素 div_filename 中。

10.3.2　设置 CSS 样式

在 jQuery 中，可以通过 DOM 对象来设置 HTML 元素的 CSS 样式。

1. 使用 css()方法获取和设置 CSS 属性

使用 css()方法获取 CSS 属性的语法如下：

```
值 = jQuery 对象.css( 属性名 );
```

使用 css()方法设置 CSS 属性的语法如下：

```
jQuery 对象.css( 属性名, 值);
```

【例 10-3】中已经演示了 css()方法的使用方法，请参照理解。

2. 与 CSS 类别有关的方法

在 HTML 语言中，可以通过 class 属性指定 HTML 元素的类别。在 CSS 中可以指定不同类别的 HTML 元素的样式，具体方法请参照第 7 章。jQuery 可以使用表 10-2 所示的方法对 HTML 类别进行管理。

表 10-2　　　　　　　　　　　　jQuery 中与 CSS 类别有关的方法

方　　　法	说　　　明
addClass()	使用 addClass()方法可以为匹配的 HTML 元素添加类别属性，语法如下： 　　　jQuery 对象.addClass(className) className 是要添加的类别名称
hasClass()	使用 hasClass()方法可以判断匹配的元素是否拥有被指定的类别，语法如下： 　　　jQuery 对象.hasClass(className) 如果匹配的元素拥有名为 className 的类别，则 hasClass()方法返回 True；否则返回 False
removeClass()	使用 removeClass()可以为匹配的 HTML 元素删除指定的 class 属性，语法如下： 　　　jQuery 对象.removeClass(className) className 是要删除的类别名称
toggleClass()	检查每个元素中指定的类，如果不存在则添加类，如果已设置则将其删除，也就是执行切换操作，语法如下： 　　　jQuery 对象.toggleClass(className) className 是要切换的类别名称

【例 10-23】　使用 addClass ()方法为 HTML 元素添加 class 属性的实例，代码如下：

```
<!DOCTYPE html>
<html>
<head>
<style>
 p { margin: 8px; font-size:16px; }
 .selected { color:red; }
 .highlight { background:yellow; }
</style>
  <script src="jquery.js"></script>
</head>
```

```
<body>
    <p>北京</p>
  <p>天津</p>
  <p>上海</p>
  <p>重庆</p>
  <script>
  $("p:last").addClass("selected highlight");
      </script>
</body>
```

网页中定义了 4 个 p 元素，在 jQuery 程序中使用
$("p:last").addClass()方法为最后一个 p 元素添加了
selected 和 highlight 两个 class。在文档头中已经定义了
selected 和 highlight 两个 class 的 CSS 样式，selected 的
前景色为红色，highlight 的背景色为黄色。浏览【例
10-23】的结果如图 10-18 所示。

图 10-18　浏览【例 10-23】的结果

3．获取和设置 HTML 元素的尺寸

jQuery 可以使用表 10-3 所示的方法获取和设置 HTML 元素的尺寸。

表 10-3　　　　　　　　　　　jQuery 中与 HTML 元素尺寸有关的方法

方　　法	说　　明
height()	获取和设置元素的高度。获取高度的语法如下： 　　　value = jQuery 对象.height(); 设置高度的语法如下： 　　　jQuery 对象.height(value);
innerHeight()	获取元素的高度（包括顶部和底部的内边距）。语法如下： 　　　value = jQuery 对象.innerHeight();
innerWidth()	获取元素的宽度（包括左侧和右侧的内边距）。语法如下： 　　　value = jQuery 对象.innerWidth();
outerHeight()	获取元素的高度（包括顶部和底部的内边距、边框和外边距）。语法如下： 　　　value = jQuery 对象.outerHeight();
outerWidth()	获取元素的宽度（包括左侧和右侧的内边距、边框和外边距）。语法如下： 　　　value = jQuery 对象.outerWidth();
width()	获取和设置元素的宽度。获取宽度的语法如下： 　　　value = jQuery 对象.width(); 设置宽度的语法如下： 　　　jQuery 对象.width(value);

【例 10-24】　获取 HTML 元素高度的实例，代码如下：

```
<!DOCTYPE html>
<html>
<head>
  <style>
  button { font-size:12px; margin:2px; }
  p { width:150px; border:1px red solid; }
  div { color:red; font-weight:bold; }
```

```
  </style>
  <script src="jquery.js"></script>
</head>
<body>
  <button id="getp">获取段落尺寸</button>
  <button id="getd">获取文档尺寸</button>
  <button id="getw">获取窗口尺寸</button>

  <div> </div>
  <p>
用于测试尺寸的段落。
</p>
<script>
    function showHeight(ele, h) {
      $("div").text(ele + " 的高度为 " + h + "px." );
    }
    $("#getp").click(function () {
      showHeight("段落", $("p").height());
    });
    $("#getd").click(function () {
      showHeight("文档", $(document).height());
    });
    $("#getw").click(function () {
      showHeight("窗口", $(window).height());
    });

</script>

</body>
</html>
```

网页中定义了 3 个按钮，在 jQuery 程序中定义单击这 3 个按钮分别获取并显示 div 元素、文档和窗口的高度。浏览【例 10-24】的结果如图 10-19 所示。

图 10-19　浏览【例 10-24】的结果

4. 获取和设置元素的位置

jQuery 可以使用表 10-4 所示的方法获取和设置 HTML 元素的位置。

表 10-4　　　　　　　　　jQuery 中与 HTML 元素的位置有关的方法

方　　法	说　　明
offset()	获取和设置元素在当前窗口的相对偏移（坐标）。获取坐标的语法如下： 　　value = jQuery 对象.offset(); 设置坐标的语法如下： 　　jQuery 对象.offset (value);
position()	获取和设置元素相对父元素的偏移（坐标）。获取坐标的语法如下： 　　value = jQuery 对象.offset(); 设置坐标的语法如下： 　　jQuery 对象.offset (value);

5. 与滚动条相关的方法

jQuery 中与滚动条相关的方法如表 10-5 所示。

表 10-5   jQuery 中与滚动条有关的方法

方　　法	说　　　　明

scrollLeft()	获取或设置元素中滚动条的水平位置。获取滚动条水平位置的语法如下：
	    value = jQuery 对象.scrollLeft();
	设置滚动条水平位置的语法如下：
	    jQuery 对象.scrollLeft(value);

scrollTop()	获取或设置元素中滚动条的垂直位置。获取滚动条垂直位置的语法如下：
	    value = jQuery 对象.scrollTop ();
	设置滚动条垂直位置的语法如下：
	    jQuery 对象.scrollTop (value);

10.4　表　单　编　程

在 HTML 中，表单是用户提交数据的最常用方式。本节介绍 jQuery 表单编程的具体方法。

10.4.1　表单选择器

本书在 10.2 节中介绍了 jQuery 选择器，可以通过选择器选取 HTML 元素，并对其应用效果。jQuery 还可以提供表单选择器，用于选取表单中的元素。

1. :input

:input 选择器可以匹配表单中所有的 input 元素、textarea 元素、select 元素和 button 元素。

【例 10-25】　演示:input 选择器的简单实例，代码如下：

```
<!DOCTYPE HTML PUBLIC "-//W3C//DTD HTML 4.01 Transitional//EN"
                "http://www.w3.org/TR/html4/loose.dtd">
<html>
<head>
<script type="text/javascript" src="jquery.js"></script>
  <script>
  $(document).ready(function(){

    var allInputs = $(":input");
    var formChildren = $("form > *");
    $("#messages").text("找到 " + allInputs.length + " 个 input 类型元素。");

      $(":input").css("border","2px solid red");

  });
  </script>
  <style>
  textarea { height:25px; }
  </style>
</head>
<body>
  <form>
```

```
      <input type="button" value="Input Button"/>
      <input type="checkbox" />
      <input type="file" />
      <input type="hidden" />
      <input type="image" />
      <input type="password" />
      <input type="radio" />
      <input type="reset" />
      <input type="submit" />
      <input type="text" />
      <select><option>Option</option></select>
      <textarea></textarea>
      <button>Button</button>
    </form>
    <div id="messages">
    </div>
  </body>
  </html>
```

网页中定义了一个表单，其中包含各种元素。在 jQuery 程序中使用$(":input")选择器选取网页中所有的 input 元素、textarea 元素、select 元素和 button 元素，然后调用 css()方法设置选取的 HTML 元素的 CSS 样式，为选取的 HTML 元素加一个红色的边框，最后显示找到的 input 类型元素的数量。浏览【例 10-25】的结果如图 10-20 所示。注意，有几个 input 类型元素并未显示出来，比如<input type="hidden" />。

图 10-20　浏览【例 10-25】的结果

2. :text

: text 选择器可以匹配表单中所有的文本类型元素。

【例 10-26】　演示:text 选择器的简单实例，代码如下：

```
<!DOCTYPE HTML PUBLIC "-//W3C//DTD HTML 4.01 Transitional//EN"
                "http://www.w3.org/TR/html4/loose.dtd">
<html>
<head>
<script type="text/javascript" src="jquery.js"></script>
  <script>
  $(document).ready(function(){

    var allTexts = $(":text");
    var formChildren = $("form > *");
    $("#messages").text("找到 " + allTexts.length + " 个文本类型元素。");

      allTexts.css("border","2px solid red");

  });
  </script>
```

```
<style>
textarea { height:25px; }
</style>
</head>
<body>
  <form>
    <input type="button" value="Input Button"/>
    <input type="checkbox" />
    <input type="file" />
    <input type="hidden" />
    <input type="image" />
    <input type="password" />
    <input type="radio" />
    <input type="reset" />
    <input type="submit" />
    <input type="text" />
    <select><option>Option</option></select>
    <textarea>textarea</textarea>
    <button>Button</button>
  </form>
  <div id="messages">
  </div>
</body>
</html>
```

网页中定义了一个表单，其中的元素与【例 10-25】相同。在 jQuery 程序中使用$(":text")选择器选取网页中所有的文本元素，然后调用 css()方法设置选取的 HTML 元素的 CSS 样式，为选取的 HTML 元素加一个红色的边框，最后显示找到的文本元素的数量。浏览【例 10-26】的结果如图 10-21 所示。只有<input type="text" />被匹配。

图 10-21　浏览【例 10-26】的结果

3. :password

: password 选择器可以匹配表单中所有的密码类型元素。

4. :radio

: radio 选择器可以匹配表单中所有的 radio 类型元素（即单选按钮 ）。

5. :checkbox

: checkbox 选择器可以匹配表单中所有的 checkbox 类型元素（即复选框 ）。

6. :submit

: submit 选择器可以匹配表单中所有的提交按钮元素。

7. :image

: image 选择器可以匹配表单中所有的 image 元素。

8.　:reset

: reset 选择器可以匹配表单中所有的重置按钮元素。

9.　:button

: button 选择器可以匹配表单中所有的普通按钮元素。

10.　:file

: file 选择器可以匹配表单中所有的 file 元素（即选择文件的控件）。

10.4.2　表单过滤器

通过表单过滤器可以对选取的数据进行过滤，从而选择更明确的表单元素。

1.　:enabled

:enabled 过滤器可以匹配表单中所有启用的元素。

【例 10-27】　演示:enabled 过滤器的简单实例，代码如下：

```
<!DOCTYPE HTML PUBLIC "-//W3C//DTD HTML 4.01 Transitional//EN"
                "http://www.w3.org/TR/html4/loose.dtd">
<html>
<head>
<script type="text/javascript" src="jquery.js"></script>

  <script>
  $(document).ready(function(){
    $("input:enabled").css("border","2px solid red");
  });
  </script>

</head>
<body>
  <form>
    <input name="email" disabled="disabled" />
    <input name="id" />
  </form>
</body>
</html>
  </div>
</body>
</html>
```

网页中定义了一个表单，其中包含 2 个 input 元素（其中 1 个被禁用）。在 jQuery 程序中使用 $("input:enabled")选择器选取网页中所有启用的 input 元素，然后调用 css()方法设置选取的 HTML 元素的 CSS 样式，为选取的 HTML 元素加一个红色的边框。浏览【例 10-27】的结果如图 10-22 所示。

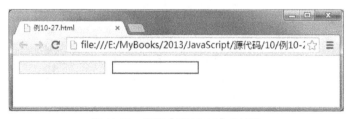

图 10-22　浏览【例 10-27】的结果

2. :disabled

:disabled 过滤器可以匹配表单中所有禁用的元素。读者可以参照【例 10-27】实验:disabled 过滤器的用法。

3. :checked

: checked 过滤器可以匹配表单中所有被选中的元素（复选框或单选按钮）。

【例 10-28】 演示:checked 过滤器的简单实例，代码如下：

```html
<!DOCTYPE HTML PUBLIC "-//W3C//DTD HTML 4.01 Transitional//EN"
                "http://www.w3.org/TR/html4/loose.dtd">
<html>
<head>
<script type="text/javascript" src="jquery.js"></script>
  <script>
  $(document).ready(function(){

    function countChecked() {
      var n = $("input:checked").length;
      $("div").text(n + (n <= 1 ? " is" : " are") + " checked!");
    }
    countChecked();
    $(":checkbox").click(countChecked);

  });
  </script>
  <style>
  div { color:red; }
  </style>
</head>
<body>
  <form>
    <input type="checkbox" name="newsletter" checked="checked" value="Hourly" />
    <input type="checkbox" name="newsletter" value="Daily" />
    <input type="checkbox" name="newsletter" value="Weekly" />
    <input type="checkbox" name="newsletter" checked="checked" value="Monthly" />
    <input type="checkbox" name="newsletter" value="Yearly" />
  </form>
  <div></div>
</body>
</html>
```

网页中定义了一个表单，其中包含 5 个复选框。在 jQuery 程序中使用$(":checkbox").click(countChecked);定义当单击复选框时调用 countChecked()方法。在 countChecked()方法中使用$("input:checked")过滤器统计表单中所有被选中的复选框的数量。浏览【例 10-28】的结果如图 10-23 所示。

图 10-23　浏览【例 10-28】的结果

4. :selected

: selected 过滤器可以匹配表单中所有被选中的 option 元素。

10.4.3　表单 API

jQuery 提供了一组表单 API，使用它们可以对表单和表单元素进行操作。

1. blur()方法和 focus()方法

blur()方法用于绑定到 blur 事件的处理函数，语法如下：

```
.blur( handler(eventObject) )
```

handler 是 blur 事件的处理函数，eventObject 是事件的参数。

blur 事件在元素失去焦点时发生。

与 blur()方法相对应的是 focus()方法。focus()方法可以绑定到 focus 事件的处理函数，而 focus 事件在元素获得焦点时发生。

【例 10-29】　使用参数调用 blur()方法和 focus()方法的简单实例，当文本框获得焦点和失去焦点时切换颜色。代码如下：

```
<html>
<head>
<script type="text/javascript" src="jquery.js"></script>
<script type="text/javascript">
$(document).ready(function(){
  $("input").focus(function(){
    $("input").css("background-color","red");
  });
  $("input").blur(function(){
    $("input").css("background-color","yellow");
  });
});
</script>
</head>
<body>
输入用户名: <input id= "uname" type="text" /></body>
</html>
```

网页中定义了一个表单，其中包含一个文本框。在 jQuery 程序中使用$("input").focus()方法定义了当文本框获得焦点时背景色为红色，使用$("input"). blur ()方法定义了当文本框失去焦点时背景色为黄色。

如果不使用参数调用 blur()方法和 focus()方法，则会触发对应的事件。

【例 10-30】　演示不使用参数调用 blur()方法和 focus()方法的简单实例。

在【例 10-29】的网页中增加一个"获得焦点"按钮，定义代码如下：

```
<button onclick="setfocus();">获得焦点</button>
```

单击"获得焦点"按钮会调用 setfocus()方法。setfocus()方法的定义代码如下：

```
function setfocus() {
   $("#uname").focus();
}
```

程序调用$("#uname").focus()方法使文本框 uname 获得焦点。

再在网页中增加一个"取消焦点"按钮，定义代码如下：

```
<button onclick="lostfocus();" >取消焦点</button>
```

单击"取消焦点"按钮会调用 lostfocus ()方法。lostfocus ()方法的定义代码如下：

```
function lostfocus(){
    $("#uname").blur();
}
```

程序调用$("#uname").focus()方法使文本框 uname 取消焦点。

2. change()方法

change()方法用于绑定到 change 事件的处理函数，语法如下：

```
.change(handler(eventObject))
```

handler 是 change 事件的处理函数，eventObject 是事件的参数。

提示　change 事件在元素的值发生改变时发生。

【例 10-31】 演示 change()方法的简单实例，代码如下：

```
<!DOCTYPE html>
<html>
<head>
  <style>
  div { color:red; }
  </style>
<script type="text/javascript" src="jquery.js"></script>
</head>
<body>
<select name="city" multiple="multiple">
    <option>北京</option>
    <option>天津</option>
    <option>上海</option>
    <option>重庆</option>
  </select>
  <div></div>

<script>
    $("select").change(function () {
        var str = "";
        $("select option:selected").each(function () {
            str += $(this).text() + " ";
          });
        $("div").text(str);
      });
</script>
</body>
</html>
```

网页中定义了一个表单，其中包含一个可以多选的 select 元素。在 jQuery 程序中使用 change()方法定义了 select 元素的 change 事件的处理函数，当 select 元素的内容改变时将选择的项目显示在下面的 div 元素中。

浏览【例 10-31】的结果如图 10-24 所示。

图 10-24　浏览【例 10-31】的结果

3. select()方法

select()方法用于绑定到 select 事件的处理函数，语法如下：

```
.select(handler(eventObject))
```

handler 是 select 事件的处理函数，eventObject 是事件的参数。

select 事件在元素中的文本被选择时发生。

4. submit()方法

submit()方法用于绑定到 submit 事件的处理函数，语法如下：

```
.submit(handler(eventObject))
```

handler 是 submit 事件的处理函数，eventObject 是事件的参数。

submit 事件在提交表单时发生。

5. val()方法

val()方法用于获取和设置元素的值。获取元素值的语法如下：

```
value = .val();
```

设置元素值的语法如下：

```
.val( value )
```

value 是设置的元素值。

【例 10-32】　演示 val()方法的简单实例，代码如下：

```
<!DOCTYPE html>
<html>
<head>
  <style>
  div { color:red; }
  </style>
<script type="text/javascript" src="jquery.js"></script>
</head>
<body>
<select id="city">
   <option>北京</option>
   <option>天津</option>
   <option>上海</option>
   <option>重庆</option>
  </select>
  <p></p>

<script>
   function displayValue() {
     var Value = $("#city").val();
     $("p").html( Value );
   }

   $("select").change(displayValue);

</script>
```

```
</body>
</html>
```

网页中定义了一个 select 元素。在 jQuery 程序中使用 change()方法定义了 select 元素的 change 事件的处理函数 displayValue()，当 select 元素的内容改变时将选择的项目显示在下面的 p 元素中。

10.5　事件和 Event 对象

jQuery 可以很方便地使用 Event 对象对触发的元素事件进行处理。jQuery 支持的事件包括键盘事件、鼠标事件、表单事件、文档加载事件和浏览器事件等，其中表单事件已经在 10.4.3 小节中做了介绍。

10.5.1　事件处理函数

事件处理函数指触发事件时调用的函数，可以通过下面的方法指定事件处理函数：

```
jQuery选择器. 事件名(function() {
    <函数体>
    ......
} );
```

例如，前面多次使用$(document).ready()方法指定文档对象的 ready 事件处理函数。ready 事件在文档对象就绪的时候被触发。

10.5.2　Event 对象

根据 W3C 标准，jQuery 的事件系统支持 Event 对象。Event 对象的属性如表 10-6 所示。

表 10-6　　　　　　　　　　　　　　　Event 对象的属性

属　　性	说　　明
currentTarget	触发事件的当前元素。例如，下面的代码在单击 p 元素时将弹出一个显示 true 的对话框。 ```\n$("p").click(function(event) {\n alert(event.currentTarget === this); // true\n});\n```
data	传递给正在运行的事件处理函数的可选数据
delegateTarget	正在运行的事件处理函数绑定的元素
namespace	触发事件时指定的命名空间
pageX / pageY	鼠标与文档边缘的距离
relatedTarget	事件涉及的其他 DOM 元素（如果有的话）
result	返回事件处理函数的最后返回值
target	初始化事件的 DOM 元素
timeStamp	浏览器创建事件的时间与 1970 年 1 月 1 日的时间差，单位为 ms
type	事件类型
which	用于键盘事件和鼠标事件，表示按下的键或鼠标按钮

【例 10-33】　演示 Event 对象 pageX 和 pageY 属性的简单实例，代码如下：

```
<!DOCTYPE html>
<html>
<head>
  <style>
  div { color:red; }
  </style>
<script type="text/javascript" src="jquery.js"></script>
</head>
<body>
<div id="log"></div>
<script>$(document).mousemove (function(e){
        $("#log").text("e.pageX: " + e.pageX + ", e.pageY: " + e.pageY);
}); </script>
</body>
</html>
```

程序在 document 对象的 mousemove 事件的处理函数中显示 Event 对象的 pageX 和 pageY 属性值。当移动鼠标时，会在页面中显示鼠标的位置信息，如图 10-25 所示。

【例 10-34】　演示 Event 对象 type 属性和 which 属性的简单实例，代码如下：

```
<!DOCTYPE html>
<html>
<head>
  <style>
  div { color:red; }
  </style>
<script type="text/javascript" src="jquery.js"></script>
</head>
<body>
<input id="whichkey" value="">
<div id="log"></div>
<script>
$('#whichkey').keydown(function(e){
  $('#log').html(e.type + ': ' + e.which );
});
</script>
</html>
```

网页中定义了一个 input 元素，并在其 keydown 事件的处理函数中显示 Event 对象的 type 和 which 属性值。当在 input 元素中输入字符时，会在页面中显示触发的事件类型和字符对应的 ASCII 码数值，如图 10-26 所示。

图 10-25　浏览【例 10-33】的结果

图 10-26　浏览【例 10-34】的结果

Event 对象的方法如表 10-7 所示。

表 10-7　　　　　　　　　　　　　　　Event 对象的方法

方　　法	说　　明
isDefaultPrevented	返回是否在此 Event 对象上调用过 event.preventDefault()方法
isImmediatePropagationStopped	返回是否在此 Event 对象上调用过 event. stopImmediatePropagation ()方法
isPropagationStopped	返回是否在此 Event 对象上调用过 event. stopPropagation ()方法
preventDefault	如果调用了此方法，则此事件的默认动作将不会被触发
stopImmediatePropagation	阻止执行其余的事件处理函数，并阻止事件在 DOM 树中冒泡（即在 DOM 树中的元素间传递）
stopPropagation	阻止事件在 DOM 树中冒泡，并阻止父处理函数接到事件的通知

提示

　　容器元素中可以包含子元素，例如 div 元素中可以包含 img 元素，如果在 img 元素上触发了 click 事件，则也会触发 div 元素的 click 事件，这就是事件的冒泡。具体情况已经在第 5 章中做了介绍，请参照理解。

【例 10-35】　演示使用 Event 对象的 preventDefault()方法阻止默认事件动作的简单实例，代码如下：

```
<html>
<head>
<script type="text/javascript" src="jquery.js"></script>
<script type="text/javascript">
$(document).ready(function(){
  $("a").click(function(event){
    event.preventDefault();
  });
});
</script>
</head>
<body>
<a href="http://www.ptpress.com.cn/">人民邮电出版社</a>
</body>
</html>
```

程序在 a 元素的 click 事件处理函数中调用 event.preventDefault()方法，阻止超链接的单击事件的默认动作。因此单击网页中的超链接，将不会打开目标页面。

10.5.3　绑定到事件处理函数

　　在 10.5.1 小节中，已经介绍了指定事件处理函数的方法。此外，还可以使用 bind()方法为每一个匹配元素的特定事件（比如 click）绑定一个事件处理函数，事件处理函数会接收到一个事件对象。bind()方法的语法如下：

```
bind(type,[data],fn)
```

参数说明如下。

（1）type：事件类型。

（2）data：可选参数，作为 event.data 的属性值传递给事件对象的额外数据对象。

（3）fn：绑定到指定事件的事件处理函数。

【例 10-36】　使用 bind()方法绑定事件处理函数的简单实例，代码如下：

```
<!DOCTYPE html>
```

```
<html>
<head>
<script type="text/javascript" src="jquery.js"></script>
</head>
<body>
<input id="name"></div>
<script>
    $("input").bind("click",function() {
        alert($(this).val());
});
</script>
</body>
</html>
```

页面中定义了一个 input 元素，并使用 bind()方法将 input 元素的 click 事件绑定到指定的处理函数。在处理函数中，弹出对话框并显示 input 元素的内容。

【例 10-37】   使用 bind()方法在事件处理之前传递附加数据的实例。

```
<!DOCTYPE html>
<html>
<head>
<script type="text/javascript" src="jquery.js"></script>
</head>
<body>
<input id="name"></div>
<script>

  function handler(event) {
    alert(event.data.foo);
  }
  $("input").bind("click", { foo: "hello" }, handler);
 </script>
</body>
</html>
```

在 bind()方法中，使用{ foo: "hello" }向事件处理函数传递参数。参数名为 foo，参数值为 hello。在事件处理函数中，可以使用 event.data.foo 获得参数值。

10.5.4 键盘事件

jQuery 提供的与键盘事件相关的方法如表 10-8 所示。

表 10-8   与键盘事件相关的方法

方 法	说 明
focusin(handler(eventObject))	绑定到 focusin 事件处理函数的方法。focusin 事件在光标进入 HTML 元素时触发
focusout(handler(eventObject))	绑定到 focusout 事件处理函数的方法。focusout 事件在光标离开 HTML 元素时触发
keydown(handler(eventObject))	绑定到 keydown 事件处理函数的方法。keydown 事件在按下按键时触发
.keypress(handler(eventObject))	绑定到 keypress 事件处理函数的方法。keypress 事件在按下并放开按键时触发
keyup(handler(eventObject))	绑定到 keyup 事件处理函数的方法。Keyup 事件在放开按键时触发

【例 10-38】   使用 keypress ()方法的实例。

```
<!DOCTYPE html>
<html>
<head>
<script type="text/javascript" src="jquery.js"></script>
</head>
<body>
<input id="target" type="text" value="按下键" />
<script>

  function handler(event) {
    alert(event.data.foo);
  }
  $("#target").keypress(function() {
  alert("Handler for .keypress() called.");
});
 </script>
</body>
</html>
```

网页中定义了一个 id 为 target 的文本框，程序调用$("#target").keypress()方法绑定 keypress 事件的处理函数。当在文本框中按下键时弹出一个对话框，显示"Handler for .keypress() called."。

10.5.5　鼠标事件

jQuery 提供的与鼠标事件相关的方法如表 10-9 所示。

表 10-9　　　　　　　　　　　　　　与鼠标事件相关的方法

方　　　法	说　　　明
click(handler(eventObject))	绑定到 click 事件处理函数的方法。click 事件在单击鼠标时触发
dblclick (handler(eventObject))	绑定到 dblclick 事件处理函数的方法。dblclick 事件在双击鼠标时触发
hover(handlerIn(eventObject), handlerOut(eventObject))	指定鼠标指针进入和离开指定元素时的处理函数
.mousedown(handler(eventObject))	绑定到 mousedown 事件处理函数的方法。mousedown 事件在按下鼠标按键时触发
mouseenter(handler(eventObject))	绑定到鼠标进入元素的事件处理函数
mouseleave(handler(eventObject))	绑定到鼠标离开元素的事件处理函数
.mousemove(handler(eventObject))	绑定到 mousemove 事件处理函数的方法。mousemove 事件在移动鼠标时触发
mouseout(handler(eventObject))	绑定到 mouseout 事件处理函数的方法。Mouseout 事件在鼠标指针离开被选元素时触发。不论鼠标指针离开被选元素还是任何子元素，都会触发 mouseout 事件；而只有在鼠标指针离开被选元素时，才会触发 mouseleave 事件
mouseover(handler(eventObject))	绑定到 mouseover 事件处理函数的方法。mouseover 事件在鼠标指针位于元素上方时触发
.toggle(handler(eventObject))	绑定 2 个或更多处理函数到指定元素，当单击指定元素时，交替执行处理函数

【例 10-39】　使用 toggle()方法的实例。

```
<!DOCTYPE html PUBLIC "-//W3C//DTD XHTML 1.0 Transitional//EN" "http://www.w3.org/TR/
xhtml1/DTD/xhtml1-transitional.dtd">
```

```
<html xmlns="http://www.w3.org/1999/xhtml">
<head>
<meta http-equiv="Content-Type" content="text/html; charset=gb2312" />
<title>jQuery hover 特效</title>
<script src="jquery.js" type="text/javascript"></script>
<script type="text/javascript">
$(document).ready(function() {
$("#orderedlist tbody tr").hover(function() {
    // $("#orderedlist li:last").hover(function() {
        $(this).addClass("blue");
    }, function() {
        $(this).removeClass("blue");
    });
});
</script>
<style>
.blue {
      background:#bcd4ec;
}
</style>
</head>
<body>
<table id="orderedlist" width="50%" border="0" cellspacing="0" cellpadding="0">
<!--用 class="stripe"来标识需要使用该效果的表格-->
<thead>
  <tr>
    <th>姓名</th>
    <th>年龄</th>
    <th>Email</th>
  </tr>
</thead>
<tbody>
  <tr>
    <td>Johney</td>
    <td>40</td>
    <td>johney@email.com</td>
  </tr>
  <tr>
    <td>Allen</td>
    <td>35</td>
    <td>allen@email.com</td>
  </tr>
  <tr>
    <td>Sophia</td>
    <td>20</td>
    <td>sophia@email.com</td>
  </tr>
</tbody>
</table>
</body>
</html>
```

网页中定义了一个 id="orderedlist"的表格，在 tr（行）的 hover ()方法中定义了 2 个处理函数，指定鼠标指针进入行时应用"blue"CSS 类，离开行时移除"blue"CSS 类。因此，当鼠标经过表格时，行会切换颜色。

10.5.6　文档加载事件

jQuery 提供的与文档加载事件相关的方法如表 10-10 所示。

表 10-10　　　　　　　　　　　与文档加载事件相关的方法

方　　法	说　　明
load(handler(eventObject))	绑定到 load 事件处理函数的方法。load 事件在加载文档时触发
ready (handler(eventObject))	指定当所有 DOM 元素都被加载时执行的处理函数
unload(handler(eventObject))	绑定到 unload 事件处理函数的方法。unload 事件在页面卸载时触发

【例 10-40】　使用 load()方法的实例。

```html
<!DOCTYPE html>
<html>
<head>
<script type="text/javascript" src="jquery.js"></script>
</head>
<body>
<script>
    $(window).load( function () { alert("Hello~!"); } );
</script>
</body>
</html>
```

当打开页面时，会弹出一个对话框，显示"Hello~!"。

10.5.7　浏览器事件

jQuery 提供的与浏览器事件相关的方法如表 10-11 所示。

表 10-11　　　　　　　　　　　与浏览器事件相关的方法

方　　法	说　　明
error(handler(eventObject))	绑定到 error 事件处理函数的方法。error 事件在元素遇到错误（例如没有正确载入）时触发
resize(handler(eventObject))	绑定到 resize 事件处理函数的方法。resize 事件在调整浏览器窗口的大小时触发
scroll(handler(eventObject))	绑定到 scroll 事件处理函数的方法。scroll 事件在 ScrollBar 控件上的滚动框或包含一个滚动条的对象的滚动框被重新定位或按水平（或垂直）方向滚动时触发

【例 10-41】　使用 scroll()方法的实例。

```html
<html>
<head>
<script type="text/javascript" src="jquery.js"></script>
<script type="text/javascript">
x=0;
$(document).ready(function(){
  $("div").scroll(function() {
    $("span").text(x+=1);
  });
  $("button").click(function(){
    $("div").scroll();
  });
```

```
});
</script>
</head>
<body>
<div style="width:200px;height:100px;overflow:scroll;">请试着滚动 DIV 中的文本 请试着滚
动 DIV 中的文本请试着滚动 DIV 中的文本请试着滚动 DIV 中的文本
    <br /><br />
请试着滚动 DIV 中的文本请试着滚动 DIV 中的文本请试着滚动 DIV 中的文本请试着滚动 DIV 中的文本
</div>
    <p>滚动了 <span>0</span> 次。</p>
    <button>触发窗口的 scroll 事件</button>
</body>
</html>
```

页面中包含一个带滚动条的 div 元素，拖动滚动条，会在下面的 span 元素中显示滚动的次数。单击"触发窗口的 scroll 事件"按钮，可以执行$("div").scroll();语句。调用 scroll()方法可以触发 scroll 事件，但不会执行滚动操作。浏览【例 10-41】的结果如图 10-27 所示。

图 10-27　浏览【例 10-41】的结果

10.6　jQuery 动画

jQuery 的一项很诱人的功能是可以在 HTML 元素上实现动画效果，例如显示、隐藏、淡入淡出和滑动等。

10.6.1　执行自定义的动画

调用 animate()方法可以根据一组 CSS 属性实现自定义的动画效果。语法如下：

```
$(selector).animate( properties [, duration ] [, easing ] [, complete ] )
```

参数说明如下。

（1）properties：产生动画效果的 CSS 属性和值。可以使用的 CSS 属性包括 backgroundPosition、borderWidth、borderBottomWidth、borderLeftWidth、borderRightWidth、borderTopWidth、borderSpacing、margin、marginBottom、marginLeft、marginRight、marginTop、outlineWidth、padding、paddingBottom、paddingLeft、paddingRight、paddingTop、height、width、maxHeight、maxWidth、minHeight、maxWidth、font、fontSize、bottom、left、right、top、letterSpacing、wordSpacing、lineHeight、textIndent 等。

（2）duration：指定动画效果运行的时间长度，单位为 ms，默认值为 nomal（400ms）。可选值包括"slow"和"fast"，也可以指定具体的数字。

（3）easing：指定用于设置不同动画点中动画速度的 easing 函数（也称为动画缓冲函数或缓动函数），内置的 easing 函数包括 swing（摇摆缓冲）和 linear（线性缓冲）。jQuery 的扩展插件中提供了更多的 easing 函数。

complete：指定动画效果执行完后调用的函数。

【例 10-42】　使用 animate()方法实现自定义动画效果的实例。

```
<html>
<head>
<script type="text/javascript" src="jquery.js"></script>
```

```
<script type="text/javascript">
$(document).ready(function()
  {
  $("#btn1").click(function(){
    $("#box").animate({height:"300px"});
  });
  $("#btn2").click(function(){
    $("#box").animate({height:"100px"});
  });
});
</script>
</head>
<body>
<div id="box" style="background:#0000ff;height:100px;width:100px;margin:6px;">
</div>
<button id="btn1">变长</button>
<button id="btn2">恢复</button>
</body>
</html>
```

页面中定义了一个蓝色背景的 div 元素，如图 10-28 所示。单击"变长"按钮，div 元素会拉长，如图 10-29 所示。单击"恢复"按钮，div 元素又会恢复成图 10-28 所示的样子。

图 10-28　浏览【例 10-42】的结果　　图 10-29　单击"变长"按钮，div 元素会拉长

截图并不能体现动画的过程。要想直观地了解动画的效果，还是要在上机实验时亲自体验。

10.6.2　显示和隐藏 HTML 元素

在 jQuery 中，可以以动画形式显示和隐藏 HTML 元素。

1. 显示 HTML 元素

使用 show()方法可以显示指定的 HTML 元素，语法如下：

`.show( [duration ] [, easing ] [, complete ] )`

参数的含义与 animate()的参数相同，请参照 10.6.1 小节来理解。

这 3 个参数都是可选的，也就是说，最简单的调用 show()的方法就是不使用参数。也可以使用下面的方法调用 show()。

【例 10-43】　使用 show()方法显示 HTML 元素的实例。

```
<!DOCTYPE html>
<html>
<head>
  <style>
p { background:yellow; }
</style>
  <script src="http://code.jquery.com/jquery-latest.js"></script>
</head>
<body>
  <button>Show it</button>
      <p style="display: none">Hello HTML5</p>
<script>
$("button").click(function () {
  $("p").show("slow");
});
</script>

</body>
</html>
```

页面中定义了一个隐藏的 p 元素。单击"Show it"按钮，会以动画形式显示 p 元素。

2. 隐藏 HTML 元素

使用 hide()方法可以隐藏指定的 HTML 元素，语法如下：

.hide([duration] [, easing] [, complete])

参数的含义与 show()方法的参数完全相同，请参照理解。

【例 10-44】　使用 hide()方法隐藏 HTML 元素的实例。

```
<!DOCTYPE html>
<html>
<head>
  <style>
p { background:yellow; }
</style>
<script type="text/javascript" src="jquery.js"></script>
</head>
<body>
  <button>Hide it</button>
      <p >Hello HTML5</p>
<script>
$("button").click(function () {
  $("p").hide("slow");
});
</script>

</body>
</html>
```

页面中定义了一个 p 元素，单击"Hide it"按钮，会以动画形式隐藏 p 元素。

3. 切换 HTML 元素的显示和隐藏状态

使用 toggle()方法可以切换 HTML 元素的显示和隐藏状态，语法如下：

.toggle([duration] [, easing] [, complete])

参数的含义与 show()方法的参数完全相同，请参照理解。在【例 10-44】中将 hide 替换为 toggle，即可体验 toggle()方法的效果。

10.6.3 淡入淡出效果

在显示幻灯片时，经常使用淡入淡出的效果。淡入和淡出效果实际上就是透明度的变化，淡入就是由透明到不透明的过程，淡出就是由不透明到透明的过程。

1. fadeIn()方法

使用 fadeIn()方法可以实现淡入效果，语法如下：

```
fadeIn( [duration ] [, easing ] [, complete ] )
```

参数的含义与 show()方法的参数完全相同，请参照 10.6.2 小节来理解。

【例 10-45】 使用 fadeIn ()方法实现淡入效果的实例。

```html
<!DOCTYPE html>
<html>
<head>
  <style>
span { color:red; cursor:pointer; }
div { margin:3px; width:80px; display:none;
  height:80px; float:left; }
  div#one { background:#f00; }
  div#two { background:#0f0; }
  div#three { background:#00f; }
</style>
<script type="text/javascript" src="jquery.js"></script>
</head>
<body>
  <span>Click here...</span>

    <div id="one"></div>
    <div id="two"></div>
    <div id="three"></div>
<script>
$(document.body).click(function () {
  $("div:hidden:first").fadeIn("slow");
});
    </script>
</body>
</html>
```

页面中定义了 3 个初始为隐藏的 div 元素和 1 个 span 元素。单击 span 元素，会以淡入效果显示第 1 个隐藏（由选择器$("div:hidden:first")决定）的 div 元素。3 个 div 元素都显示出来之后如图 10-30 所示。

图 10-30 浏览【例 10-45】的结果

2. fadeOut()方法

使用 fadeOut()方法可以实现淡出效果，语法如下：

```
fadeOut ( [duration ] [, easing ] [, complete ] )
```

参数的含义与 show()方法的参数完全相同，请参照 10.6.2 小节来理解。

【例 10-46】 使用 fadeOut()方法实现淡出效果的实例。

```html
<!DOCTYPE html>
<html>
<head>
  <style>
.box,
```

```
button { float:left; margin:5px 10px 5px 0; }
.box { height:80px; width:80px; background:#090; }
#log { clear:left; }

</style>
<script type="text/javascript" src="jquery.js"></script>
</head>
<body>

<button id="btn1">fade out</button>
<button id="btn2">show</button>

<div id="log"></div>

<div id="box1" class="box">linear</div>
<div id="box2" class="box">swing</div>

<script>
$("#btn1").click(function() {
  function complete() {
    $("<div/>").text(this.id).appendTo("#log");
  }

  $("#box1").fadeOut(1600, "linear", complete);
  $("#box2").fadeOut(1600, complete);
});

$("#btn2").click(function() {
  $("div").show();
  $("#log").empty();
});

</script>

</body>
</html>
```

页面中定义了 2 个 div 元素（box1 和 box2）和 2 个按钮元素。单击"fade out"按钮，会以淡出效果隐藏 2 个 div 元素，隐藏之后调用 complete()函数，将 div 元素的 id 显示在 id="log"的 div 元素中。单击"show"按钮，会显示 2 个 div 元素。淡出效果如图 10-31 所示。

3. fadeTo()方法

使用 fadeTo()方法可以直接调节 HTML 元素的透明度，语法如下：

```
fadeTo( duration, opacity [, easing ] [, complete ] )
```

参数 opacity 表示透明度，取值范围为 0~1。其他参数的含义与 show()方法的参数完全相同，请参照 11.6.2 小节来理解。

【**例 10-47**】　使用 fadeTo()方法直接调节 HTML 元素的透明度的实例。

```
<!DOCTYPE html>
<html>
<head>
<script type="text/javascript" src="jquery.js"></script></head>
<body>
  <p>单击我，我会变透明。</p>
<p>用于比较。</p>
<script>
$("p:first").click(function () {
```

```
$(this).fadeTo("slow", 0.33);
});
</script>
</body>
</html>
```

页面中定义了 2 个 p 元素。单击第 1 个 p 元素，它会以淡出效果变得透明（透明度为 0.33）。第 2 个 p 元素仅用于对比。浏览【例 10-47】的结果如图 10-32 所示。

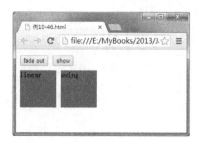

图 10-31　浏览【例 10-46】的结果　　　　　图 10-32　浏览【例 10-47】的结果

4. fadeToggle()方法

使用 fadeToggle()方法可以以淡入淡出的效果切换显示和隐藏 HTML 元素（即如果 HTML 元素原来是隐藏的，则调用 fadeToggle()方法后会逐渐变成显示状态；如果 HTML 元素原来是显示的，则调用 fadeToggle()方法后会逐渐变成隐藏状态），fadeToggle()方法的语法如下：

```
fadeToggle( duration, opacity [, easing ] [, complete ] )
```

参数的含义与 show()方法的参数完全相同，请参照 10.6.2 小节来理解。

【例 10-48】　使用 fadeToggle()方法以淡入淡出效果切换显示和隐藏 HTML 元素的实例。

```
<!DOCTYPE html>
<html>
<head>
<script type="text/javascript" src="jquery.js"></script>
</head>
<body>
<button>切换 p1</button>
<button>切换 p2</button>
<p>我是 p1.我会以慢速、线性的方式切换显示和隐藏。</p>
<p>我是 p2.我会快速地切换显示和隐藏。</p>
<script>
$("button:first").click(function() {
  $("p:first").fadeToggle("slow", "linear");
});
$("button:last").click(function () {
  $("p:last").fadeToggle("fast");
});
</script>
</body>
</html>
```

页面中定义了 2 个 p 元素和 2 个按钮。单击"切换 p1"按钮，会以慢速、线性的方式切换显示和隐藏第一个 p 元素；单击"切换 p2"按钮，会快速切换显示和隐藏第 2 个 p 元素。浏览【例 10-48】的结果如图 10-33 所示。

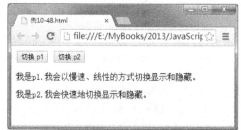

图 10-33　浏览【例 10-48】的结果

10.6.4　滑动效果

jQuery 可以以滑动的效果显示和隐藏 HTML 元素。

1. SlideDown()方法

使用 SlideDown()方法可以以滑动的效果显示 HTML 元素，语法如下：

```
SlideDown ( [duration ] [, easing ] [, complete ] )
```

参数的含义与 show()方法的参数完全相同，请参照 10.6.2 小节来理解。

【例 10–49】　使用 SlideDown ()方法实现以滑动效果显示 HTML 元素的实例。

```
<!DOCTYPE html>
<html>
<head>
  <style>
div { background:#de9a44; margin:3px; width:80px;
height:40px; display:none; float:left; }
</style>
<script type="text/javascript" src="jquery.js"></script>
</head>
<body>
  Click me!
<div></div>
<div></div>
<div></div>
<script>
$(document.body).click(function () {
if ($("div:first").is(":hidden")) {
$("div").slideDown("slow");
} else {
$("div").hide();
}
});

</script>

</body>
</html>
```

页面中定义了 3 个初始为隐藏的 div 元素。单击 "Click me!" 时，如果第一个 div 元素是隐藏的（ $("div:first").is(":hidden")），则调用$("div").slideDown ("slow")方法以滑动效果显示 div 元素;否则隐藏 div 元素。3 个 div 元素都显示出来之后如图 10-34 所示。

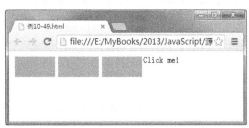

图 10-34　浏览【例 10-49】的结果

2. SlideUp()方法

使用 SlideUp()方法可以以滑动的效果隐藏 HTML 元素，语法如下：

```
SlideUp ( [duration ] [, easing ] [, complete ] )
```

参数的含义与 show()方法的参数完全相同，请参照 10.6.2 小节来理解。

【例 10–50】　使用 SlideUp ()方法实现以滑动效果隐藏 HTML 元素的实例。

```
<!DOCTYPE html>
<html>
```

```
<head>
  <style>
div { background:#de9a44; margin:3px; width:80px;
height:40px; float:left; }
</style>
<script type="text/javascript" src="jquery.js"></script>
</head>
<body>
  Click me!
<div></div>
<div></div>
<div></div>
<script>
$(document.body).click(function () {
if ($("div:first").is(":hidden")) {
$("div").show();
} else {
$("div").slideUp("slow");
}
});

</script>

</body>
</html>
```

页面中定义了 3 个初始为显示的 div 元素。单击 "Click me!" 时，如果第一个 div 元素是隐藏的（ $("div:first").is(":hidden") ），则显示 div 元素；否则调用$("div"). slideUp ("slow")方法以滑动效果隐藏 div 元素。初始页面如图 10-35 所示。

图 10-35   浏览【例 10-50】的结果

3. SlideToggle()方法

使用 SlideToggle()方法可以以滑动的效果切换显示和隐藏 HTML 元素，语法如下：

```
SlideToggle( [duration ] [, easing ] [, complete ] )
```

参数的含义与 show()方法的参数完全相同，请参照 10.6.2 小节来理解。

【例 10-51】   使用 SlideToggle ()方法实现以滑动效果切换显示和隐藏 HTML 元素的实例。

```
<!DOCTYPE html>
<html>
<head>
  <style>
  p { width:400px; }
  </style>
<script type="text/javascript" src="jquery.js"></script>
</head>
<body>
  <button>切换</button>

  <p>
    使用 SlideToggle()方法可以滑动效果切换显示和隐藏 HTML 元素。
  </p>
<script>
    $("button").click(function () {
```

```
        $("p").slideToggle("slow");
    });
</script>
</body>
</html>
```

页面中定义了一个 p 元素和"切换"按钮。单击"切换"按钮时，将以滑动效果切换显示和隐藏 p 元素。初始页面如图 10-36 所示。

图 10-36　浏览【例 10-51】的结果

10.6.5　动画队列

jQuery 可以定义一组动画动作，并把它们放在队列（queue）中顺序执行。队列是一种支持先进先出原则的数据结构（线性表），它只允许在表的前端进行删除操作，在表的后端进行插入操作。图 10-37 是队列的示意图。

图 10-37　队列的示意图

1．queue()方法

使用 queue()方法可以管理和显示匹配元素的动画队列中要执行的函数，语法如下：

```
queue( [queueName ] )
```

参数 queueName 是队列的名称。

【例 10-52】　使用 queue()方法显示动画队列的实例。

```
<!DOCTYPE html>
<html>
<head>
<style>
    div { margin:3px; width:40px; height:40px;
         position:absolute; left:0px; top:60px;
          background:green; display:none;
          }
    div.newcolor { background:blue; }
    p { color:red; }
</style>
<script type="text/javascript" src="jquery.js"></script>
</head>
<body>    <p>队列长度: <span></span></p>
<div></div>
<script>
var div = $("div");
function runIt() {
    div.show("slow");
    div.animate({left:'+=200'},2000);
    div.slideToggle(1000);
    div.slideToggle("fast");
    div.animate({left:'-=200'},1500);
    div.hide("slow");
    div.show(1200);
    div.slideUp("normal",
    runIt);
```

```
}
function showIt() {
    var n = div.queue("fx");
     $("span").text( n.length );
     setTimeout(showIt, 100);
}
runIt();
showIt();
</script>
</body>
</html>
```

在 runIt()函数中定义了一组动画动作，在 showIt()函数中调用 queue ()方法来显示默认的动画队列 fx 的长度，如图 10-38 所示。当然，正方形的 div 元素是运动的。

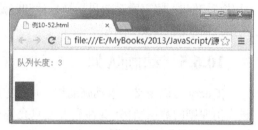

图 10-38　浏览【例 10-52】的结果

2．dequeue()方法

使用 dequeue()方法可以执行匹配元素的动画队列中的下一个函数（同时将其出队），语法如下：

```
dequeue( [queueName ] )
```

参数 queueName 是队列的名称。

3．ClearQueue()方法

使用 ClearQueue()方法可以删除匹配元素的动画队列中的所有未执行的函数，语法如下：

```
ClearQueue( [queueName ] )
```

参数 queueName 是队列的名称。

【例 10-53】　在【例 10-52】中增加一个"停止"按钮，定义代码如下：

```
<button id="stop">Stop</button>
```

并增加如下 jQuery 代码，定义单击"停止"按钮的操作：

```
$("#stop").click(function () {
  var myDiv = $("div");
  myDiv.clearQueue();
});
```

单击"停止"按钮，会在执行完当前动画后停止，同时队列长度变成了 0。

4．delay()方法

使用 delay()方法可以延迟动画队列中函数的执行，语法如下：

```
delay( duration [, queueName ] )
```

参数 duration 指定延迟的时间，单位为 ms；参数 queueName 是队列的名称。

【例 10-54】　使用 delay()方法的实例。

```
<!DOCTYPE html>
<html>
<head>
  <style>
div { position: absolute; width: 60px; height: 60px; float: left; }
.first { background-color: #3f3; left: 0;}
.second { background-color: #33f; left: 80px;}
</style>
<script type="text/javascript" src="jquery.js"></script></head>
<body>

<p><button>Run</button></p>
```

```
<div class="first"></div>
<div class="second"></div>
<script>
    $("button").click(function() {
      $("div.first").slideUp(300).delay(800).fadeIn(400);
      $("div.second").slideUp(300).fadeIn(400);
    });</script>

</body>
</html>
```

图 10-39　浏览【例 10-54】的结果

页面中定义了 2 个 div 元素。单击"Run"按钮时，div 元素执行 slideUp()方法，然后执行 fadeIn()方法。不同的是，第 1 个 div 元素执行完 slideUp()方法后，会调用 delay ()方法延迟 800ms，然后再执行 fadeIn()方法，如图 10-39 所示。

5. stop()方法

使用 stop()方法可以停止正在执行的动画，语法如下：

```
stop( [queue ] [, clearQueue ] [, jumpToEnd ] )
```

参数说明如下。

（1）queueName：队列的名称。

（2）clearQueue：指定是否删除队列中的动画，默认为 False，即不删除。

（3）jumpToEnd：指定是否立即完成当前的动画，默认为 False。

6. finish()方法

使用 finish ()方法可以停止正在执行的动画并删除队列中所有的动画，语法如下：

```
finish( [queue ] )
```

参数 queueName 是队列的名称。

finish ()方法相当于 ClearQueue()方法加上 stop ()方法的效果。

7. jQuery.fx.interval 属性

使用 jQuery.fx.interval 属性可以设置动画的显示帧速，单位为 100ms。

8. jQuery.fx.off 属性

将 jQuery.fx.off 属性设置为 true，可以全局性地关闭所有动画（所有效果会立即执行完毕）；将其设置为 false 之后，可以重新开启所有动画。

在下面的情况下，可能需要使用 jQuery.fx.off 属性关闭所有动画：

• 在配置比较低的电脑上使用 jQuery；

• 由于动画效果而导致可访问性问题。

10.7　jQuery 特效应用实例

使用 jQuery 可以实现特效，使得开发的 Web 应用程序更炫目、更具特色。本节介绍一些实用、经典的 jQuery 特效应用实例，力求提高读者的实战能力，将前面所学的技术直接应用到实际开发中。

10.7.1　幻灯片式画廊

本小节介绍一个使用 jquery-ui.min.js 插件和 jquery.easing.1.3.js 插件设计幻灯片式画廊的实例，如图 10-40 所示。jquery-ui.min.js 插件可以设计一组用户控件，这里用于实现画廊下面的滑动条；jquery.casing.1.3.js 插件可以实现一些动画效果。本实例需上传至 Web 服务器后浏览才能看到预期的效果。

浏览网页时，画廊里的图片会快速地滑动展示，也可以通过下面的滑动条滑动画廊。

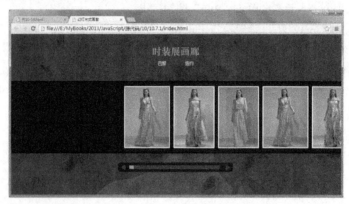

图 10-40　本小节实例的效果

1. 实例包含的目录和文件

本实例保存在本书源代码的"10\10.7.1"目录下，实例包含的子目录如下。

（1）css：用于保存本实例使用的样式表。

（2）images：用于保存本实例使用的图片。

（3）js：用于保存本实例使用的 JavaScript 脚本文件。

本实例包含的文件如下。

（1）index.html：本实例的主页。

（2）js\jquery.js：jQuery 脚本文件。

（3）js\jquery-ui.min.js：实例中使用的 jquery-ui.min.js 插件脚本文件。

（4）js\jquery.easing.1.3.js：实例中使用的 jquery.easing.1.3.js 插件脚本文件。

（5）css\styles.css：实例中使用的样式表。

（6）css\jquery.ui.core.css：jquery-ui.min.js 插件使用的样式表。

（7）css\jquery.ui.slider.css：本实例中滑动条使用的样式表。

2. 设计画廊结构的 HTML 代码

在 index.html 中定义，方法如下：

```html
<div id="fp_thumbContainer">
    <div id="fp_thumbScroller">
        <div class="container">
            <div class="content">
                <div><a href="#"><img src="images/album1/thumbs/1.jpg"
                alt="images/ album1/1.jpg" class="thumb" /></a></div>
            </div>
            ……
            </div>
        </div>
```

代码中省略了一部分定义图片的 HTML 代码。网页中使用一些 div 元素定义画廊结构，这些
div 元素的关系如图 10-41 所示。

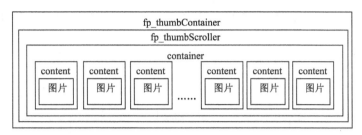

图 10-41 定义画廊结构的 div 元素的关系

3. 设计滑动条的 HTML 代码

滑动条的 HTML 代码如下：

```html
<div id="fp_scrollWrapper" class="fp_scrollWrapper">
            <span id="fp_prev_thumb" class="fp_prev_thumb"></span>
            <div id="slider" class="slider"></div>
            <span id="fp_next_thumb" class="fp_next_thumb"></span>
        </div>
```

网页中使用一些 div 元素定义滑动条结构，这些 div 元素的关系如图 10-42 所示。

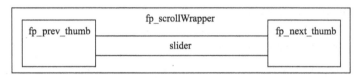

图 10-42 定义滑动条结构的 div 元素的关系

4. 设计查看预览图的 HTML 代码

本例中，单击画廊中的一个缩略图，会弹出一个窗口显示预览图，如图 10-43 所示。

图 10-43 查看预览图

预览图的 HTML 代码如下：

```html
<div id="fp_overlay" class="fp_overlay"></div>
<div id="fp_loading" class="fp_loading"></div>
```

```
<div id="fp_next" class="fp_next"></div>
<div id="fp_prev" class="fp_prev"></div>
<div id="fp_close" class="fp_close">关闭预览</div>
```

网页中使用一些 div 元素定义预览图的结构，这些 div 元素的关系如图 10-44 所示。

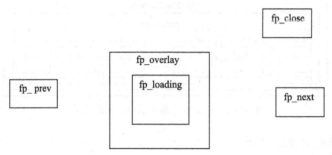

图 10-44 定义预览图结构的 div 元素的关系

5. 选择 HTML 元素

为了在 jQuery 程序中对画廊的 HTML 元素进行操作，首先需要使用选择器选择 HTML 元素，代码如下：

```
$(function() {
    //caching
    // 画廊的主 div 元素容器
    var $fp_gallery          = $('#fp_gallery')
    //弹出的显示大图的 div 元素容器
    var $fp_overlay          = $('#fp_overlay');
    // 显示加载图片的 div 元素容器
    var $fp_loading          = $('#fp_loading');
    // 前移和后移按钮
    var $fp_next             = $('#fp_next');
    var $fp_prev             = $('#fp_prev');
    //关闭按钮
    var $fp_close            = $('#fp_close');
    //缩略图 div 元素容器
    var $fp_thumbContainer   = $('#fp_thumbContainer');
    //缩略图下方的滑动控制条 div 元素容器
    var $fp_scrollWrapper = $('#fp_scrollWrapper');
    //图片数量
    var nmb_images=0;
    //选择画廊的索引
    var gallery_idx=-1;
    //画廊的滚动条 div 元素容器
    var $fp_thumbScroller = $('#fp_thumbScroller');
    //缩略图下方的滑动控制条
    var $slider              = $('#slider');
    // 选择画廊（城市）的链接
    var $fp_galleries     = $('#fp_galleryList > li');
    // 当前 查看的图片
    var current              = 0;
```

```
//防止过快单击前移和后移按钮
var photo_nav          = true;
......
```

6. 选择不同的城市和画廊

在网页的上方定义了两个城市（画廊）的超链接，定义代码如下：

```
<ul id="fp_galleryList" class="fp_galleryList">
    <li>巴黎</li>
    <li>纽约</li>
</ul>
```

单击城市超链接的处理代码如下：

```
// 选择画廊（城市）的链接
var $fp_galleries      = $('#fp_galleryList > li');
$fp_galleries.bind('click',function(){
    $fp_galleries.removeClass('current');//将之前选择的城市/画廊链接移除'current'类
    var $gallery       = $(this);
    $gallery.addClass('current');              //将单击的城市/画廊链接添加'current'类
    var gallery_index  = $gallery.index();     //记录画廊索引
    if(gallery_idx == gallery_index) return;
    gallery_idx        = gallery_index;
    // 如果画廊已经打开
    if($fp_thumbContainer.data('opened')==true){
        $fp_scrollWrapper.fadeOut();           //原画廊滑动区域淡出
        $fp_thumbContainer.stop()              //停止缩略图动画，然后滚动显示缩略图
            .animate({'height':'0px'},200,function(){
              openGallery($gallery);           // 打开画廊
            });
    }
    else// 如果画廊没有打开，则直接打开
        openGallery($gallery);
});
```

OpenGallery()方法用于打开指定的画廊，代码如下：

```
function openGallery($gallery){
    //重置 current 变量
    current= 0;
    //找到选择城市/画廊对应的 div 元素
    var $fp_content_wrapper = $fp_thumbContainer.find('.container:
nth-child('+parseInt(gallery_idx+1)+')');
    //隐藏所有其他的画廊容器 div 元素

$fp_thumbContainer.find('.container').not($fp_content_wrapper).hide();
    //显示选择城市/画廊对应的 div 元素
    $fp_content_wrapper.show();
    //图片数量
    nmb_images= $fp_content_wrapper.children('div').length;
    //计算 div 元素的宽度和左右边距
    var w_width  = 0;
    var padding_l= 0;
    var padding_r= 0;
    //屏幕中心
```

```
                          var center= $(window).width()/2;
                          var one_divs_w  = 0;

                          // 处理画廊里所有子div元素
                          $fp_content_wrapper.children('div').each(function(i){
                              var $div          = $(this);
                              var div_width= $div.width();
                              w_width              +=div_width;
                              // t左边距等于屏幕中心-画廊里第1个子div元素的一半
                              if(i==0)
                                  padding_l = center - (div_width/2);
                              //右边距等于屏幕中心-画廊里最后1个子div元素的一半
                              if(i==(nmb_images-1)){
                                  padding_r = center - (div_width/2);
                                  one_divs_w= div_width;
                              }
                          }).end().css({
                              'width'             : w_width + 'px',
                              'padding-left'      : padding_l + 'px',
                              'padding-right'  : padding_r + 'px'
                          });

                          //所有图片向左滚动;
                          $fp_thumbScroller.scrollLeft(w_width);

                          //初始化滑动条
                          $slider.slider('destroy').slider({
                              orientation  : 'horizontal',       //水平
                              max          : w_width -one_divs_w,// 最大宽度等于图片宽度之
和--一个子div元素的宽度
                              min          : 0,
                              value        : 0,                  // 初始位置
                              slide        : function(event, ui) {
                                  $fp_thumbScroller.scrollLeft(ui.value); // 滑动时向左滑动
                              },
                              stop: function(event, ui) {
                                  //停止滑动时，需要里中心最近的图片移动到中心
                                  checkClosest();
                              }
                          });
                          // 打开画廊，并显示滑动块

    $fp_thumbContainer.animate({'height':'240px'},200,function(){
                  $(this).data('opened',true);
                  $fp_scrollWrapper.fadeIn();
              });

                          //向右滚动
                          $fp_thumbScroller.stop()
                              .animate({'scrollLeft':'0px'},2000,'easeInOutExpo');
              ......
      }
```

7. 单击缩略图的处理

单击画廊中的缩略图时，会将其滑动到屏幕的中间并弹出一个窗口显示预览图，代码如下：

```
//单击 content div (图片)的处理
                        $fp_content_wrapper.find('.content')
                                        .bind('click',function(e){
                    var $current = $(this);
                    //获得索引
                    current= $current.index();
                    //图像居中
                    //第 2 个参数为 true，表示将单击图片居中后，显示图片
                    centerImage($current,true,600);
                    e.preventDefault();
                });
```

centerImage()方法用于将图片滑动到屏幕的中间，代码如下：

```
//将图片居中，如果 open=true，则打开图片
function centerImage($obj,open,speed){
//图片的偏移量
var obj_left = $obj.offset().left;
// 计算图片中心，等于左偏移量+图片宽度的一半
var obj_center = obj_left + ($obj.width()/2);
//计算窗口的中心
var center= $(window).width()/2;
// 计算原画廊滚动条位置
var currentScrollLeft = parseFloat($fp_thumbScroller.scrollLeft(),10);
// 为了将图片居中，新的画廊滚动条位置= 图片中心-窗口中心+原画廊滚动条位置
var move = currentScrollLeft + (obj_center - center);
if(move != $fp_thumbScroller.scrollLeft()) //try 'easeInOutExpo'
    $fp_thumbScroller.stop()
                        .animate({scrollLeft: move}, speed,function(){
        if(open)
            enlarge($obj);
    });
else if(open)
    enlarge($obj);
                    }
```

enlarge()方法用于弹出一个窗口显示预览图，代码如下：

```
function enlarge($obj){
    //定位缩略图中的图片
    var $thumb = $obj.find('img');
    //显示加载中图片
    $fp_loading.show();
    //加载大图
    $('<img id="fp_preview" />').load(function(){
        var $large_img   = $(this);
        //如果预览框已经存在，则移除
        $('#fp_preview').remove();
        $large_img.addClass('fp_preview');
        //将大图显示在缩略图的顶部
        //然后添加到 the fp_gallery div 元素中
        var obj_offset   = $obj.offset();
        $large_img.css({
            'width'  : $thumb.width() + 'px',
            'height': $thumb.height() + 'px',
            'top'    : obj_offset.top + 'px',
```

```
                    'left'    : obj_offset.left + 5 + 'px'// 边框宽度 5px
        }).appendTo($fp_gallery);
        //getFinalValues()根据窗口大小计算可能的最大宽度和高度
        // 使用 jQuery.data()方法将这些数据保存在元素中。
        getFinalValues($large_img);
        var largeW = $large_img.data('width');
        var largeH = $large_img.data('height');
        var $window = $(window);
        var windowW = $window.width();
        var windowH = $window.height();
        var windowS = $window.scrollTop();
        //隐藏加载中图片
        $fp_loading.hide();
        // 显示轮廓
        $fp_overlay.show();
        //动画处理大图
        $large_img.stop().animate({
            'top'        : windowH/2 -largeH/2 + windowS + 'px',
            'left'       : windowW/2 -largeW/2 + 'px',
            'width'      : largeW + 'px',
            'height' : largeH + 'px',
            'opacity'    : 1
        },800,function(){
            //动画后显示前一个和后一个按钮
            showPreviewFunctions();
        });
    }).attr('src',$thumb.attr('alt'));
}
```

由于篇幅所限，本小节没有介绍设计 CSS 样式的代码和一部分 jQuery 代码，有兴趣的读者可以参照源代码来理解。

10.7.2 使用 jQuery+CSS3 设计旋转切换图片的幻灯片

本小节介绍一个使用 jQuery+CSS3 设计的旋转切换图片幻灯片实例，如图 10-45 所示。本实例应用了 7.5.5 小节介绍的 CSS3 旋转特性。

图 10-45　本小节实例的效果

单击图片两侧的切换按钮，图片首先顺时针旋转 90 度，然后隐去，切换到下一张图片。

1. 实例包含的目录和文件

本实例保存在本书源代码的"10\10.7.2"目录下，实例包含的子目录如下。

（1）css：用于保存本实例使用的样式表。

（2）images：用于保存本实例使用的图片。

（3）js：用于保存本实例使用的 JavaScript 脚本文件。

实例包含的文件如下。

（1）index.html：本实例的主页。

（2）js\jquery.js：jQuery 脚本文件。

（3）js\script.js：实例中使用的主脚本文件。

（4）css\styles.css：实例中使用的样式表。

2. 设计幻灯片的 HTML 代码

在 index.html 中定义幻灯片的代码如下：

```html
<div id="slideShowContainer">

    <div id="slideShow">

     <ul>
        <li><img src="img/photos/1.jpg" width="100%"/></li>
         <li><img src="img/photos/2.jpg" width="100%" /></li>
         <li><img src="img/photos/3.jpg" width="100%" /></li>
         <li><img src="img/photos/4.jpg" width="100%" /></li>
     </ul>
</div>
<a id="previousLink" href="#">&raquo;</a>
<a id="nextLink" href="#">&laquo;</a>
</div>
```

id="slideShowContainer"的 div 元素是幻灯片的容器（图 10-45 中黑色边框部分），id="slideShow"的 div 元素是幻灯片的具体内容（图 10-45 中内部白色边框部分）。在幻灯片中使用 ul 列表组织和显示图片。

id="previousLink"的 a 元素用于定义切换前一张图片的按钮；id="nextLink"的 a 元素用于定义切换下一张图片的按钮。

3. updateZindex()函数

在幻灯片中，所有的图片叠在一起，可以通过设置 z-indexes 属性值决定显示哪张图片。z-indexes 是一个 CSS 属性，用于指定 div 层、span 层等 HTML 标签层的重叠顺序。z-index 样式后面跟具体数字，例如：

```
div{z-index:100}
```

数字越大，该层的位置越靠上。

updateZindex()函数用于更新 z-index 属性，代码如下：

```javascript
    // 更新 z-index 属性
    // 可以通过设置 z-indexes 决定显示哪张图片
    function updateZindex(){
        // 设置 z-index 的值，索引值越小，z-indexes 值越大，即位置越靠上
        ul.find('li').css('z-index',function(i){
            return cnt-i;
        });
    }
});
```

请参照注释进行理解。

4. 切换图片

在 script.js 中定义了自定义事件 rotateContainer 的处理函数，代码如下：

```
// 自定义事件 rotateContainer, direction- 切换图片的顺序（正序或倒序）; degrees-旋转角度
slideShow.bind('rotateContainer',function(e,direction,deqrees){

    // 放大幻灯片和图片
    slideShow.animate({
        width        : 510,
        height       : 510,
        marginTop    : 0,
        marginLeft   : 0
    },'fast',function(){

        if(direction == 'next'){        //如果顺序切换图片,则显示下一张图片
            // 第一张图片隐去，然后从列表中移除，再追加到 ul 列表
            $('li:first').fadeOut('slow',function(){
                $(this).remove().appendTo(ul).show();
                updateZindex();         // 更新 z-index 属性
            });
        }
        else {//如果倒序切换图片,则显示上一张图片

            // Showing the bottommost Li element on top
            // with a fade in animation. Notice that we are
            // updating the z-indexes.

            //将最下面的一个列表项移至最上面，动画隐去，然后更新 z-index 属性
            var liLast = $('li:last').hide().remove().prependTo(ul);
            updateZindex();             // 更新 z-index 属性
            liLast.fadeIn('slow');      //淡入显示。
        }

        // Rotating the slideShow. css('rotate') gives us the
        // current rotation in radians. We are converting it to
        // degress so we can add 90 or -90 to rotate it to its new value.
        // 旋转 幻灯片
        // slideShow.css('rotate')可以返回幻灯片当前旋转的弧度，将其转换为度，
        slideShow.animate({

rotate:Math.round($.rotate.radToDeg(slideShow.css('rotate'))+degrees) + 'deg'
        },'slow').animate({
            width        : 490,
            height       : 490,
            marginTop    : 10,
            marginLeft   : 10
        },'fast');
    });
});
```

程序首先放大幻灯片和图片，然后根据参数 direction 的值（即切换图片的顺序，正序或倒序）调整图片在列表中的位置，并更新 z-index 属性，隐去当前图片，最后旋转幻灯片。请参照注释进行理解。

单击下一张图片按钮的处理代码如下：

```
slideShow.bind('showNext',function(){
        slideShow.trigger('rotateContainer',['next',90]);
    });
```

程序触发 rotateContainer 事件，顺时针旋转 90 度切换到下一张图片。

单击上一张图片按钮的处理代码如下：

```
slideShow.bind('showPrevious',function(){
        slideShow.trigger('rotateContainer',['previous',-90]);
    });
```

程序触发 rotateContainer 事件，顺时针旋转 90 度切换到上一张图片。

10.7.3　设计上下翻滚效果的导航菜单

本小节介绍一个可以实现上下翻滚效果的导航菜单实例，如图 10-46 所示。当鼠标经过菜单项时，菜单项会向上翻滚，并以动画形式切换为另一种背景。

图 10-46　上下翻滚效果的导航菜单

为了演示效果，本例设计了 2 个菜单，一个不切换菜单项的背景，另一个切换菜单项的背景（使用红白 2 种背景色）。

1. 设计菜单的 HTML 代码

在 index.html 中定义菜单的代码如下：

```
<div id="menu1">
  <ul>
    <li><a href="#">首页</a></li>
    <li><a href="#">新闻</a></li>
   <li><a href="#">论坛</a></li>
   <li><a href="#">产品演示</a></li>
   <li><a href="#">人才招聘</a></li>
   <li><a href="#">联系我们</a></li>
  </ul>
  <div class="cls"></div>
</div>

<div id="menu2">
<ul>
    <li><a href="#">首页</a></li>
    <li><a href="#">新闻</a></li>
   <li><a href="#">论坛</a></li>
   <li><a href="#">产品演示</a></li>
   <li><a href="#">人才招聘</a></li>
```

```
    <li><a href="#">联系我们</a></li>
</ul>
<div class="cls"></div>
</div>
```

图 10-47 没有设计 CSS 样式的菜单

id=" menu1"和 id=" menu2"的 div 元素分别是 2 个菜单的容器。在菜单中使用 ul 列表组织和显示菜单项。

2. 设计菜单的 CSS 样式

如果没有设计菜单的 CSS 样式，则上面的 HTML 语句的显示界面如图 10-47 所示。

本例使用 style.css 设计菜单的 CSS 样式，主要代码如下：

```
a:focus{outline:none;}
img{border-style:none;border-width:0;}
#menu1 ul li a{color:#999;background-position: left bottom;}
#menu1 ul li span{background-position:left top;}
#menu2 ul li a{color:#000;background:transparent  url(../images/a_bg.gif) repeat-x left
bottom;background- position:left bottom;}
#menu2 ul li span{background:transparent url(../images/ a_bg.gif) repeat-x  left  top;
background-position: left top;}
#menu1,#menu2{height:40px;width:800px;margin:0 auto;padding:0;}
#menu1 ul,#menu2 ul{list-style:none;font-size:1.1em;width:800px;margin:15px 0 50px;
padding:0;}
#menu1 ul li,#menu2 ul li{overflow:hidden;float:left;height:40px;width:114px;display:
block;text-align:center;margin:0;padding:0;}
#menu1 ul li a,#menu1 ul li span,#menu2 ul li a,#menu2 ul li span{
    float:left;text-decoration:none;color:#fff;clear:both;width:100%;height:20px;l
ine-height:20px;padding:10px 0;}
#menu2 ul li a{ color:#5F0909;}
```

请参照第 7 章进行理解。下面介绍 2 个要点：

（1）使用 list-style:none 取消列表项前面的标识，这样才能将 ul 列表显示为菜单。

（2）使用 background:transparent url(../images/a_bg.gif) repeat-x left bottom;background-position: left bottom;设置菜单项超链接的背景图。本例中使用的背景图为 images/a_bg.gif，这是一张上部暗红、下部白色的细长竖条图片。repeat-x 属性指定了横向铺满背景图片。这样的上下两色的图片是为了实现上下翻滚导航菜单的效果而准备的。

3. 实现上下翻滚导航菜单的效果

定义对菜单项应用上下翻滚效果的函数 jQuery.menunav，代码如下：

```
jQuery.menunav = function(menuitem) {        //对菜单项应用上下翻滚的效果
    $(menuitem).prepend("<span></span>");  // 在菜单项中添加一个 span 元素，用于实现
上下翻滚的效果

        // 将每个菜单项中的超链接复制一个到 span 元素中
        $(menuitem).each(function() {
            var linkText = $(this).find("a").html();
            $(this).find("span").show().html(linkText);
        });

        $(menuitem).hover(function() {
            $(this).find("span").stop().animate({ //指定鼠标进入菜单项时，span 元素向上移动
40px
                marginTop: "-40"
            }, 250);
        } , function() {
```

```
        $(this).find("span").stop().animate({//指定鼠标离开菜单项时,span 元素恢复原位

            marginTop: "0"
        }, 250);
    });
};
```

程序的主要功能如下。

（1）在菜单项中添加一个 span 元素，用于实现上下翻滚的效果。

（2）将每个菜单项中的超链接复制一个到 span 元素中。

（3）指定鼠标进入菜单项时，span 元素向上移动 40px；指定鼠标离开菜单项时，span 元素恢复原位，从而实现上下翻滚的效果。

具体情况请参照注释进行理解。

练 习 题

一、单项选择题

1. 下面关于 jQuery 的描述不正确的是（　　　）。

   A. jQuery 是一套 Javascript 脚本库

   B. jQuery 将一些工具方法或对象方法封装在类库中

   C. jQuery 提供了强大的功能函数和丰富的用户界面设计能力

   D. jQuery 是 HTML5 的组成部分。

2. jQuery 中使用（　　）表示 HTML 文档对象。

   A. $document   B. document   C. $(document)   D. this->document

3. jQuery 中使用（　　）可以选取 ID 为 divId 的元素。

   A. $divId   B. $("divId")   C. $(divId)   D. $("#divId")

4. 使用（　　）方法可以停止正在执行的动画并删除队列中所有的动画。

   A. stop()   B. finish ()   C. clear()   D. ClearQueue()

二、填空题

1. 为了在 JavaScript 程序中引用 jQuery 库，可以在<script>标签中使用＿＿＿＿属性指定 jQuery 脚本库文件的位置。

2. jQuery 中使用＿＿＿＿可以选取网页中所有的 HTML 元素。

3. 使用＿＿＿＿过滤器可以匹配找到的第一个元素。

4. 使用＿＿＿＿方法可以访问匹配的 HTML 元素的指定属性。

5. 使用＿＿＿＿方法可以获取和设置表单元素的值。

6. 调用＿＿＿＿方法可以根据一组 CSS 属性实现自定义的动画效果。

7. 默认的动画队列为＿＿＿＿。

三、问答题

1. 试列举 jQuery 的层次选择器及其使用方法。

2. 试述 load 事件和 ready 事件的不同。

3. 试列举 jQuery 的用于实现淡入淡出效果的方法。

4. 试列举 jQuery 的用于实现滑动效果的方法。

第 **11** 章
JavaScript 特效应用实例

为了提高读者的实战能力，本章介绍一些 JavaScript 特效应用的实例，将前面所学的技术直接应用到实际开发中。

11.1　提示条和工具栏

本节首先介绍 2 个使用 JavaScript 设计提示条和工具栏的实例。

11.1.1　鼠标悬停在图片上时显示文字提示

本实例显示一组图片，如图 11-1 所示。

图 11-1　本小节实例的界面

当鼠标悬停在图片上时，图片逐渐变暗，并显示文字提示，如图 11-2 所示。当鼠标移出后，图片又恢复原状。

图 11-2　当鼠标悬停在图片上时图片逐渐变暗，并显示文字提示

1．定义图片和提示文字

本实例的图片和提示文字都包含在 id="show" 的 div 元素中。div 元素包含一个 ul 元素，以列表的形式表现图片，每张图片和对应的提示文字、超链接包含在一个 li 元素中。定义代码如下：

```
<div id="show">
 <ul>
    <li><div class="alt"><a href="images\01.jpg"><h3>第一幅</h3><p>绽放的菊花</p></a>
</div><img src="images\01.jpg" width="240" height="180" /></li>
    <li><div class="alt"><a href="images\02.jpg"><h3>第二幅</h3><p>郁金香</p></a></div>
<img src="images\02.jpg" width="240" height="180" /></li>
    <li><div class="alt"><a href="images\03.jpg"><h3>第三幅</h3><p>八仙花</p></a></div>
<img src="images\03.jpg" width="240" height="180" /></li>
    <li><div class="alt"><a href="images\04.jpg"><h3>第四幅</h3><p>海蜇</p></a></div>
<img src="images\04.jpg" width="240" height="180" /></li>
    <li><div class="alt"><a href="images\05.jpg"><h3>第五幅</h3><p>考拉</p></a></div>
<img src="images\05.jpg" width="240" height="180" /></li>
    <li><div class="alt"><a href="images\06.jpg"><h3>第六幅</h3><p>灯塔</p></a></div>
<img src="images\06.jpg" width="240" height="180" /></li>
    </ul>
</div>
```

2．定义图片和提示文字的 CSS 样式

定义网页体样式的代码如下：

```
body {font-size: 14px;line-height: 24px;margin: 0px;padding: 0px;}
```

代码定义了网页中的字体大小（font-size）、行间距（line-height）和边框内外的距离（padding 和 margin）。

定义列表和列表项样式的代码如下：

```
ul,li{margin:0px;padding:0px;list-style-type:none;}
li{float:left;margin-top:1px;margin-left:1px;height:180px;width:240px;overflow:
hidden;}
```

代码定义了列表和列表项的边框内外的距离（padding、margin-top、margin-left 和 margin）、尺寸（height 和 width）、内容溢出时将其裁剪（verflow: hidden）和向左浮动（float:left）。

其他 CSS 样式代码如下：

```
img{border:0px;}
h3,p{margin:0px;padding:0px;}
h3{margin-top:50px;}
#show{width:724px;height:364px;border:#ccc 1px solid;margin:10px;overflow: hidden;}
#show .alt{position: absolute;background:#000;display:none;text-align:center;}
a,a:hover{color: #FFFFFF;text-decoration: none;}
```

3. 设置鼠标悬停在图片上时显示文字提示

自定义函数 imgLight()可以实现此功能，代码如下：

```
function imgLight(id)                              // id 为 div 元素的 ID
{
    this.oDiv=$(id);
  this.oImg=$$(oDiv,"img");                        // 获取 div 元素内的 img 元素对象
  this.oLi=$$(oDiv,"li");                          // 获取 div 元素内的 img 元素对象
  this.oView=function(Obj)                         // 为图片添加一个膜 obj，以渐变方式显示
  {
      var iMain=Obj;
   var iSpeed=1;                                   // 渐变值
        var timer=null;
   iMain.onmouseout=function(){oClose(this);}
        timer=setInterval(function(){
      iMain.style.filter='alpha(opacity='+iSpeed+')';      //滤镜，IE 专用
            iMain.style.opacity=iSpeed/100;       // 透明度
      iSpeed+=1;                                   // 渐变值增 1
      if(iSpeed>=60){clearInterval(timer);}        // 渐变值增至 60 后，不再递增
  },1);
  }
  this.oClose=function(Obj)                        // 以渐变方式去掉图片的膜 obj
  {
      var oMain=Obj;
   var oSpeed=60;                                  // 渐变值，从 60 开始递减
   var otimer=null;
        otimer=setInterval(function(){
      oMain.style.filter='alpha(opacity='+oSpeed+')';      //滤镜，IE 专用
            oMain.style.opacity=oSpeed/100;       // 透明度
      oSpeed-=1;
      if(oSpeed<=0){clearInterval(otimer);oMain.style.display="none";}; // 如果渐变值
<=0，不显示 obj
    },1);
  }
  //处理每个 li 元素
  for(var i=0;i<oLi.length;i++)
  {
     var oThis=oLi[i];
     oThis.onmouseover=function()                  //当鼠标经过时处理
   {
     var oWidth=$$(this,"img")[0].offsetWidth;
     var oHeight=$$(this,"img")[0].offsetHeight;
     this.firstChild.style.width=oWidth+"px";      // 设置 div 元素与图片相同尺寸
   this.firstChild.style.height=oHeight+"px";
     this.firstChild.style.display="block";        // 设置 div 元素的显示模式为 block
```

```
    oView(this.firstChild);        // 将 div 元素设置为膜
  }
  oThis.onclick=function()         // 单击 li 元素，相当于单击其中包含的 div 元素里面的 a 元素
  {
     window.location=$$(this.firstChild,"a")[0].href;
  }
 }
}
```

请参照注释进行理解。$()函数用于获得指定 id 对应的元素对象，定义代码如下：

```
function $(id){return typeof id === "string" ? document.getElementById(id) : id;}
```

$$()函数用于获得 oParent 内的所有 elem 元素，定义代码如下：

```
function $$(oParent, elem){return (oParent || document).getElementsByTagName(elem);}
```

在加载页面时调用 imgLight()，代码如下：

```
window.onload=function()
{
    var newImg=imgLight("show");
}
```

11.1.2　设计固定在网页顶部的工具栏

本实例设计一个固定在网页顶部的工具栏，如图 11-3 所示。拖动滚动条，工具栏始终保持在网页的顶部。

图 11-3　本小节实例的界面

1．工具栏的代码

本例使用一个 class=coolBar 的表格定义工具栏，代码如下：

```
<span id="bar" style="position:absolute;left:0px;top:0px;width:500px; height:1px;
z-index:9">
<table class=coolBar id=toolbar1 width=100%>
<tr>
<td class=coolButton onclick="Javascript:self.location='index.html'">论坛</td>
<td class=coolButton onclick="javascript:self.location='index.html'">天气</td>
<td class=coolButton onclick="javascript:self.location='index.html'">邮件</td>
<td class=coolButton onclick="javascript:self.location='index.html'">留言板</td>
<td class=coolButton onclick="javascript:self.location='index.html'">聊天室</td>
<td class=coolButton onclick="javascript:self.location='index.html'">微博</td>
```

```
<td class=coolButton onclick="javascript:self.location='index.html'">博客</td>
<td class=coolButton onclick="javascript:self.location='index.html'">新闻</td>
<td class=coolButton onclick="javascript:self.location='index.html'">文化</td>
<td class=coolButton onclick="javascript:self.location='index.html'">军事</td>
<td class=coolButton onclick="javascript:self.location='index.html'">理财</td>
</tr>
</table>
</span>
```

表格外面包裹了一个 id="bar"的 span 元素。表格中使用 class=coolButton 的单元格 td 元素定义工具栏的按钮。

定义工具栏和按钮样式的代码如下：

```
.coolBar{background: #00aafc;border-top: 1px solid buttonhighlight; border-left: 1px
solid buttonhighlight; border-bottom: 1px solid buttonshadow; border-right: 1px solid
buttonshadow; padding: 2px; font: menu;}
.coolButton{font-size:9pt;border: 1px solid buttonface; padding: 1px; text-align:
center; cursor: hand;color:#ee0055}
```

2. 将工具栏固定在网页的顶部

本实例中的 body 元素的定义代码如下：

```
<BODY onLoad='fix()' onScroll="fix()" onResize="fix()">
```

在窗口加载（onLoad）、滚动（onScroll）或改变大小（onResize）时，调用 fix()函数以调整工具栏位置，fix()函数的代码如下：

```
function fix(){ //在窗口滚动或改变大小时调用以调整工具栏位置
var a=document.body.scrollTop;
var b=document.body.scrollLeft;
bar.style.top = a;   //设置工具栏的顶端为网页垂直滚动条的顶端位置（document.body.scrollTop）
bar.style.left = b; //设置工具栏的左侧为网页水平滚动条的左侧位置（document.body.scrollLeft）
}
```

3. 按下工具栏中按钮的效果

首先定义在网页中按下鼠标的处理函数为 doDown，代码如下：

document.onmousedown = doDown;

doDown()函数的代码如下：

```
function doDown() {
el = getReal(window.event.srcElement, "className", "coolButton");
var cDisabled = el.cDisabled;
cDisabled = (cDisabled != null);
if ((el.className == "coolButton") && !cDisabled) {
makePressed(el)
}
}
```

程序首先调用 getReal()函数获取单击元素的 className="coolButton"的祖先元素（即按钮元素）el，如果 el.cDisabled 不等于 false，则调用 makePressed(el)函数处理按下按钮的效果。

getReal()函数的代码如下：

```
// 返回元素 el 的 type = value 的祖先元素。如果不存在，则返回最顶层祖先元素
function getReal(el, type, value) {
temp = el;
while ((temp != null) && (temp.tagName != "BODY")) {
if (eval("temp." + type) == value) {
```

```
el = temp;
return el;
}
temp = temp.parentElement;
}
return el;
}
```

makePressed ()函数的代码如下：

```
// 设置按下按钮的效果
function makePressed(el) {
with (el.style) {
borderLeft = "1px solid buttonhighlight";
borderRight = "1px solid buttonshadow";
borderTop = "1px solid buttonhighlight";
borderBottom = "1px solid buttonshadow";

paddingTop = "2px";
paddingLeft = "2px";
paddingBottom = "0px";
paddingRight = "0px";
}
}
```

程序设置了 el 元素的边框样式，以表现按下按钮的效果，如图 11-4 所示。

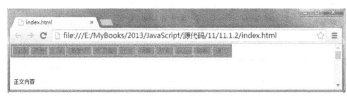

图 11-4　按下按钮的效果

4. 放开工具栏中按钮的效果

首先定义在网页中放开鼠标的处理函数为 doUp，代码如下：

```
document.onmouseup = doUp;
```

doUp ()函数的代码如下：

```
function doUp() {
el = getReal(window.event.srcElement, "className", "coolButton");
var cDisabled = el.cDisabled;
cDisabled = (cDisabled != null);
if ((el.className == "coolButton") && !cDisabled) {
makeRaised(el);
}
}
```

程序首先调用 getReal()函数获取单击元素的 className="coolButton"的祖先元素（即按钮元素）el，如果 el.cDisabled 不等于 false，则调用 makeRaised (el)函数处理放开按钮的效果。

makeRaised ()函数的代码如下：

```
function makeRaised(el) {
with (el.style) {
borderLeft = "1px solid #2F8BDF";
borderRight = "1px solid #2F8BDF";
borderTop = "1px solid #2F8BDF";
```

```
borderBottom = "1px solid #2F8BDF";
padding = "1px";
}
} }
```

程序设置了 el 元素的边框样式，以表现放开按钮的效果。

11.2　页面显示特效

本节介绍 2 个使用 JavaScript 设计的页面显示特效实例。

11.2.1　QQ 在线客服浮动窗口

很多网站都有在线客服，客服人员通过 QQ 与客户交流。本实例在网页中显示一个模拟的 QQ 在线客服浮动窗口，里面包含在线客服人员的 QQ 号码，如图 11-5 所示。

图 11-5　QQ 在线客服浮动窗口实例

1.　本实例用到的图片

本实例中的 QQ 窗口是由一些图片拼接起来的，这些图片保存在 images 目录下，具体如表 11-1 所示。

表 11-1　　　　　　　　　　　　　　　　本实例用到的图片

图片文件名	图　　片
qq.gif	
qq_bottom1.gif	
qq_ico1.gif	
qq_left.gif	
qq_logo.gif	
qq_n01.gif	
qq_right.gif	
qq_top.gif	
qq_v01.gif	

2.　绘制 QQ 窗口

本实例在一个表格中使用表 11-1 中的图片文件来绘制 QQ 窗口，代码如下：

```
<DIV id=divStayTopleft style="POSITION: absolute">
<TABLE cellSpacing=0 cellPadding=0 width=109 border=0>
```

```
<TBODY>
<TR>
 <TD colSpan=3><A onclick=CloseQQ() href="javascript:;" shape=circle
   coords=91,16,12><IMG height=34 src="images/qq_top.gif" width=109
   useMap=#Map border=0></A></TD></TR>
<TR>
 <TD width=6><IMG height=100 src="images/qq_left.gif" width=6></TD>
 <TD vAlign=top width=96 background="">
   <TABLE cellSpacing=0 cellPadding=0 width=90 align=center border=0>
    <TBODY>
    <TR>
     <TD height=30>
       <TABLE cellSpacing=0 cellPadding=0 width=90 border=0>
         <TBODY>
         <TR>
          <TD><IMG height=13 src="images/qq_ico1.gif"
            width=16><SPAN class=font_12> <SPAN
            style="FONT-SIZE: 9pt">在线客服</SPAN></SPAN></TD></TR></TBODY> </TABLE>
</TD></TR>
       <TR>
        <TD>
          <TABLE id=table47 cellPadding=2 width="100%" border=0>
            <TBODY>
            <TR>
             <TD vAlign=top width=15 height=23><IMG height=16
               src="images/qq_v01.gif" width=16 border=0></TD>
             <TD vAlign=bottom>
               <SCRIPT>document.write("<a target=blank href=tencent://message/?uin=
qq 号码 1&Site=客服 1&Menu=yes><img border=0 SRC=\"images /qq.gif\" alt=[客服 1]></a>");
</SCRIPT>
               </TD></TR></TBODY></TABLE></TD></TR>
        <TR>
         <TD></TD></TR>
        <TR>
         <TD>
           <TABLE id=table47 cellPadding=2 width="100%" border=0>
             <TBODY>
             <TR>
              <TD vAlign=top width=15 height=23><IMG height=16
                src="images/qq_n01.gif" width=16 border=0></TD>
              <TD vAlign=bottom>
                <SCRIPT>document.write("<a target=blank href=tencent://message/?uin=
qq 号码 1&Site=客服 2&Menu=yes><img border=0 SRC=\"images/qq.gif\" alt=[客服 2]></a>");
</SCRIPT>
                </TD></TR></TBODY></TABLE></TD></TR>
        <TR>
          <TD></TD></TR></TBODY></TABLE></TD>
    <TD width=7><IMG height=100 src="images/qq_right.gif" width=7></TD></TR>
   <TR>
    <TD colSpan=3><IMG height=30 src="images/qq_bottom1.gif"
width=109></TD></TR>
   <TR>
    <TD colSpan=3><IMG height=33 src="images/qq_logo.gif"
width=109></TD></TR></TBODY></TABLE></DIV>
```

3. 关闭 QQ 窗口

单击图片 qq_top.gif 时会调用 CloseQQ()函数关闭 QQ 窗口。CloseQQ()函数的代码如下：

```
function CloseQQ()//关闭 qq 窗口
{
divStayTopleft.style.display="none";
return true;
}
```

程序将用于显示 QQ 窗口的 div 元素 divStayTopleft 隐藏起来。

4. 打开 QQ 聊天窗口

本实例定义了 2 个客服人员的 QQ 号，定义"客服 1"超链接的代码如下：

```
<SCRIPT>document.write("<a target=blank href=tencent://message/?uin=
qq 号码 1&Site=客服 1&Menu=yes><img border=0 SRC=\"images/qq.gif\" alt=[客服 1]></a>");
</SCRIPT>
```

在实际应用时，将"qq 号码 1"替换成实际的 QQ 号即可。

11.2.2 栏目轮流显示的特效

网页的内容很多时，通常可以使用栏目来表现。本小节介绍一个可以自动轮流切换显示的栏目实例，如图 11-6 所示。

本实例分为体育、天气和新闻 3 个栏目，具有如下功能。

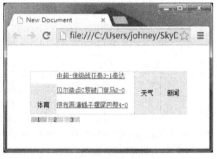

- 每隔 3 秒栏目可以自动切换。
- 单击栏目标题可以切换栏目。
- 单击下面的滑块可以切换栏目。

图 11-6　自动轮流切换显示的栏目

1. 定义栏目

本实例使用 ul 列表定义栏目，代码如下：

```
<ul id="dd" class="clearfix">
    <li><span>体育</span><p><a href='index.html'>中超-保级战亚泰 3-1 泰达</a><br><br><a
href='index.html'>贝尔造点 C 罗破门皇马 2-0</a><br><br><a href='index.html'>伊布再演蝎子摆尾巴
黎 4-0</a></p></li>
    <li><span>天气</span><p align='center'>北京 2013-10-20 周日<br/><br/>晴，无持续风向 ≤3
级<br /><br />7~19℃</p></li>
    <li><span>新闻</a></span><p><a href='index.html'>国际</a> - <a href='index.html'>社
会</a> - <a href='index.html'>娱乐</a><br /><br /> <a href='index.html'>汽车</a> - <a
href='index.html'>房产</a> - <a href='index.html'>时尚</a></p><br /><br /> </li>
    </ul>
```

在列表项中使用 span 元素定义栏目的标题。

设置栏目 CSS 样式的代码如下：

```
#dd { width:303px; height:80px; margin:50px auto 0 auto; border:1px solid #ccc;
border-right:none; overflow:hidden;}
    #dd li { float:left; width:50px; height:80px; overflow:hidden;border-right:1px solid
#ccc;}
    #dd li span { width:50px; display:inline-block; text-align:center; line-height:80px;
background-color: yellow}
    #dd li p { width:150px; display:inline-block;}
    #dd li.on { width:200px; }
```

dd 是列表元素的 id。当栏目被选中时，dd 被设置为 on 类别，将栏目的宽度设置为 200px。

2. 定义控制滑块

在栏目下面定义了 3 个控制滑块，用于切换和显示当前的焦点栏目。本例使用 id="ii" class="clearfix"的 ul 元素定义控制滑块，代码如下：

```
<ul id="ii" class="clearfix">
 <li>1</li>
 <li>2</li>
 <li>3</li>
</ul>
```

设置控制滑块 CSS 样式的代码如下：

```
#dd li { float:left; width:50px; height:80px; overflow:hidden;border-right:1px solid
#ccc;}
#dd li span { width:50px; display:inline-block;  text-align:center; line-height:80px;
background-color: yellow}
#dd li  p { width:150px; display:inline-block;}
#dd li.on { width:200px;}
#ii { width:303px; margin:5px auto 0 auto;}
#ii  li { float:left; width:30px; height:10px; margin:0  1px; background:#ccc;
text-align:center; line-height:10px; cursor:pointer;}
#ii li.on{ background:#6CF;}
```

3. 主函数

在加载页面时，指定调用 newSlider()函数，代码如下：

```
window.onload=function(){
 newSlider();
```

newSlider()函数是本实例的主函数，代码如下：

```
function newSlider(){
  // 获得栏目和控制滑块对应的 dom 对象 dl 和 il，以便以后对它们进行控制
  var dl=document.getElementById("dd").getElementsByTagName("li");
  var il=document.getElementById("ii").getElementsByTagName("li");
  var dlen = dl.length;
  //timer 定时器，index 当前显示的是第几个，autotime 自动切换时间
  var timer = null,index = 0,autoTime = 3000;
  // 默认显示第 1 个栏目
  dl[0].className="on",il[0].className="on";

  //切换函数
  function play(j){
   index = j;
   stopAuto();//停止计时
   for (var i=0;i<dlen ;i++ ){
    dl[i].className="";
    il[i].className="";

   }
   //显示第 j 个栏目
   dl[j].className="on";
   il[j].className="on";
   startAuto();//重新开始计时
  }
```

```
//鼠标经过（mouseover）时自动切换栏目
for ( var i=0;i<dlen ;i++ ){
 dl[i].onmouseover=function(j){
  return function(){play(j);}
 }(i)
}

//单击控制滑块切换栏目
for ( var i=0;i<dlen ;i++ ){
 il[i].onclick=function(j){
  return function(){play(j);}
 }(i)
}

//自动切换开始
function startAuto(){
 timer = setInterval(function(){
  index++; //处理下一个栏目
  index = index>dlen-1?0:index; //到最后一个栏目时自动从头开始
  play(index);

 },autoTime);
}
//停止自动切换
function stopAuto(){
 clearInterval(timer);
}

//启动自动切换
startAuto()

}
```

newSlider()函数主要实现如下功能：

（1）默认显示第 1 个栏目；

（2）每隔 3 秒钟自动切换栏目；

（3）鼠标经过时自动切换栏目；

（4）单击控制滑块切换栏目。

请参照注释进行理解。

11.3 图 片 展 示

本节介绍 2 个使用 JavaScript 设计的图片展示特效实例。

11.3.1 滚动的画廊

本小节介绍一个可以自动滚动的、用于展示图片的画廊实例，如图 11-7 所示。

图 11-7　滚动的画廊实例

1. 定义画廊容器

定义画廊容器的代码如下：

```
document.write('<table border="0" cellspacing="0" cellpadding="0"><td>')
document.write('<div
style="position:relative;width:'+sliderwidth+';height:'+sliderheight+';overflow:hidden">')
document.write('<div
style="position:absolute;width:'+sliderwidth+';height:'+sliderheight+';background-colo
r:'+slidebgcolor+'" onMouseover="copyspeed=0" onMouseout="copyspeed=slidespeed">')
document.write('<div id="test2" style="width:695px;position:absolute;left:0;top:0">
</div>')
document.write('<div id="test3" style="position:absolute;left:0;top:0;width:695px;"></div>')
document.write('</div></div>')
document.write('</td></table>')
```

程序定义了一个表格作为画廊的容器。表格中定义了 4 个 div 元素，前 2 个 div 元素用于定义画廊的框架，id="test2"和 id="test3"的 div 元素用于加载画廊的内容和实现滚动的效果。

程序中使用了下面的变量。

- sliderwidth：指定画廊的宽度。
- sliderheight：指定画廊的高度。
- slidebgcolor：指定画廊的背景色。
- slidespeed：指定画廊的滚动速度。

在第 2 个 div 元素中指定了 onMouseover 事件和 onMouseout 事件的处理代码。当鼠标移入画廊时，设置移动速度为 0；当鼠标移出画廊时，设置滚动速度为 slidespeed。

2. 定义画廊包含的图片数组

程序使用数组 images 保存画廊中的图片，定义代码如下：

```
var images=Array();
images.push("img/01.jpg");
images.push("img/02.jpg");
images.push("img/03.jpg");
images.push("img/04.jpg");
images.push("img/05.jpg");
images.push("img/06.jpg");
images.push("img/07.jpg");
images.push("img/08.jpg");
images.push("img/09.jpg");
images.push("img/10.jpg");
images.push("img/11.jpg");
images.push("img/12.jpg");
images.push("img/13.jpg");
images.push("img/14.jpg");
images.push("img/15.jpg");
images.push("img/16.jpg");
```

程序将所有图片放置在一个表格中，每个单元格一幅图片。代码如下：

```
var leftrightslide=new Array()
var finalslide=''
leftrightslide[0]='<table border="0"  cellspacing="13" cellpadding="0" width="695px"
style="margin-top:-10px">'+
'<tr align="center">';
var size=images.length;
for(var i=0;i<size;i++)
leftrightslide[0]+="<td width='80' height='62'><div onclick=\"window.open('"+images[i]+"');\"
style=\"cursor:pointer;width:72px;height:62px;background:url("+images[i]+")  no-repeat;
\"><img src=\""+images[i]+"\" width=\"72\" height=\"62\" border=\"1\" /></div> </td>";
leftrightslide[0]+='</tr></table>';
var copyspeed=slidespeed
leftrightslide='<nobr>'+leftrightslide.join(" ")+'</nobr>'
var iedom=document.all||document.getElementById
document.write('<span  id="temp"  style="visibility:hidden;position:absolute;top:0;
left:0">'+leftrightslide+'</span>')
```

最后将 leftrightslide 放置在一个 id="temp"的 span 元素中。id="temp"的 span 元素是隐藏的元素，也不会移动，它的作用是标示画廊滚动的位置。

3. fillup()函数

fillup()函数用于在加载页面时设置画廊的布局，代码如下：

```
var actualwidth=''
var cross_slide, ns_slide
function fillup(){
// 设置 test2 和 test3 的内容为 leftrightslide，即图片
cross_slide=document.getElementById("test2")
cross_slide2=document.getElementById("test3")
cross_slide.innerHTML=cross_slide2.innerHTML=leftrightslide
actualwidth=document.getElementById("temp").offsetWidth;// 设置 test3 的位置在 temp 后面
cross_slide2.style.left=actualwidth-5
lefttime=setInterval("slideleft()",30)  // 每 30 秒调用 slideleft()函数，实现滚动效果
}
window.onload=fillup
```

请参照注释进行理解。这里使用了两个 div 元素显示画廊，test2 的位置与 temp 元素对齐，test3 的位置在 temp 的后面。当开始滚动时，它们一起向左滚动；当 test2 滚动到消失时，网页中显示的是 test3 在滚动。这就是使用两个 div 元素显示画廊的目的——实现连续滚动。滚动画廊的具体方法，将在稍后介绍。

4. 实现滚动效果

slideleft()函数用于实现滚动效果，代码如下：

```
function slideleft(){
// 处理 test2
if (parseInt(cross_slide.style.left)>(actualwidth*(-1)+8)) //以 temp 为基准，滚动距离大
于 temp 的宽度则准备复位，重新滚动；否则以 copyspeed 的速度向左
cross_slide.style.left=parseInt(cross_slide.style.left)-copyspeed
else
cross_slide.style.left=parseInt(cross_slide2.style.left)+actualwidth-5
// 处理 test3
if (parseInt(cross_slide2.style.left)>(actualwidth*(-1)+8))
cross_slide2.style.left=parseInt(cross_slide2.style.left)-copyspeed
else
cross_slide2.style.left=parseInt(cross_slide.style.left)+actualwidth-5
}
```

请参照注释进行理解。

11.3.2 在网页上浮动广告图片

有些网页中需要显示一个浮动的广告图片，当滚动网页时，广告图片始终位于网页中。本小节介绍一个简单的实现浮动广告图片的实例，如图 11-8 所示。

因为是演示实例，所以网页正文中没有具体内容，但包含了很多换行符
，从而使网页可以显示出滚动条。

1. 定义浮动广告图片的容器

定义浮动广告图片及其容器的代码如下：

```
<div id="advLayer" style="position:absolute;left:
16px;top:129px;width:180px;height: 230px; z-index:1;">
<img src="01.jpg" width="100" height="200" />
</div>
```

图 11-8　在网页上浮动的广告图片

id="advLayer"的 div 元素是广告图片的容器，广告图片为 01.jpg。

2. 让广告图片浮动起来

所谓浮动就是在网页滚动时让图片保持在距离网页顶部固定的位置（本例为 100px）上。相关代码如下：

```
<script language="javascript" type="text/javascript">
var advInitTop=100;//层距离顶端的初始值
function move()
{
window.document.getElementById("advLayer").style.top=advInitTop+window.document.body.scrollTop;
}
window.onscroll=move;//窗口的滚动事件,当页面滚动时调用move()函数
</script>
```

scrollTop 属性表示元素到网页顶部的距离。

11.4　菜　单　设　计

本节介绍 2 个使用 JavaScript 程序设计的菜单实例。

11.4.1 切换栏目的菜单

本小节介绍一个可以切换栏目的菜单，如图 11-9 所示。

单击栏目头可以展开该栏目，并收起原来的栏目。

1. 定义菜单

定义菜单的 HTML 代码如下：

```
<div id="levelmenu">
 <div class="unit current">
```

图 11-9　可以切换栏目的菜单

```
<h5>栏目 1</h5>
<ul>
 <li><a href="#">菜单项 1.1</a></li>
 <li><a href="#">菜单项 1.2</a></li>
 <li><a href="#">菜单项 1.3</a></li>
 <li><a href="#">菜单项 1.4</a></li>
</ul>
</div>
<div class="unit">
 <h5>栏目 2</h5>
<ul>
 <li><a href="#">菜单项 2.1</a></li>
 <li><a href="#">菜单项 2.2</a></li>
 <li><a href="#">菜单项 2.3</a></li>
 <li><a href="#">菜单项 2.4</a></li>
</ul>
</div>
<div class="unit">
 <h5>栏目 3</h5>
<ul>
 <li><a href="#">菜单项 3.1</a></li>
 <li><a href="#">菜单项 3.2</a></li>
 <li><a href="#">菜单项 3.3</a></li>
 <li><a href="#">菜单项 3.4</a></li>
</ul>
</div>
<div class="unit">
 <h5>栏目 4</h5>
<ul>
 <li><a href="#">菜单项 4.1</a></li>
 <li><a href="#">菜单项 4.2</a></li>
 <li><a href="#">菜单项 4.3</a></li>
 <li><a href="#">菜单项 4.4</a></li>
</ul>
</div>
</div>
```

id="levelmenu"的 div 元素是整个菜单，class="unit"的 div 元素是一个未展开的栏目菜单，class="unit current"的 div 元素是当前展开的栏目菜单，在栏目菜单中，使用 ul 列表定义菜单。

2. init()函数

init()函数用于初始化菜单，在加载页面时会调用 init()函数。init()函数的代码如下：

```
function init(){
 if(!document.getElementById || !document.getElementsByTagName){retun;}
 var arrayDiv=document.getElementById("levelmenu");          //获取菜单 DOM 对象
 if(!arrayDiv){return;}
 var divObj=arrayDiv.getElementsByTagName("div");             //获取所有栏目菜单
 var length=divObj.length;
 var agreeDiv=new Array();
 for(var i=0;i<length;i++){
```

```
    if(divObj[i].className.indexOf("unit")>=0){// 将所有 class 名中包含"unit"的 div 元素（栏
目对象）加入数组 agreeDiv 中备用
        agreeDiv.push(divObj[i]);
        divObj[i].onclick=function(event){          //单击栏目时，调用 showCurrentMenu() 函数
         showCurrentMenu(agreeDiv,this,event);
        }
      }
    }
  }
```

请参照注释进行理解。showCurrentMenu()函数用于展开指定的栏目，代码如下：

```
function showCurrentMenu(agreeDiv,currentObj,event){
 if(!event){event=window.event;}
 var eventObj=event.srcElement?event.srcElement:event.target; //获得触发事件的对象
 //先隐藏所有 ul
 var length=agreeDiv.length;
 for(var i=0;i<length;i++){
  if(eventObj.parentNode==agreeDiv[i] || eventObj.nodeName!="H5"){continue;}
  agreeDiv[i].className="unit";
 }
 if(eventObj.nodeName=="H5"){
  if(eventObj.parentNode.className=="unit"){          //如果当前栏目未展开，则将其展开
   eventObj.parentNode.className="unit current"
  }else{    //如果当前栏目已展开，则将其收起
   eventObj.parentNode.className="unit"
  }
 }
}
```

请参照注释进行理解。

3. 设置 CSS 样式

在 CSS 样式中可以通过下面的代码指定收起的栏目的样式。

```
#levelmenu div.unit ul{display:none;line-height:23px;}
```

隐藏（display:none）栏目中的列表项（即菜单项）。

在 CSS 样式中可以通过下面的代码指定展开的栏目的样式。

```
#levelmenu div.current ul{display:block;}
```

显示（display:block）栏目中的列表项（即菜单项）。

11.4.2　jQuery 设计的下拉菜单

在 Windows 应用中，下拉菜单是很常用的控件，可以很容易地实现。但是，在 Web 应用程序中，要实现漂亮的下拉菜单，就需要使用 JavaScript 程序来设计。本小节介绍一种使用 jQuery 设计下拉菜单的方法，如图 11-10 所示。

图 11-10　jQuery 设计的下拉菜单

1. 定义菜单

定义菜单的 HTML 代码如下：

```
<ul id="jsddm">
    <li><a href="#">JavaScript</a>
        <ul>
```

```
            <li><a href="#">JavaScript 语言基础</a></li>
            <li><a href="#">javaScript 函数</a></li>
            <li><a href="#">JavaScript 事件处理</a></li>
        </ul>
    </li>
    <li><a href="#">jQuery</a>
        <ul>
            <li><a href="#">jQuery 基础</a></li>
            <li><a href="#">jQuery 选择器</a></li>
            <li><a href="#">设置 HTML 元素的属性与 CSS 样式</a></li>
            <li><a href="#">表单编程</a></li>
            <li><a href="#">事件和 Event 对象</a></li>
        </ul>
    </li>
</ul>
```

整个菜单使用一个 ul 元素定义，每个菜单项里面使用一个 ul 元素定义下拉菜单。

2. 设计菜单的 CSS 样式

ul 元素是怎样显示成菜单的样式呢？这都要靠 CSS 样式。设计菜单 CSS 样式的代码如下：

```css
<style type="text/css">
/* menu styles */
#jsddm
{   margin: 0;
    padding: 0}

    #jsddm li
    {   float: left;
        list-style: none;
        font: 12px Tahoma, Arial}

    #jsddm li a
    {   display: block;
        background: #324143;
        padding: 5px 12px;
        text-decoration: none;
        border-right: 1px solid white;
        width: 70px;
        color: #EAFFED;
        white-space: nowrap}

    #jsddm li a:hover
    {   background: #24313C}

        #jsddm li ul
        {   margin: 0;
            padding: 0;
            position: absolute;
            visibility: hidden;
            border-top: 1px solid white}

            #jsddm li ul li
            {   float: none;
                display: inline}
```

```
#jsddm li ul li a
{    width: auto;
     background: #A9C251;
     color: #24313C}

#jsddm li ul li a:hover
{    background: #8EA344}
```
</style>

3. 实现下拉菜单的效果

当鼠标经过一级菜单项时，会显示下拉菜单，代码如下：

```
$(document).ready(function()
{   $('#jsddm > li').bind('mouseover', openmenu);
    $('#jsddm > li').bind('mouseout', setclosetimer);});
```

在加载网页时，程序指定一级菜单项（jsddm 下面的 li 元素）的 mouseover 事件的处理函数为 openmenu，指定一级菜单项的 mouseout 事件的处理函数为 setclosetimer。

Openmenu() 函数的代码如下：

```
function openmenu()
{
    cancelclosetimer();   //取消关闭菜单的计时器
    closemenu();
    // 显示当前的下拉菜单
    ddmenuitem = $(this).find('ul').eq(0).css('visibility', 'visible');
}
```

程序首先调用 cancelclosetimer() 函数取消关闭菜单的计时器，然后 closemenu() 函数收回已经下拉的菜单，最后显示当前的下拉菜单。关于关闭菜单的计时器将在稍后介绍。

cancelclosetimer() 函数的代码如下：

```
function cancelclosetimer()
{
    if(closetimer)
    {
        window.clearTimeout(closetimer);
        closetimer = null;
    }
}
```

closetimer 就是定时关闭菜单的计时器。

closemenu() 函数的代码如下：

```
function closemenu()   //关闭菜单
{
    if(ddmenuitem) ddmenuitem.css('visibility', 'hidden');
}
```

setclosetimer () 函数的代码如下：

```
var timeout = 500;
function setclosetimer() //设置定时关闭菜单的计时器
{
    closetimer = window.setTimeout(closemenu, timeout);
}
```

程序设置每隔 500ms 调用一次 closemenu() 函数，关闭菜单。

实验 1　HTML 基础

目的和要求

（1）了解什么是 HTML。

（2）了解 Web 应用程序的基本开发流程。

（3）了解什么是 Web 前端开发和 Web 前端开发的要素。

（4）了解 HTML 网页的基本结构。

（5）学习设置网页背景和颜色。

（6）学习设置字体属性。

（7）学习定义超级链接。

（8）学习定义图像。

（9）学习定义表格。

（10）学习定义框架。

（11）学习使用 div、br、pre、li、span 等常用标签。

实验准备

要了解 B/S 架构的应用程序需要部署在 Web 服务器上，应用程序可以是 HTML（HTM）文件或 ASP、PHP 等脚本文件。用户只需要安装 Web 浏览器就可以浏览所有网站的内容。

HTML 文件可以提供静态的网页内容，这也是早期最常用的网页文件。在 HTML 文件中，可以嵌入 JavaScript 程序，从而动态地控制网页的显示效果。

HTML 是 Hypertext Markup Language 的缩写，即超文本标记语言，是用于描述网页文档的一种标记语言。

实验内容

本实验主要包含以下内容。

（1）练习定义加粗、倾斜和下划线字体。

（2）练习定义文字居中。

（3）练习定义标题文字。

（4）练习定义超级链接。

（5）练习定义图像。

（6）练习定义表格。

（7）练习定义框架。

1. 定义加粗、倾斜和下划线字体

按以下步骤练习定义加粗、倾斜和下划线字体。

（1）参照【例 1-1】创建 "例 1-1.html"。

（2）双击 "例 1-1.html"，确认可以使用…定义加粗字体，使用<i>…</i>定义倾斜字体，使用<u>…</u>定义下划线字体。

2. 定义文字居中

参照如下步骤练习定义文字居中。

（1）参照【例 1-2】创建 "例 1-2.html"。

（2）双击 "例 1-2.html"，确认可以使用 align="center"属性定义文字居中。

3. 定义标题文字

参照如下步骤练习定义标题文字。

（1）参照【例 1-3】创建 "例 1-3.html"。

（2）双击 "例 1-3.html"，确认可以使用 H1、H2、H3、H4、H5、H6 标签定义不同类型的标题文字。

4. 定义超级链接

参照如下步骤练习定义超级链接。

（1）创建一个网页文件。在文档体中包含如下的代码：

```
<a href="http://www.php.net">PHP 网站</a>
```

（2）双击该网页文件，确认可以看到一个 "PHP 网站" 超级链接。单击该超级链接，可以在网页中打开 http://www.php.net。

（3）创建一个网页文件。在文档体中包含如下的代码：

```
<a target="_blank" href="http://www.php.net">在新窗口中打开 PHP 网站</a>
```

（4）双击该网页文件，确认可以看到一个 "PHP 网站" 超级链接。单击该超级链接，可以打开一个新窗口，并访问 http://www.php.net。

5. 定义图像

参照如下步骤练习定义图像。

（1）准备一个图像文件 1.jpg。

（2）在 1.jpg 相同的目录下创建一个网页文件。在文档体中包含如下的代码：

```
<img src="1.jpg">
```

（3）双击该网页文件，确认可以在网页中看到图像 1.jpg。

（4）练习设置 img 元素的 alt 属性、align 属性、border 属性、width 属性、height 属性、hspace 属性和 vspace 属性。注意观察这些属性的作用。

6. 定义框架

参照如下步骤练习定义框架。

（1）参照【例 1-7】分别创建 a.html、b.html、c.html 和例 1-7.html。

（2）双击浏览例 1-7.html，确认网页中定义了 2 个框架（frame），左侧框架中显示 a.html；右

侧框架名为 main，初始时显示 b.html。

（3）单击左侧框架中的超链接，确认可以在右侧框架中打开对应网页。

7. 定义表格

参照如下步骤练习定义表格。

（1）参照【例 1-5】练习定义一个 3 行 3 列的表格。

（2）参照【例 1-6】练习定义表格的背景颜色。

实验 2　JavaScript 编程

目的和要求

（1）了解 JavaScript 语言的基本语法和使用方法。

（2）了解在 HTML 文件中使用 JavaScript 语言的方法。

（3）了解 JavaScript 的数据类型、常量和变量的基本用法。

（4）了解 JavaScript 的运算符和表达式。

（5）学习使用 JavaScript 的常用语句。

实验准备

（1）了解 JavaScript 简称 js，是一种可以嵌入到 HTML 页面中的脚本语言。。

（2）了解在 HTML 文件中使用 JavaScript 脚本时，JavaScript 代码需要出现在<Script Language = "JavaScript">和</Script>之间。

（3）了解 JavaScript 数据类型的基本情况。

（4）了解 JavaScript 常量和变量的概念。

（5）了解 JavaScript 运算符和表达式的基本情况。

实验内容

本实验主要包含以下内容。

（1）练习在 HTML 中使用 JavaScript 语言。

（2）练习使用 JavaScript 数据类型和变量。

（3）使用 JavaScript 语句。

1. 在 HTML 中使用 JavaScript 语言

参照下面的步骤练习在 HTML 中使用 JavaScript 语言。

（1）参照【例 2-1】练习在 HTML 文件中使用 JavaScript 脚本。

（2）参照【例 2-2】练习在 HTML 文件中引用 js 文件。

2. 使用 JavaScript 数据类型和变量

参照下面的步骤练习使用 JavaScript 数据类型和变量。

（1）参照【例 2-3】练习输出 JavaScript 支持的最大和最小的数值。

（2）参照【例 2-4】练习定义和使用变量。

（3）参照【例 2-5】练习使用 typeof 运算符返回变量类型。

3. 使用 JavaScript 语句

参照下面的步骤练习使用 JavaScript 语句。

（1）参照【例 2-6】练习向代码中添加注释，修改注释内容后浏览网页，确认注释内容不影响网页的显示。

（2）参照【例 2-7】练习使用 if 语句。

（3）参照【例 2-8】练习使用嵌套 if 语句。

（4）参照【例 2-9】练习使用 if...else...语句。

（5）参照【例 2-10】练习使用 if 语句、else if 语句和 else 语句。

（6）参照【例 2-11】练习使用 switch 语句。

（7）参照【例 2-12】练习使用 while 语句。

（8）参照【例 2-13】练习使用 do...while 语句。

（9）参照【例 2-14】练习使用 for 语句。

（10）参照【例 2-15】练习使用 continue 语句。

（11）参照【例 2-16】练习使用 break 语句。

实验 3　JavaScript 编辑和调试工具

目的和要求

（1）学习使用 Eclipse 开发平台编辑 JavaScript 程序。

（2）学习使用 Dreamweaver 编辑 JavaScript 程序。

（3）学习调试 JavaScript 程序的方法。

实验准备

首先要了解 JavaScript 没有专用的编辑和调试工具，用户可以根据需要自行选择。如果编写小程序，则可以使用 Editplus 等文本编辑工具；如果开发脚本库等比较大的程序，则可以使用更加专业的基于 Java 的可扩展开发平台 Eclipse。不过，JavaScript 的最多应用是直接嵌入在网页中，因此建议使用经典的网站开发工具 Dreamweaver 作为 JavaScript 编辑工具。

访问下面的网址下载最新版本的 Eclipse，然后安装 Eclipse。

`http://www.eclipse.org/downloads/`

安装 Editplus。

安装 Dreamweaver。

安装 Chrome 和 Firefox 浏览器。

实验内容

本实验主要包含以下内容。

（1）练习使用 Editplus 编辑 JavaScript 程序。

（2）练习使用 Eclipse 开发平台。

（3）练习使用 Eclipse 插件 JsEclipse 编辑 JavaScript 程序。

（4）练习使用 Dreamweaver 编辑 JavaScript 程序。

（5）练习调试 JavaScript 程序。

1. 使用 Editplus 编辑 JavaScript 程序

参照下面的步骤练习使用 Editplus 编辑 JavaScript 程序。

（1）参照 2.3.1 小节练习使用 Editplus 的语法着色功能。

（2）参照 2.3.1 小节练习使用 Editplus 的自动完成语法功能。

2. 使用 Eclipse 开发平台

参照下面的步骤练习使用 Eclipse 开发平台。

（1）参照 2.3.2 小节练习下载最新版本的 Eclipse。

（2）将下载得到的压缩包解压缩到 C 盘。

（3）运行 C:\ eclipse\eclipse.exe，打开 Eclipse 开发平台。

（4）熟悉 Eclipse 开发平台的环境。

（5）练习在 Eclipse 中创建 Java 项目。

3. 使用 Eclipse 插件 JsEclipse 编辑 JavaScript 程序

参照下面的步骤练习使用 Eclipse 插件 JsEclipse。

（1）参照 2.3.3 小节下载 JSEclipse。

（2）参照 2.3.3 小节安装 JSEclipse。

（3）参照 2.3.3 小节练习使用 JSEclipse 的语法提示功能。

（4）参照 2.3.3 小节练习使用 JSEclipse 的打开声明功能。

（5）参照 2.3.3 小节练习使用 JSEclipse 的模板功能。

（6）参照 2.3.3 小节练习使用 JSEclipse 的自动语法错误提示功能。

（7）参照 2.3.3 小节练习使用 JSEclipse 编辑 HTML 文件中的 JavaScript 程序。

4. 使用 Dreamweaver 编辑 JavaScript 程序

参照下面的步骤练习使用 Dreamweaver 编辑 JavaScript 程序。

（1）参照 2.3.4 小节练习使用 Dreamweaver 的语法提示功能。

（2）参照 2.3.4 小节练习使用 Dreamweaver 的 JavaScript 行为特效功能。

（3）参照 2.3.4 小节练习使用 Dreamweaver 的自动语法错误提示功能。

5. 调试 JavaScript 程序

参照下面的步骤练习调试 JavaScript 程序。

（1）参照 2.3.5 小节练习借助 IE 的开发人员工具定位 JavaScript 程序中的错误。

（2）参照 2.3.5 小节练习借助 Chrome 的开发者工具定位 JavaScript 程序中的错误。

（3）参照 2.3.5 小节练习借助 Firefox 的开发者工具定位 JavaScript 程序中的错误。

实验 4　JavaScript 函数

目的和要求

（1）了解函数（function）的概念和用法。

（2）练习使用常用的 JavaScript 内置函数。

（3）练习使用 JavaScript 自定义函数。

（4）练习使用 JavaScript 函数库。

实验准备

（1）了解 alert()函数、confirm()函数、escape()函数、unescape()函数、eval()函数、isNaN()函数、parseFloat()函数、parseInt()函数和 prompt()函数的基本功能和语法。

（2）了解可以使用 function 关键字来创建自定义函数。

（3）了解可以直接使用函数名来调用函数；可以在 HTML 中使用"javascript:"方式调用 JavaScript 函数；也可以与事件结合调用 JavaScript 函数。

（4）了解在函数中可以定义变量，在函数中定义的变量被称为局部变量。局部变量只在定义它的函数内部有效，在函数体之外，即使使用同名的变量，也会被看作是另一个变量。相应地，在函数体之外定义的变量是全局变量。全局变量在定义后的代码中都有效，包括在它后面定义的函数体内。如果局部变量和全局变量同名，则在定义局部变量的函数中，只有局部变量是有效的。

（5）了解在 JavaScript 语言中，可以把函数组织到函数库（library）中。在其他程序中可以引用函数库中定义的函数。这样可以使程序具有良好的结构，增加代码的重用性。JavaScript 函数库是一个.js 文件，其中包含函数的定义。

实验内容

本实验主要包含以下内容。

（1）练习使用常用的 JavaScript 内置函数。

（2）练习使用自定义函数。

（3）练习使用 JavaScript 函数库。

1. 使用常用的 JavaScript 内置函数

参照下面的步骤练习使用常用的 JavaScript 内置函数。

（1）参照【例 3-1】练习使用 alert()函数弹出一个消息对话框。

（2）参照【例 3-2】练习使用 confirm()函数弹出一个确认对话框。

（3）参照【例 3-3】练习使用 escape()函数对字符串进行编码。

（4）参照【例 3-4】练习使用 unescape()函数对字符串进行解码。

（5）参照【例 3-5】练习使用 eval()函数。

（6）参照【例 3-6】练习使用 isNaN()函数。

（7）参照【例 3-7】练习使用 parseFloat()函数。

（8）参照【例 3-8】练习使用 parseInt()函数。

（9）参照【例 3-9】练习使用 prompt()函数显示一个对话框，要求用户输入数据。

2. 使用自定义函数

参照下面的步骤练习使用自定义函数。

（1）参照【例 3-10】、【例 3-11】和【例 3-12】练习创建自定义函数。

（2）参照【例 3-13】、【例 3-14】、【例 3-15】、【例 3-16】和【例 3-17】练习调用函数。注意函数参数的使用。

（3）参照【例 3-18】练习、理解局部变量和全局变量的概念和作用域。

（4）参照【例 3-19】练习使用函数的返回值。

3. 使用 JavaScript 函数库

参照下面的步骤练习使用 JavaScript 函数库。

（1）参照【例 2-20】练习定义函数库。

（2）参照【例 2-21】练习引用函数库。

实验 5　JavaScript 面向对象程序设计

目的和要求

（1）了解 DOM 对象的概念。

（2）学习 JavaScript 内置对象的使用方法。

（3）学习 DOM 编程的方法。

（4）学习 BOM 编程的方法。

实验准备

了解面向对象编程是 JavaScript 采用的基本编程思想，它可以将属性和代码集成在一起，定义为类，从而使程序设计更加简单、规范、有条理。

Date 是 JavaScript 的日期类，用于管理和操作日期和时间数据。

String 是 JavaScript 的字符串类，用于管理和操作字符串数据。

Array 类用于定义和管理数组。

可以使用 Math 对象处理一些常用的数学运算。

了解 HTML DOM 定义了访问和操作 HTML 文档的标准方法。它把 HTML 文档表现为带有元素、属性和文本的树结构（节点树）。

了解 HTML BOM 对象模型类结构由一组浏览器对象组成。

实验内容

本实验主要包含以下内容。

（1）练习使用 JavaScript 内置对象。

（2）练习 DOM 编程。

（3）练习 BOM 编程。

1. 使用 JavaScript 内置对象

参照下面的步骤练习使用 JavaScript 内置对象。

（1）参照【例 4-1】练习使用 Date 类。

（2）参照【例 4-2】练习使用 String 类的 length 属性返回字符串的长度。

（3）参照【例 4-3】练习使用 String 类的 anchor()方法创建 HTML 锚。

（4）参照【例 4-4】练习使用 String 类的 link()方法创建超链接。

（5）参照【例 4-5】练习使用 String 类的 big()方法放大字体。

（6）参照【例 4-6】练习使用 String 类的 charAt()方法。

（7）参照【例 4-7】练习使用 String 类的 fixed()方法把字符串显示为打字机字体。

（8）参照【例 4-8】练习使用 String 类的 fontcolor ()方法设置字符串的颜色。

（9）参照【例 4-9】练习使用 String 类的 fontsize ()方法设置字符串的大小。

（10）参照【例 4-10】练习使用 String 类的 indexOf ()方法。

（11）参照【例 4-11】练习使用 String 类的 strike()方法显示加删除线的字符串。

（12）参照【例 4-12】练习使用 String 类的 sub()方法把字符串显示为下标。

（13）参照【例 4-13】练习使用 String 类的 substring()方法。

（14）参照【例 4-14】练习使用 String 类的 concat()方法连接字符串。

（15）参照【例 4-15】练习使用 String 类的 replace ()方法替换字符串。

（16）参照【例 4-16】练习使用 String 类的 slice()方法返回字符串的片段。

（17）参照【例 4-17】练习使用 String 类的 split()方法将一个字符串分割为子字符串。

（18）参照【例 4-18】练习使用 String 类的 sup ()方法将字符串显示为上标。

（19）参照【例 4-19】练习使用 String 类的 toLowerCase ()方法把字符串转换为小写。

（20）参照【例 4-20】练习输出数组长度。

（21）参照【例 4-21】练习使用 for 语句遍历数组。

（22）参照【例 4-22】练习使用 for…in 语句遍历数组。

（23）参照【例 4-23】练习将数组中所有元素连接成字符串。

（24）参照【例 4-24】练习使用 Array 类的 concat()方法连接两个或多个数组。

（25）参照【例 4-25】和【例 4-26】练习排序数组元素。

（26）参照【例 4-27】练习使用 Math 对象。

2．DOM 编程

参照下面的步骤练习 DOM 编程。

（1）参照【例 4-28】练习使用 document 对象。

（2）参照【例 4-29】练习使用 document.getElementById()方法获得 HTML 元素的 DOM 对象。

（3）参照【例 4-30】练习使用 innerHTML 属性获取并输出 HTML 元素内容。

（4）参照【例 4-31】练习使用 DOM 对象的 firstChild 属性。

（5）参照【例 4-32】练习使用 DOM 对象的 appendChild()方法把新的子节点添加到指定节点。

（6）参照【例 4-33】练习使用 DOM 对象的 insertBefore ()方法在指定的子节点前面插入新的子节点。

（7）参照【例 4-34】练习使用 DOM 对象的 getAttribute()方法读取对应属性的属性值。

3．BOM 编程

参照下面的步骤练习 BOM 编程。

（1）参照【例 4-35】练习使用 alert()方法弹出一个警告对话框。

（2）参照【例 4-36】练习使用 window.setTimeout ()方法。

（3）参照【例 4-37】练习使用 Navigator 对象属性获取并显示浏览器信息。

实验 6　JavaScript 事件处理

目的和要求

（1）了解什么是事件。

（2）了解 DOM 事件流的工作机制。

（3）学习事件监听器的概念和使用方法。

（4）了解各种 HTML 事件的含义及其使用方法。

（5）了解和学习如何干预系统的事件处理机制。

实验准备

首先要了解事件定义了用户与网页进行交互时产生的各种操作。除了在用户操作的过程中可以产生事件外，浏览器自身的一些动作也可能产生事件。在 JavaScript 程序中可以注册一个事件的处理函数，当触发事件时会调用处理函数。

DOM 模型是一个树型结构，在 DOM 模型中，HTML 元素是有层次的。当一个 HTML 元素上产生一个事件时，该事件会在 DOM 树中元素节点与根节点之间按特定的顺序传播，路径所经过的节点都会收到该事件，这个传播过程就是 DOM 事件流。

DOM 事件标准定义了两种事件流，分别是捕获事件流和冒泡事件流。大多数浏览器都遵循这两种事件流方式。

系统会按规定的机制处理事件，程序员也可以人为干预系统的事件处理机制，包括停止事件冒泡和阻止事件的默认行为。

实验内容

本实验主要包含以下内容。

（1）练习 JavaScript 事件基本编程。

（2）练习处理常用的 HTML 事件。

（3）练习干预系统的事件处理机制。

1．JavaScript 事件基本编程

参照下面的步骤练习 JavaScript 事件基本编程。

（1）参照【例 5-1】练习指定事件处理函数的方法。

（2）参照【例 5-2】练习使用 addEventListener()函数监听事件并对事件进行处理。

2．处理常用的 HTML 事件

参照下面的步骤练习处理常用的 HTML 事件。

（1）参照【例 5-3】练习使用 onmouseover 事件和 onmouseout 事件的方法。

（2）参照【例 5-4】练习使用 Event 对象的方法。

（3）参照【例 5-5】练习使用 onkeyup 事件的方法。

（4）参照【例 5-6】练习使用 onunload 事件的方法。

（5）参照【例 5-7】练习使用 onsubmit 事件的方法。

3. 干预系统的事件处理机制

参照下面的步骤练习干预系统的事件处理机制。

（1）参照【例 5-8】练习停止事件冒泡的方法。

（2）参照【例 5-9】练习阻止事件默认行为的方法。

实验 7　JavaScript 表单编程

目的和要求

（1）了解表单的基本概念和功能。

（2）了解定义表单的基本方法。

（3）学习常用的表单控件的功能和定义方法。

（4）学习使用 JavaScript 访问和操作表单元素。

（5）学习操作表单的方法。

实验准备

首先要了解表单（Form）是很常用的 HTML 元素，是用户向 Web 服务器提交数据最常用的方式，除此之外，还可以用于上传文件。

了解表单中可以包括标签（静态文本）、单行文本框、滚动文本框、复选框、单选按钮、下拉菜单（组合框）和按钮等元素。

了解在 JavaScript 中可以对表单元素进行操作，包括获取表单对象和访问表单元素等。此外，在 JavaScript 中还可以操作表单，包括提交表单、重置表单和表单验证等。

实验内容

本实验主要包含以下内容。

（1）练习设计 HTML 表单。

（2）练习使用 JavaScript 访问和操作表单元素。

（3）练习操作表单。

1. 设计 HTML 表单

参照下面的步骤练习设计 HTML 表单。

（1）参照【例 6-1】练习定义表单。

（2）参照【例 6-2】练习定义表单中的文本框。

（3）参照【例 6-3】练习定义表单中的文本区域。

（4）参照【例 6-4】练习定义表单中的单选按钮。

（5）参照【例 6-5】练习定义表单中的复选框。

（6）参照【例 6-6】练习定义表单中的组合框。

（7）参照【例 6-7】和【例 6-8】练习定义表单中的按钮。

2. 使用 JavaScript 访问和操作表单元素

参照下面的步骤练习使用 JavaScript 访问和操作表单元素。

（1）参照【例 6-9】练习使用 document.getElementById()方法获取表单对象。

（2）参照【例 6-10】练习使用 document.getElementsByName()方法获取表单对象。

（3）参照【例 6-11】练习使用 document.getElementsByTagName ()方法获取表单对象。

（4）参照【例 6-12】练习使用 document.forms 数组获取表单对象。

（5）参照【例 6-13】练习使用 elements 数组属性获取表单元素对象。

（6）参照【例 6-14】练习把表单元素的 name 属性当作表单的属性来访问该元素。

（7）参照【例 6-15】练习禁用和启用表单元素。

（8）参照【例 6-16】练习获得和失去表单元素焦点。

3. 操作表单

参照下面的步骤练习操作表单。

（1）参照【例 6-17】练习提交表单的方法。

（2）参照【例 6-18】练习调用表单对象的 reset()方法重置表单。

（3）参照【例 6-19】练习表单验证的方法。

实验 8 JavaScript CSS 编程

目的和要求

（1）了解 CSS 的概念和基本功能。

（2）学习 CSS 选择器的使用方法。

（3）学习使用 CSS 定义网页和元素的样式。

（4）学习使用 CSS 设计网页的整体布局。

（5）学习 CSS3 的新技术。

（6）学习 JavaScript CSS 编程的方法。

实验准备

首先要了解层叠样式表（CSS）是用来定义网页的显示格式的，使用它可以设计出更加整洁、漂亮的网页。使用 JavaScript 可以很方便地设置 CSS 样式，从而动态改变页面的显示样式。CSS3 是 CSS 的最新升级版本。

了解在 CSS 中可以通过选择器选取 HTML 元素，然后对其应用样式。

实验内容

本实验主要包含以下内容。

（1）练习使用 CSS 的基本功能。

（2）练习使用 CSS 定义网页和元素的样式。

（3）练习使用 CSS 设计网页布局。

（4）练习使用 CSS3 设计网页样式。

（5）练习 JavaScript CSS 编程。

1. CSS 的基本功能

参照下面的步骤练习 CSS 的基本功能。

（1）参照【例 7-1】练习在 HTML 中使用 CSS 设置显示风格。

（2）参照【例 7-2】练习使用行内样式表。

（3）参照【例 7-3】练习使用内部样式表。

（4）参照【例 7-4】练习使用外部样式表。

2. 使用 CSS 选择器

参照下面的步骤练习使用 CSS 选择器。

（1）参照【例 7-5】练习使用 CSS 类别选择器。

（2）参照【例 7-6】练习设置网页背景图像。

（3）参照【例 7-7】练习在 CSS 中设置字体。

（4）参照【例 7-8】练习设置文本对齐。

（5）参照【例 7-9】练习使用 CSS 设置网页背景图像。

（6）参照【例 7-10】和【例 7-11】练习设置超链接的样式。

（7）参照【例 7-12】和【例 7-13】练习设置无序列表和有序列表的样式。

3. 使用 CSS 设计网页布局

参照下面的步骤练习使用 CSS 设计网页布局。

（1）参照【例 7-14】和【例 7-19】练习使用 CSS 设计网页布局。

（2）参照【例 7-15】练习使用 border 属性设置表格边框。

（3）参照【例 7-16】练习使用 display 属性。

（4）参照【例 7-17】练习设置元素轮廓。

（5）参照【例 7-18】练习实现浮动图片的效果。

4. 使用 CSS3 设计网页样式

（1）参照【例 7-16】和【例 7-21】练习实现圆角效果。

（2）参照【例 7-22】练习在 CSS3 中实现过渡颜色边框。

（3）参照【例 7-23】练习在 CSS3 中实现阴影。

（4）参照【例 7-24】练习在 CSS3 中实现不同透明度的图像。

（5）参照【例 7-25】练习使用 RGBA 声明实现不同透明度的层。

（6）参照【例 7-26】练习使用 CSS3 旋转 HTML 元素。

5. JavaScript CSS 编程

参照下面的步骤练习 JavaScript CSS 编程。

（1）参照【例 7-27】练习使用 JavaScript 修改 CSS 样式表属性。

（2）参照【例 7-28】练习使用 JavaScript 修改 HTML 元素样式属性。

实验 9　Ajax 编程

目的和要求

（1）了解 Ajax 编程的基本功能。

（2）学习使用 XMLHttpRequest 对象。

（3）学习 Ajax 编程的方法。

实验准备

首先要了解 Ajax 是 Asynchronous JavaScript and XML（异步的 JavaScript 和 XML）的缩写，它由一组相互关联的 Web 开发技术组成，用于在客户端创建异步的 Web 应用程序。当发出一个异步调用请求后，调用者如果不能立刻得到结果，则不需要等待处理结果；实际处理这个调用的部件在完成后，通过状态、通知和回调来通知调用者。因此，使用 Ajax 开发的 Web 应用程序可以在不刷新页面的情况下，与 Web 服务器进行通信，并在获得数据后，再将结果显示在页面中。JavaScript 提供了很多与 Ajax 技术相关的 API，可以很方便地实现 Ajax 的功能。

了解在 Ajax 中，可以使用 XMLHttpRequest 对象与服务器进行通信。XMLHttpRequest 是一个浏览器接口，开发者可以使用它提出 HTTP 和 HTTPS 请求，而且不用刷新页面就可以修改页面的内容。

实验内容

本实验主要包含以下内容。

（1）练习 Ajax 基础编程。

（2）练习实现 Ajax 应用实例。

1. Ajax 基础编程

参照下面的步骤练习 Ajax 基础编程。

（1）参照【例 8-1】练习使用 XMLHttpRequest 对象从服务器获取并显示一个 XML 文件的内容。

（2）参照【例 8-2】练习使用 XMLHttpRequest 对象从服务器获取并显示一个 XML 文件的最后修改日期。

（3）参照【例 8-3】练习使用 getAllResponseHeaders()方法获取完整的 HTTP 响应头部。

（4）参照【例 8-4】练习使用 FormData 对象向服务器发送数据。

2. 实现 Ajax 应用实例

参照下面的步骤练习实现 Ajax 应用实例。

（1）参照 8.2.1 小节设计 8.2.1.html，其中定义一个表格用于显示服务器时间。

（2）参照 8.2.1 小节设计 auto.php，用于获取并返回服务器时间。

（3）参照 8.2.2 小节练习使用 FormData 对象上传文件。

实验 10　JavaScript HTML5 编程

目的和要求

（1）了解 HTML5 的新特性。

（2）学习使用 HTML5 的的拖放功能。

（3）学习使用 HTML5 的无插件播放多媒体的功能。

（4）学习使用 webSQL Database API 操作客户端数据库。

（5）学习设计 IndexedDB 数据库结构和使用 IndexedDB 数据库存取数据的方法。

（6）学习使用 HTML5 获取浏览器的地理位置信息。

实验准备

首先要了解 HTML5 是最新的 HTML 标准。之前的版本 HTML4.01 于 1999 年发布。10 多年过去了，互联网已经发生了翻天覆地的变化，原有的标准已经不能满足各种 Web 应用程序的需求。目前 HTML5 的标准草案已进入了 W3C 制定标准的 5 大步骤的第 1 步，预期要到 2022 年才会成为 W3C 推荐标准。因此 HTML5 无疑会成为未来 10 年最热门的互联网技术。HTML5 提供的 API 需要在 JavaScript 程序中调用才能应用到网页中。

了解尽管 HTML5 还只是草案，但它已经引起了业内的广泛重视，对 HTML5 的支持程度已经成为衡量一个浏览器的重要指标。目前绝大多数主流浏览器都支持 HTML5，只是支持的程度不同。

实验内容

本实验主要包含以下内容。

（1）测试浏览器对 HTML5 的支持程度。

（2）练习 HTML5 的拖放功能。

（3）练习 HTML5 的无插件播放多媒体的功能。

（4）练习使用 HTML5 获取浏览器的地理位置信息。

1. 测试浏览器对 HTML5 的支持程度

参照下面的步骤测试浏览器对 HTML5 的支持程度。

（1）下载并安装 Internet Explorer 、Chrome、Opera Next 和苹果浏览器 Safari for Windows 等浏览器的最新版本，也可以对你喜欢的其他国外厂商浏览器进行测试。

（2）参照 9.1.9 小节的方法测试这些浏览器对 HTML5 的支持程度，并填写表 T1-1。

表 T1-1　　　　　　　　　国外厂商的主流浏览器对 HTML5 支持程度的测试结果

浏　览　器	版　　本	得　　分
Chrome		
Opera Next		
Firefox		
苹果浏览器 Safari for Windows		
Internet Explorer		

（3）下载并安装表 T1-2 中所列的国内厂商浏览器的最新版本，也可以对你喜欢的其他国内厂商浏览器进行测试。

（4）参照 9.1.9 小节的方法测试这些浏览器对 HTML5 的支持程度，并填写表 T1-2。

表 T1-2   国内厂商的主流浏览器对 HTML5 支持程度的测试结果

浏 览 器	版 本	得 分
360 极速浏览器		
QQ 浏览器		
搜狗高速浏览器		
猎豹浏览器		
360 安全浏览器		
傲游浏览器		
百度浏览器		

2. HTML5 的拖放功能

参照下面的步骤练习 HTML5 的拖放功能。

（1）参照【例 9-1】练习在网页中定义一个可拖放的图片。

（2）参照【例 9-2】练习拖动图片到 div 元素中的方法。

（3）参照【例 9-3】练习拖放文件。

3. 无插件播放多媒体

参照下面的步骤练习使用 HTML5 无插件播放多媒体。

（1）参照【例 9-4】练习在 HTML 文件中定义一个<audio>标签，用于播放 wav 文件。

（2）参照【例 9-5】练习播放背景音乐。

（3）参照【例 9-6】练习替换音频源。

（4）参照【例 9-7】练习检测浏览器是否支持<audio>标签。

（5）参照【例 9-8】练习使用 audio 对象的 currentTime 属性。

（6）参照【例 9-9】和【例 9-10】练习使用 audio 对象的方法。

（7）参照【例 9-11】练习使用 audio 对象的事件。

（8）参照【例 9-12】练习在 HTML 文件中定义一个<video>标签，用于播放指定的在线 mp4 文件。

（9）参照【例 9-13】练习替换视频源。

（10）参照【例 9-14】练习检测浏览器是否支持<video>标签。

（11）参照【例 9-15】练习使用 video 对象的 Width 属性和 videoWidth 属性设置视频的大小。

（12）参照【例 9-16】练习使用 video 对象的方法。

（13）参照【例 9-17】练习使用 video 对象的事件。

4. 获取浏览器的地理位置信息

参照下面的步骤练习使用 HTML5 获取浏览器的地理位置信息。

（1）参照【例 9-18】练习检测浏览器是否支持获取地理位置信息。

（2）参照【例 9-19】练习使用 getCurrentPosition()方法获取地理位置信息。

（3）参照【例 9-20】练习使用 Google 地图显示当前位置。

（4）参照 9.4.4 小节练习在 Internet Explorer 11 中配置共享地理位置。

（5）参照 9.4.4 小节练习在 Chrome 中配置共享地理位置。

（6）参照 9.4.4 小节练习在 Firefox 中配置共享地理位置。

实验 11 jQuery 编程

目的和要求

（1）了解什么是 jQuery。

（2）学习下载和配置 jQuery。

（3）学习使用 jQuery 选择器。

（4）学习使用 jQuery 设置 HTML 元素的属性与 CSS 样式。

（5）学习 jQuery 表单编程。

（6）学习 jQuery 事件处理。

（7）学习 jQuery 的动画功能。

实验准备

首先要了解 jQuery 是一个开源的、轻量级的 JavaScript 脚本库，它将一些工具方法或对象方法封装在类库中，并提供了强大的功能函数和丰富的用户界面设计能力。

了解在 jQuery 中可以通过选择器选取 HTML 元素，并对其应用效果。

了解 jQuery 可以很方便地设置 HTML 元素的属性和 CSS 样式。

了解 jQuery 可以在 HTML 元素上实现动画效果，例如显示、隐藏、淡入淡出和滑动等。

实验内容

本实验主要包含以下内容。

（1）练习下载和使用 jQuery。

（2）练习使用 jQuery 选择器。

（3）练习使用 jQuery 设置 HTML 元素的属性与 CSS 样式。

（4）练习 jQuery 表单编程。

（5）练习 jQuery 事件编程。

（6）练习 jQuery 动画编程。

（7）练习设计 jQuery 特效应用实例。

1. 下载和使用 jQuery

参照下面的步骤练习下载和使用 jQuery。

（1）访问下面的 url 下载最新版本的 jQuery 脚本库。

`http:// www.jquery.com/download`

（2）参照【例 10-1】练习实现一个 jQuery 编程的简单实例。

2. 使用 jQuery 选择器

参照下面的步骤练习使用 jQuery 选择器。

（1）参照【例 10-2】练习使用 Id 选择器选取 HTML 元素。

（2）参照【例 10-3】练习根据元素的 CSS 类选取 HTML 元素。

（3）参照【例 10-4】练习选取所有 HTML 元素。

（4）参照【例 10-5】练习同时选取多个 HTML 元素。

（5）参照【例 10-6】练习使用 ancestor descendant 选择器选取表单中的所有 input 元素。

（6）参照【例 10-7】练习使用 parent > child 选择器选取 span 元素中的所有元素。

（7）参照【例 10-8】练习使用 ancestor descendant（祖先 后代）选择器。

（8）参照【例 10-9】练习使用 prev+next 选择器。

（9）参照【例 10-10】练习使用 prev ~ siblings 选择器。

（10）参照【例 10-11】练习使用:first 过滤器。

（11）参照【例 10-12】练习使用: header 过滤器。

（12）参照【例 10-13】练习使用: contains 过滤器。

（13）参照【例 10-14】练习使用: parent 过滤器。

（14）参照【例 10-15】练习使用: hidden 过滤器。

（15）参照【例 10-16】练习使用$([属性名])过滤器。

（16）参照【例 10-17】练习使用$([属性名=值])过滤器。

（17）参照【例 10-18】练习使用:nth-child(index/even/odd/equation)过滤器。

3. 使用 jQuery 设置 HTML 元素的属性与 CSS 样式

参照下面的步骤练习使用 jQuery 设置 HTML 元素的属性与 CSS 样式。

（1）参照【例 10-19】练习使用 each()方法遍历 DOM 对象并设置属性值。

（2）参照【例 10-20】练习使用 attr()方法访问 HTML 元素属性。

（3）参照【例 10-21】练习使用 removeAttr()方法删除 HTML 元素属性。

（4）参照【例 10-22】练习使用 text()方法设置 HTML 元素的文本内容。

（5）参照【例 10-23】练习使用 addClass()方法为 HTML 元素添加 class 属性。

（6）参照【例 10-24】练习获取 HTML 元素的高度。

4. jQuery 表单编程

参照下面的步骤练习 jQuery 表单编程。

（1）参照【例 10-25】练习使用:input 选择器。

（2）参照【例 10-26】练习使用:text 选择器。

（3）参照【例 10-27】练习使用:enabled 过滤器。

（4）参照【例 10-28】练习使用:checked 过滤器。

（5）参照【例 10-29】练习使用参数调用 blur()方法和 focus()方法。

（6）参照【例 10-30】练习不使用参数调用 blur()方法和 focus()方法。

（7）参照【例 10-31】练习使用 change()方法。

（8）参照【例 10-32】练习使用 val()方法。

5. jQuery 事件编程

参照下面的步骤练习 jQuery 事件编程。

（1）参照【例 10-33】练习使用 Event 对象的 pageX 和 pageY 属性。

（2）参照【例 10-34】练习 Event 对象的 type 属性和 which 属性。

（3）参照【例 10-35】练习使用 Event 对象的 preventDefault()方法阻止默认事件动作。

（4）参照【例 10-36】练习使用 bind()方法绑定事件处理函数。

（5）参照【例 10-37】练习使用 bind()方法在事件处理之前传递附加数据。

（6）参照【例 10-38】练习使用 keypress()方法。

（7）参照【例 10-39】练习使用 toggle()方法。

（8）参照【例 10-40】练习使用 load()方法。

（9）参照【例 10-41】练习使用 scroll()方法。

6. jQuery 动画编程

参照下面的步骤练习 jQuery 动画编程。

（1）参照【例 10-42】练习使用 animate()方法实现自定义动画效果。

（2）参照【例 10-43】练习使用 show()方法显示 HTML 元素。

（3）参照【例 10-44】练习使用 hide()方法隐藏 HTML 元素。

（4）参照【例 10-45】练习使用 fadeIn()方法实现淡入效果。

（5）参照【例 10-46】练习使用 fadeOut()方法实现淡出效果。

（6）参照【例 10-47】练习使用 fadeTo()方法直接调节 HTML 元素的透明度。

（7）参照【例 10-48】练习使用 fadeToggle()方法实现以淡入淡出效果切换显示和隐藏 HTML 元素。

（8）参照【例 10-49】练习使用 SlideDown()方法实现以滑动效果显示 HTML 元素。

（9）参照【例 10-50】练习使用 SlideUp()方法实现以滑动效果隐藏 HTML 元素。

（10）参照【例 10-51】练习使用 SlideToggle()方法实现以滑动效果切换显示和隐藏 HTML 元素。

（11）参照【例 10-52】和【例 10-53】练习使用动画队列。

（12）参照【例 10-54】练习使用 delay()方法延迟动画队列中函数的执行。

7. jQuery 特效应用实例

参照下面的步骤练习设计 jQuery 特效应用实例。

（1）参照 10.7.1 小节设计幻灯片式画廊。浏览网页时，确认画廊中的图片会快速地滑动展示，也可以通过下面的滑动条滑动画廊。单击画廊中的一个缩略图，会弹出一个窗口显示预览图。

（2）参照 10.7.2 小节设计旋转切换图片的幻灯片。浏览此网页，确认可以看到一个相册，单击图片两侧的切换按钮，图片首先顺时针旋转 90°，然后隐去，切换到下一张图片。

（3）参照 10.7.3 小节设计上下翻滚效果的导航菜单。浏览此网页，确认可以看到 2 个菜单，当鼠标经过菜单项时，菜单项会向上翻滚，并动画切换为另一种背景。

实验 12　JavaScript 特效应用实例

目的和要求

进一步了解 JavaScript 特效编程的实际应用，增强实战能力，将本书所学的技术直接应用到实际开发中。

实验准备

了解 JavaScript 语言基础以及 JavaScript 表单编程、CSS 编程、Ajax 编程、HTML5 编程和 jQuery 编程的方法。

了解使用 CSS 定义网页显示格式的基本方法。

准备好 jQuery 脚本文件。

实验内容

本实验主要包含以下内容。

（1）练习实现提示条和工具栏。

（2）练习实现页面显示特效。

（3）练习实现图片展示特效。

（4）练习设计菜单。

1. 实现提示条和工具栏

参照下面的步骤练习实现提示条和工具栏。

（1）参照 11.1.1 小节练习实现鼠标悬停在图片上时显示文字提示的特效。

（2）参照 11.1.2 小节练习实现固定在网页顶部的工具栏。

2. 设计页面显示特效

参照下面的步骤练习设计页面显示特效。

（1）参照 11.2.1 小节练习设计 QQ 在线客服浮动窗口。

（2）参照 11.2.2 小节练习实现栏目轮流显示的特效。

3. 实现图片展示特效

参照下面的步骤练习实现图片展示特效。

（1）参照 11.3.1 小节练习设计滚动的画廊。

（2）参照 11.3.2 小节练习设计在网页上浮动广告图片。

4. 设计菜单

参照下面的步骤练习设计菜单。

（1）参照 11.4.1 小节练习设计一个可以切换栏目的菜单。

（2）参照 11.4.2 小节练习使用 jQuery 设计下拉菜单。